CAXA实体设计
从入门到精通

◉ 于志伟 韩海玲 著

人民邮电出版社

北 京

图书在版编目（CIP）数据

CAXA 实体设计从入门到精通 / 于志伟，韩海玲著
. -- 北京：人民邮电出版社，2010.6
ISBN 978-7-115-22830-7

Ⅰ．①C… Ⅱ．①于… ②韩… Ⅲ．①自动绘图—软件
包，CAXA Ⅳ．①TP391.72

中国版本图书馆CIP数据核字(2010)第071879号

内 容 提 要

本书以范例为载体、以知识点为纲系统地讲解了 CAXA 功能的实战应用。全书共分 4 篇及附录，第一篇为基础篇，包括第 1 章～第 3 章，主要讲解 CAXA 实体设计 2008 新功能，CAXA 实体设计 2008 基础操作及快速创建第一个 CAXA 作品——创建阶梯轴零件，作为读者学习三维设计的铺垫；第二篇为初级篇，包括第 4 章～第 9 章，主要讲解二维草绘、实体设计、曲线和曲面造型设计、钣金设计、CAXA 装配体设计及工程图等实战内容；第三篇为高级篇，包括第 10 章～第 12 章，通过大量实例讲解了标准件库与图库、渲染、动画设计；第四篇为常见问题解答及经验技巧集萃 100 例，通过解答 100 多个在实践工作中常遇到的问题，给读者提供解决问题的捷径，以便提高工作效率。

本书是一本很有参考价值的 CAXA 范例工具书，选例典型，针对性强，通俗易懂，详略得当，可作为各类培训学校的教材，也可作为工程技术人员及大中专院校相关专业师生的参考书。

CAXA 实体设计从入门到精通

◆ 著　　　　于志伟　韩海玲
　　责任编辑　张　涛

◆ 人民邮电出版社出版发行　　北京市崇文区夕照寺街 14 号
　　邮编　100061　　电子函件　315@ptpress.com.cn
　　网址　http://www.ptpress.com.cn
　　北京铭成印刷有限公司印刷

◆ 开本：787×1092　1/16
　　印张：22.75
　　字数：597 千字　　　　　　　　　2010 年 6 月第 1 版
　　印数：1 – 3 000 册　　　　　　　2010 年 6 月北京第 1 次印刷

ISBN 978-7-115-22830-7
定价：49.00 元（附光盘）

读者服务热线：**(010)67132692**　印装质量热线：**(010)67129223**
反盗版热线：**(010)67171154**

前　言

CAXA 是一款优秀的国产参数化三维设计软件,属于三维参数化计算机辅助设计领域的后起之秀。CAXA 具有诸多的优点,如采用了先进的基于特征的参数化设计技术,使设计工作十分灵活和简便;在产品数据信息存储方面,CAXA 采用了单一数据库结构,把所有的功能模块关联在一起,真正实现了 CAD/CAE/CAM 的有机集成,用户可以同时对同一产品进行并行的设计工作,从而提高设计质量,缩短开发周期,提高工作效率。

本书内容

本书是以范例为载体、以知识点为纲系统地讲解 CAXA 功能的最新教材,以读者易学为出发点,以工程实战应用为目的,巧妙安排讲解内容。书中所有范例都经过了精心挑选和设计,既重视实例与知识点的密切结合,又重视了范例在工程实践中的实用性。读者通过实例的演练,可以快速掌握 CAXA 的应用技术,精通制作典型零件的各种方法和技巧,从而达到融会贯通、举一反三、事半功倍的效果。

全书共分 4 篇及附录,第一篇为基础篇,包括第 1 章～第 3 章,主要讲解 CAXA 实体设计 2008 新功能,CAXA 实体设计 2008 基础操作及快速创建第一个 CAXA 作品——创建阶梯轴零件,作为读者学习三维设计的铺垫;第二篇为初级篇,包括第 4 章～第 9 章,主要讲解二维草绘、实体设计、曲线和曲面造型设计、钣金设计、CAXA 装配体设计及工程图等实战内容;第三篇为高级篇,包括第 10 章～第 12 章,通过大量实例讲解了标准件库与图库、渲染、动画设计;第四篇为常见问题解答及经验技巧集萃 100 例,通过解答 100 多个在实践工作中常遇到的问题,给读者提供解决问题的捷径,以便提高工作效率。

本书特色

本书以机械设计中的典型零件为素材讲述使用 CAXA 创建三维模型的方法,使读者的学习目的和方向更加明确,节省学习时间。书中所有实例零件均具有很强的代表性。全书覆盖了 CAXA 创建三维模型的全部知识点,可以使读者在学习创建典型零件的过程中全面掌握它的强大功能。

- CAXA 资深技术支持、培训师亲自执笔。作者深入理解了 CAXA 内涵、精髓,结合自己丰富的培训经验,并结合大量的一线工程实践经验,潜心编写而成。
- 软件版本采用当前最为流行的 CAXA 版本。在知识点讲解过程中穿插了新功能的讲述与应用。
- 知识全面、系统,科学安排内容层次架构;由浅入深,循序渐进,适合读者的学习规律。
- 理论与实践应用紧密结合。基础理论知识穿插在知识点的讲述中,言简意赅、目标明确,使读者知其然,亦知其所以然,达到学以致用的目的。
- 知识点+针对每个知识点的小实例+综合实例的讲述方式,可以使读者快速地学习掌握 CAXA 软件操作,并能应用该知识点解决工程实践中的问题。综合实例部分,深入细致地剖析了工程应用的流程、细节、难点、技巧,可以起到融会贯通的作用。
- 常见问题解答与技巧集萃。针对初学者学习过程中容易遇到的问题,本书在最后安排了"常见问题解答与技巧集萃"部分,将实战经验、技巧、难点一一分析,最大程度地贴近和满足读者工作实践的需要。

本书附带所有实例操作的视频光盘。

本书由于志伟、韩海玲主编，参与编写的还有郝旭宁、李建鹏、赵伟茗、刘钦、张永岗、周世宾、姚志伟、曹文平、张应迁、张洪才、邱洪钢、张青莲、陆绍强、汪海波。

读者定位

本书以典型零件实例的形式覆盖了使用 CAXA 实体设计、曲面设计和钣金设计等的全部知识点，可以作为入门读者加深对实体模型创建的理解、增强开发的熟练操作能力以及开拓思路的教程，也可以作为中级读者或专业工程技术人员案头必备的手册，方便典型零件创建方法的查询，提高工作效率。

编者

目　　录

第一篇　基础篇

第二篇 初级篇

第三篇　高级篇

第四篇 常见问题解答与经验技巧集萃100例

第 一 篇
基础篇

学习目标

- CAXA基本概念——建立理论基础。
- CAXA实体设计2008基本操作——进行深入学习前的准备。
- 快速创建一个简单的CAXA实体设计模型——认识CAXA设计流程。

内容概要

　　本篇包括3章内容，分别讲述了CAXA的相关基本概念、CAXA实体设计基本操作、通过创建一个简单的CAXA设计模型来认识CAXA的设计流程。

　　通过本篇的学习，读者能够对CAXA实体设计有一个系统、全面的了解，能够站在实际应用的角度、站在能够创造企业价值的高度来认识CAXA实体设计。

第 1 章

CAXA与CAD/CAM/CAE

学习目标

- 关于CAD/CAM/CAE；
- CAXA功能与模块介绍；
- CAXA实体设计安装与卸载；
- CAXA实体设计2008新功能；
- 怎样学好CAXA实体设计；
- CAXA实体设计在企业中是如何应用的；
- 怎样成为一名出色的设计工程师。

内容概要

本章主要讲述CAXA相关的基本概念，目的是让读者对CAXA有一个必要的宏观认识。CAXA属于CAD/CAM/CAE范畴，是计算机技术高速发展的产物。

学习CAXA的最终目标是使用CAXA解决设计加工中的实际问题。本章以该学习目标为核心，讲述了CAXA的特点、CAXA的学习方法、CAXA在企业中是如何应用的，目的是让读者站在实际应用的角度、站在能够创造企业价值的高度，了解CAXA、学习CAXA，使用CAXA解决工程设计中的各种问题。

希望通过本章内容的学习，读者应掌握CAXA相关的基本概念，为成为一名出色的工程设计工程师打下基础。

1.1 关于 CAD/CAM/CAE

CAD（Computer Aided Design）/CAM（Computer Aided Engineering）/CAE（Computer Aided Engineering）是通过计算机来辅助解决工程和产品的设计、制造、力学性能分析以及结构性能优化，是伴随着计算机硬件和软件技术的飞速发展、计算机图形学技术的产生以及现代设计理论的不断创新而应运而生的，如图 1-1 所示。

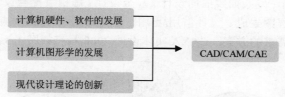

图 1-1　CAD/CAM/CAE 的产生背景

CAD/CAM/CAE 技术产生于 20 世纪 50 年代后期发达国家的航空和军事工业中，到目前为止已经有了半个多世纪的发展。在长达半个世纪的飞速发展中，CAD/CAM/CAE 技术的应用已迅速从军事工业向民用工业扩展，由大型企业向中小企业推广，由高技术领域的应用向日用家电、轻工产品的设计和制造中普及。

CAD、CAM、CAE 分别代表了计算机辅助工程的不同环节，三者具有紧密的联系，同一个工程、产品的研发周期中包含了以上 3 个方面，三者的关系如图 1-2 所示。

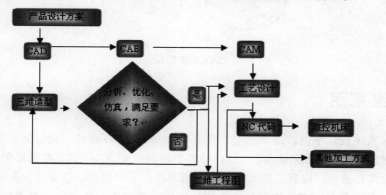

图 1-2　CAD、CAM、CAE 的协作关系

1.2 CAXA 实体设计 2008 功能与模块

CAXA 是我国制造业信息化 CAD/CAM 和 PLM 领域的主要供应商和著名品牌，是国产三维软件的领军，相对于国外三维软件具有价格低廉、操作简单、更适合中国国情及中国设计习惯等特点。

1.2.1 CAXA 实体设计 2008 简介

依托北京航空航天大学的雄厚科研实力，在制造业信息化快速发展的大背景下，CAXA 作为国产第一个制造业信息化软件应运而生，并迅速成长，相对于其他同类国产软件，在国内市场中具有绝对的优势。

CAXA 在发展过程中，不断完善扩大涉及领域，研发了系列化的 CAD、CAPP、CAM、DNC、PDM、MPM 等软件产品和解决方案，覆盖了设计、工艺、制造和管理四大领域，产品广泛应用在机械装备制造行业、电子电器行业、汽车制造及零部件行业、国防军工、工程建设行业等，有超过 2.5 万家企业用户和 2000 所院校用户。

CAXA 实体设计 2008 是 CAXA 品牌系列化软件之一，具有全功能一体化集成的三维设计环境，包括实体与特征设计、复杂曲线曲面设计、钣金设计、虚拟装配与设计验证、真实效果渲染、动画模拟仿真、二维工程图生成、设计借用/重用、标准件/参数化图库应用和扩展、跨平台数据文件的共享交换等应用需求的方案。CAXA 实体设计 2008 具有如图 1-3 所示的特点。

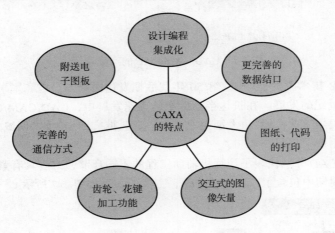

图 1-3　CAXA 实体设计特点

1.2.2　二维草图

CAXA2008 实体设计中的二维草图是功能齐全的通用 CAD 系统，它以交互图形方式，对几何模型进行实时地构造、编辑和修改，并能存储各类拓扑信息。二维草图提供形象化的设计手段，帮助设计人员发挥创造性，提高工作效率，缩短新产品的设计周期，把设计人员从繁重的设计绘图工作中解脱出来，并有助于促进产品设计的标准化、系列化、通用化，使得整个设计规范化。

利用二维草图功能可以在需要的任何一个平面内建立草图平面，进而绘制出所需的草图曲线。利用草图绘制出的二维图与电子图板绘制出的草图最大的不同点是草图功能增加了"草图约束"，通过"草图约束"就可以修改草图中的曲线形式。当我们要对构成特征的曲线轮廓进行参数化控制时，使用草图会很方便。应用草图工具，用户可以绘制近似的曲线轮廓，在添加精确的约束定义后，就可以完整地表达设计的意图。建立草图还可以通过实体造型工具进行拉伸、旋转、放样等操作，生成与草图相关联的实体模型。在修改草图时，关联的实体模型也会自动更新。

在实体设计环境下，选择【生成】|【二维草图】菜单命令，或在【特征生成】工具栏中单击【二维草图】按钮 ⬜，弹出【编辑草图截面】对话框，并进入草图模式，如图 1-4 所示。

单击图 1-4 下面工具栏上的图标按钮或者选择相应的菜单命令，即可进行相关的草图操作了。

在完成草图曲线的创建和约束后，在【编辑草图截面】对话框中单击【完成造型】按钮 完成造型 ，系统会退出草图模式，回到主界面操作环境中，这时就可以进行其他的功能操作了。

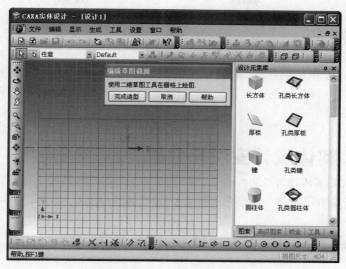

图 1-4 二维草图界面

1.2.3 设计元素模块

CAXA 实体设计各功能是靠各设计元素模块来实现的,由不同的功能设计元素来实现不同的用途,从而支持其强大的设计软件。下面将介绍 CAXA 的常用设计元素应用模块,让用户对其有一定的认识。

- **图素**:该设计元素模块包括两大类:基本体与孔类体。例如,长方体、孔类长方体、厚板、孔类厚板、键、孔类键、圆柱体、孔类圆柱体、椭圆柱、孔类椭圆柱、多棱体、孔类多棱体、球体、孔类球体等图素。
- **高级图素**:该设计元素模块是机械规则体及齿条图素。例如,管状体、工字梁、T 形梁、直角、U 形体、三角体、矩形齿条、弧形齿条、锯齿条等图素。
- **工具**:该设计元素模块是标准件及自定义为主的图素。例如,阵列、装配、拉伸、弹簧、紧固件、齿轮、轴承、筋板、自定义孔、BOM 等图素。

1.2.4 工程图模块

CAXA 实体设计中工程图模块功能主要用来创建与三维零件或装配关联的二维工程图。工程图可以由包含零件多个视图的一张图纸组成,也可以由包含多个视图的多张图纸组成。CAXA 实体设计中,二维工程图模块具有如下特点。

- 在二维绘图环境中利用视图生成功能,可直接生成已保存三维零件或装配件的 6 个基本视图及轴测图;
- 基本视图生成后可通过添加新的视图、添加尺寸和工程标注、添加文字标注和辅助图形、生成产品明细表、在三维设计环境和二维工程图之间切换,以相应地修改零件和更新视图,使所生成的图纸更加完善;
- 生成三维模型的标准视图,其符合我国《机械制图标准》。

1.2.5　其他模块

除了以上介绍的常用模块外，CAXA 还有其他一些功能模块，如用于钣金设计的钣金模块、动画及运动仿真模块、材质渲染模块，以及供用户进行二次开发的模块等方面。以上模块构成了 CAXAR 强大功能。

1.3　CAXA 实体设计安装与卸载

在了解了 CAXA 实体设计 2008 相关功能与模块后，我们将要正式开始学习 CAXA 实体设计 2008。在开始正式学习之前，要首先了解 CAXA 实体设计 2008 的安装和卸载方法。

1.3.1　CAXA 实体设计对计算机的配置要求

1．硬件要求

- **CPU**：PentiumII266 以上（最好是 PIII1000 以上）。
- **内存**：64MB 以上（如需复杂工作，最好是 512MB 以上）。
- **硬盘**：4GB 以上。
- **显示卡**：支持 Open GL 的 3D 图形加速卡，800 像素×600 像素以上的分辨率，真彩色，8MB 以上的显示缓存（最好是专用图形加速卡）。
- **显示器**：支持 800 像素×600 像素以上的分辨率。
- **光驱**：4 倍速以上的光驱。
- **网卡**：以太网卡（可省）。
- **其他**：根据需要配置图形输出设备。

2．软件要求

- **操作系统**：Windows NT 4.0 以上的 Workstation，或者 Windows 2000 操作系统。
- **文件分区格区**：采用 NTFS 格式。
- **网络协议**：安装 TCP/IP。
- **显示驱动程序**：配置分辨率为 1024 像素×768 像素以上的真彩色。

1.3.2　CAXA 实体设计的安装步骤

CAXA2008 实体设计的安装操作比较简单，下面以简体版为例来介绍一下详细的安装步骤。

（1）将安装光盘插入光驱，弹出安装画面，单击实体设计 2008 单机版安装，在语言选择界面中选择【中文（简体）】，单击【确定】按钮，弹出如图 1-5 所示的【CAXA 实体设计 2008 安装向导】对话框。

（2）单击图 1-5 中的【下一步】按钮，弹出如图 1-6 所示的许可证协议界面。单击选中【我接受许可证协议中的条款】单选项，单击【下一步】按钮，弹出如图 1-7 所示的对话框。

（3）在图 1-7 所示的对话框中，输入相应的用户信息和序列号，单击【下一步】按钮，弹出如图 1-8 所示的对话框。

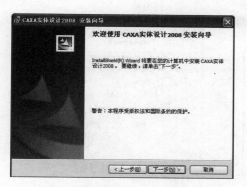

图1-5 实体设计2008安装向导

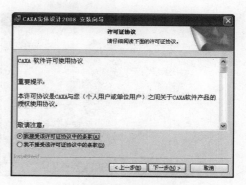

图1-6 许可证协议

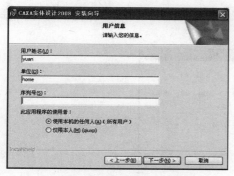

图1-7 用户信息

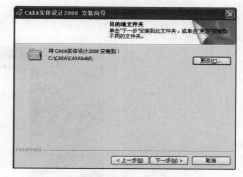

图1-8 目的文件夹

（4）系统默认将CAXA实体设计2008安装在C盘中，用户可以根据个人需求，更改安装路径。方法是单击【更改】按钮来更改安装路径。确定安装路径后，单击【下一步】按钮，弹出如图1-9所示的对话框。

（5）在图1-9所示的对话框中，有【完全安装】和【自定义】两种安装方式，用户可以根据自己的需要选择其中一种。在这里我们选择【完全安装】，单击【下一步】按钮，弹出如图1-10所示的对话框。

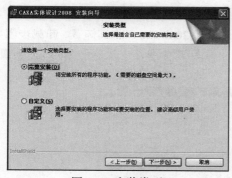

图1-9 安装类型

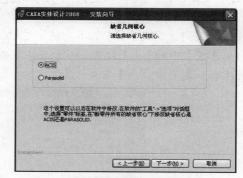

图1-10 默认几何核心

（6）在图1-10所示的对话框中，根据提示单击选中【ACIS】单选项，单击【下一步】按钮，弹出如图1-11所示的对话框。

（7）用户需要选择三维设计环境模板和工程图环境模板，一般我们选择【公制】和【GB】，然后，单击【下一步】按钮，弹出如图1-12所示的对话框。

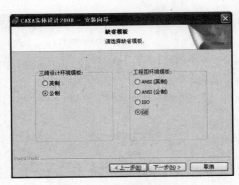 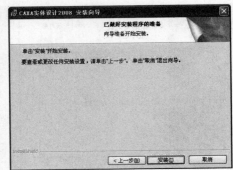

图 1-11 选择模板　　　　　　　　　图 1-12 安装准备

（8）单击【安装】按钮，开始安装程序，安装完后弹出如图 1-13 所示的对话框。单击【完成】按钮退出安装向导。

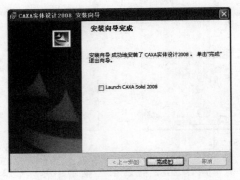

图 1-13 安装向导完成

至此，CAXA 实体设计 2008 就安装完成了，选择【开始】|【所有程序】|【CAXA】|【CAXA 实体设计 2008】菜单命令即可运行 CAXA 实体设计 2008。

1.3.3 CAXA 实体设计的卸载步骤

软件安装到计算机中后，如不再使用 CAXA 实体设计 2008，可以将其卸载，卸载步骤如下。

（1）选择【开始】|【设置】|【任务窗格】|【添加/删除程序】菜单命令，打开如图 1-14 所示的【添加或删除程序】窗口。

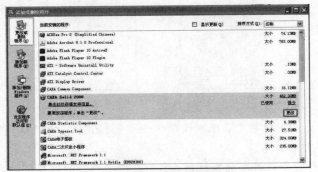

图 1-14 【添加或删除程序】窗口

（2）拖动【添加或删除程序】窗口中右侧的滚动条，在窗口中寻找【CAXA Solid 2008】项，单击选中【CAXA Solid 2008】项，单击【更改】按钮 更改 ，打开如图 1-15 所示的对话框。

（3）单击【下一步】按钮，打开如图 1-16 所示的对话框。单击选中【删除】单选项，单击【下一步】按钮，打开如图 1-17 所示的对话框。单击【删除】按钮，开始程序的删除操作，删除完成后弹出如图 1-18 所示的提示删除完成的对话框，单击【完成】按钮，结束 CAXA 实体设计 2008 的卸载操作。至此，CAXA 实体设计 2008 已经成功地从计算机中卸载。

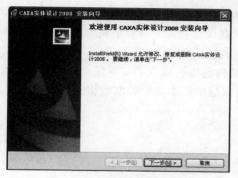

图 1-15　实体设计安装向导

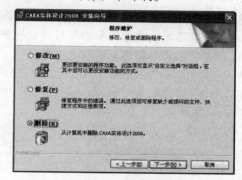

图 1-16　程序维护

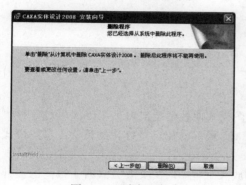

图 1-17　删除程序

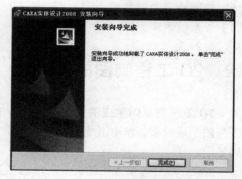

图 1-18　完成卸载

1.4　CAXA 实体设计 2008 新功能

CAXA 实体设计 2008 是 CAXA 实体设计的最新版本，相对于以前的版本，2008 版有很多功能进行了改进，也增加了一些新的功能，使软件的功能变得更强大，操作更方便，性能更稳定。

1.4.1　3D 设计环境的提升

（1）新增的 3D 实时渲染功能。

采用 Tech Soft 3D 的 HOOPS 技术增加了新的实时渲染选项，这种为 CAD、CAM 和 CAE 提供的渲染技术大大提高了对大装配文件的实时渲染性能。

● **视向交互**：在集成 HOOPS 并采用 LOD（精细度级别）技术后，三维空间中旋转以及相关的视向操作性能得到极大提升，在大装配环境下将会更充分体会到这些改进给设计工作带来的乐趣。

● **选择**：借助 HOOPS 高效的拾取能力，帮助用户更快速地拾取和高亮显示。

- **支持最新的显卡驱动**：在使用 OpenGL 或者 Direct3D 后，可以充分发挥最新显卡驱动的性能。这些驱动经过充分地测试，并且通过了 Tech Soft 3D 公司 HOOPS 的认证。
- **渲染效果**：真实感的透明显示和材质效果，会给用户的设计过程带来无限愉悦。

除了快速交互和可视化的提升外，HOOPS 还为连续实时渲染提供了一个基础。实体设计将继续支持 software 和 OpenGL 渲染模式来满足当前的显卡。

（2）保存和读取文件能力的提升。

- 快速的轻量化读取。"文件-打开"对话框中增加了"轻量化"选项，在读取 3D 数据时可以直观地显示读取的数据流并可使用视向工具调整视向（双核的机器将提高读取性能），还有显示读取数据过程的进度条。
- 20%~30%保存性能的提升。通过程序内部结构的修改减少了文件保存的时间，这种程序结构只保存修改的数据。另外，这种改变为以后的版本减少读取数据的时间提供了基础。

（3）交互界面的更新和增加。

（4）2D 草图环境得到改善。

（5）三维曲线和曲面的改进。

（6）3D 环境得到改善。

（7）高级真实感渲染选项。

（8）新增输入输出接口。

（9）子系统更新。

1.4.2　2D 工程制图的提升

（1）2D 工程图视图生成的提升。利用新的视图模式使视图生成提高了 2~5 倍。这种模式最好用于视图生成过程，当输出或打印最终的工程图时，最好使用已经存在的精确或草图模式以保证准确显示。

（2）2D 工程图交互方式的提升。动态平移和放大工程图时的交互方式有了很高的提升。当动态操作被执行时，注释和其他几何元素将被快速地计算，可以直观显示这些注释和几何元素，提高显示速度。

（3）明细表格式提升。明细表提供了更加方便的方法来设置列表的格式。增加了一些设置明细表边框的按钮，例如外边框、内部边框、所有边框等，以及匹配的线型和颜色控制。另外，还有一些按钮可用来修改当前选中区域或整个列表的文字字体、大小、颜色，以及单元格的填充颜色。

（4）明细表的排序/重设顺序功能。明细表中增加新的排序功能，以及重新设置选中行的位置的功能，用户可以按排序标准来排序明细表的内容。

（5）孔列表功能增强。孔列表支持显示从三维环境所获得的孔信息。在直径或半径列表中，用户可以选择显示锥度、螺纹描述、孔深度、钻孔角度、孔的类型、孔的深度类型和复合孔角度等。

（6）文字参考零件/装配属性。除了可以链接当前的文件属性外，文字还可以链接到指定的零件/装配属性。这些零件/装配信息可以从明细表中获取（零件名称、零件代号、备注、材料、包围盒尺寸和自定义属性）。这将允许用户自定义标题栏的文字自动获取零件/装配信息的模板，或用于类似引出说明这样的注释中。

（7）投影视图的参考剖面线。在投影的视图中可以添加剖面线。用户可以选择一个面或一个封闭轮廓添加剖面线，只要这个面或轮廓修改后仍然存在剖面线就会保留。这样用户就可以在投影视图上指定的区域定义剖面线了，而且可通过不同的剖面线来显示不同的材料。

（8）提升自动生成中心线性能。自动生成中心线功能支持可见和隐藏的几何元素。这将消除不可见的几何元素在工程图中投影时生成多余中心线的情况。

1.5 如何学好 CAXA 实体设计

无论学习什么，找到一种好的学习方法很重要，它会使你的学习事半功倍。但是，每门知识技能都有自身的特点，这些自身的特点决定了独特的学习方法，所以 CAXA 同样具有自身独特的学习方法。

笔者多年以前也是从零开始学习 CAXA 的，经历了无数次的理论到实践过程，遇到问题解决问题的反复锤炼提升，终于对 CAXA 有了较为全面的、深入地理解和认识。在多年的实践中，笔者总结了一些好的学习方法，在这里不吝展示给广大读者，希望对读者的学习有一定的帮助。

（1）找一本好的 CAXA 教材，理论加实践。

纵观各门学科技术的学习过程，理论加实践是普遍采用的良好学习方法。CAXA 作为一门专业技能，理论加实践的学习方法同样适合，所以选择一本好的 CAXA 教材对于 CAXA 的学习者来说至关重要。

什么样的 CAXA 教材才是好的 CAXA 教材呢？

- 内容翔实、全面，覆盖 CAXA 全部知识点。这是写作水平的体现，也有利于读者全面掌握 CAXA 的功能构成体系，能够站在 CAXA 开发人员的高度来认识 CAXA，解决现实中的各种问题。
- 基础功能知识+案例+视频。基础+案例+视频的内容讲述方式符合人们的认知原理，很好地体现了从理论到实践的学习方式，采用更加视觉+听觉，更加直观、生动的教学方式，可以使读者能快速地学习 CAXA，并且印象深刻。
- 教材采用的软件版本较新，可以较好地学习软件最新的功能，并且也满足了企业中软件版本不断更新的实际情况，适合企业的需要。
- 资深专业人士倾力讲述。资深专业人士对 CAXA 在实际中的应用有最直接、深刻的认识，这是学习 CAXA 的精华，因为读者最终学习 CAXA 的目的还是要解决实际问题。
- 常见问题解答与设计技巧。这部分内容是一个设计者多年来经验的总结和收获，是最有价值的，虽然无法归入具体的知识体系，但却是读者非常需要的，可用于解决一些实际问题。

（2）熟悉每种工具的特点及解决问题的类型。

在学习过程中，应牢记每种工具的特点和解决什么样的问题，这样当遇到一个复杂的实际问题时，可以化整为零，将一个复杂的问题，化为一堆简单的问题，用自己熟悉的工具来解决这些问题。

（3）系统、全面地学习各种工具。

任何一个较为成熟的软件，其功能基本上覆盖了实际的各种需要，这是软件开发人员的设计初衷。所以对于一个初学者来说，应该力图做到系统、全面地学习 CAXA 的各种工具，为今后的实际应用打好基础。

（4）尝试在头脑中构建 CAXA 的功能体系架构，做到成竹于胸。

软件功能多了，对于初学者来说不可能全部掌握，一种方法就是构建功能架构，把功能知识点分类、分组、分环节，形成一个完整的功能架构，把所有的功能知识点串联起来，这样既能全面理解和掌握CAXA，又不容易忘记。

（5）注意总结学习心得、体会，总结技巧。

对于一门新的知识技能的学习，注意总结学习体会的习惯非常重要，它能把读者遇到的问题一一记录下来，并找到解决办法，当再次遇到同样的问题时就可以轻松解决。

（6）培养三维的思维方式，对于生活、学习、工作中遇到的任何事物，都可以尝试使用CAXA建模。

培养三维思维方式指的是，对于看到的任何物体都可以尝试用CAXA进行建模，然后把它划分为采用CAXA的各种工具可以解决的问题。

（7）多练习。CAXA是一门操作性非常强的技能，所以多练习是最好的学习方法。

（8）培养兴趣很重要。兴趣是最好的老师，这是千古不变的真理，放之四海皆适用，所以读者应逐渐培养出对CAXA的兴趣。

1.6　CAXA 实体设计在企业中的应用

学习 CAXA 的最终目的是熟悉 CAXA 在企业中如何应用，并能熟练地掌握各种应用技能，能够为企业、为社会创造价值，所以了解 CAXA 实体设计在企业中的应用方式很重要。

CAXA 实体设计在企业中的应用包括产品研发的很多方面，诸如产品三维设计、创建二维工程图、创建模板、创建零件库、零件装配、渲染、仿真操作，如图 1-19 所示。

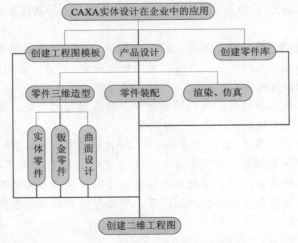

图 1-19　CAXA 实体设计在企业中的应用

1.7　怎样成为一名出色的设计工程师

CAXA 是三维设计软件，是工程师从事产品研发设计的工具，作为一名出色的设计工程师，仅仅熟练应用 CAXA 是不够的，这只是设计工程师的一部分技能。

要想在熟练掌握 CAXA 实体设计操作的基础上使自己成为一名优秀的机械工程师，还需要其他方面的知识，如图 1-20 所示。其中任何一个方面都可以单独作为一门或几门学科，所以机械设计是一个包罗万象的综合性学科，需要在学习和工作中慢慢的积累知识。

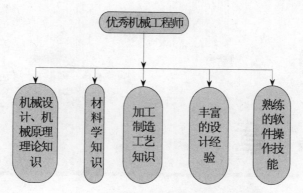

图 1-20　一名优秀的工程师必备的技能

1.8　小结

本章从一名设计工程师的角度，详细讲述了 CAXA 实体设计的功能与特点以及模块的构成，读者应对这些基础知识有大致的了解，对 CAXA 实体设计有一个宏观的认识。

本章还介绍了学习方法及 CAXA 实体设计在企业中的应用，掌握这些学习方法和应用方式，将会在今后的实践过程中起到事半功倍的效果。

学习 CAXA 的最终目的是解决实践中的问题，作为一名工程师，不仅要掌握软件操作知识，还需要在日常的学习和工作中积累相关知识，为成为一名经验丰富的优秀工程师做准备。

第 2 章

CAXA实体设计2008基础操作

学习目标

- CAXA实体设计2008的启动与退出；
- 工作环境；
- 文档基础操作；
- CAXA实体设计2008的用户参数配置；
- 怎样使用帮助功能。

内容概要

本章主要熟悉CAXA实体设计2008的工作界面、基础操作以及必要的参数配置，这是正式开始学习CAXA设计工具操作的基础。

对于初学者CAXA实体设计2008提供了帮助功能，读者应该学会如何使用帮助功能来解决实际问题。

对于本章内容，如果你是这方面有经验的读者可以跳过去直接进入后面的学习，但是对于初学者，仔细阅读本章内容是非常必要的。

2.1　CAXA 实体设计的启动和退出

要开始学习 CAXA 实体设计 2008，首先应该学会如何启动和退出该软件。

2.1.1　启动

启动 CAXA 有如下 3 种方式。

（1）通过【开始】菜单启动。执行【开始】|【程序】|【CAXA】|【CAXA 实体设计 2008】|【CAXA 实体设计 2008】菜单命令，启动 CAXA 实体设计 2008，启动后的界面如图 2-1 所示。

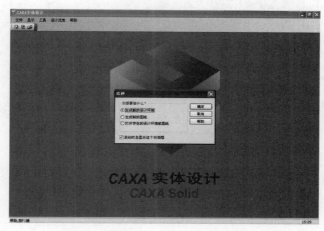

图 2-1　CAXA 实体设计 2008 开始界面

（2）双击桌面图标启动。双击桌面上的【CAXA 实体设计 2008】快捷方式图标，启动 CAXA 实体设计 2008。

（3）双击实体设计创建的文件。在某个文件夹中，双击 CAXA 实体设计创建的文件也可以启动 CAXA 实体设计 2008。

2.1.2　退出

退出 CAXA 实体设计 2008 有如下两种方式。

（1）单击 CAXA 实体设计窗口右上角的【关闭】按钮，退出 CAXA 实体设计。

（2）执行【文件】|【退出】菜单命令，退出 CAXA 实体设计。

2.2　CAXA 实体设计的工作界面

在掌握了 CAXA 实体设计 2008 的启动和退出方法之后，我们来熟悉一下 CAXA 实体设计的工作界面。

CAXA 实体设计中，不同的模块环境具有不同的工作界面，但是工作界面的元素构成基本相似，在此以最为典型和常见的三维建模环境工作界面为例，介绍工作界面的构成。

2.2.1 工作窗口组成

启动 CAXA 实体设计 2008 后，单击【标准】工具条上的【默认模板设计环境】按钮，进入设计环境，如图 2-2 所示。

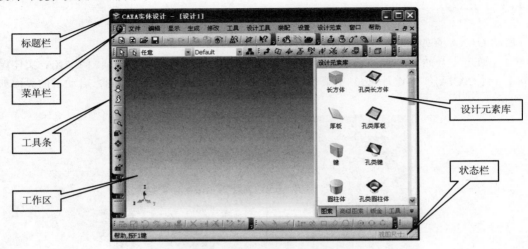

图 2-2 默认模板设计环境

设计环境窗口中，包含标题栏、菜单栏、工具条、状态栏、设计元素库、工作区等组成元素，其中包含多个不同工具条，代表多个不同的工具组。

2.2.2 菜单

菜单是 CAXA 实体设计的一种组成元素，CAXA 实体设计包含很多菜单，菜单操作是 CAXA 实体设计的一种重要操作方式。在设计环境和绘图环境中，可以通过 CAXA 实体设计的默认主菜单栏访问各个操作命令，并且在菜单对应的工具条中也包含该命令的图标。此外，CAXA 实体设计还允许用户灵活地自定义菜单，用户可以根据自身的需要自定义菜单。CAXA 实体设计的菜单分为两大类，分别是窗口菜单和快捷菜单。

1. 窗口菜单

窗口菜单指的是工作窗口中主菜单栏包含的菜单，图 2-3 所示为 CAXA 实体设计启动后的默认菜单。

用户可以单击相应的菜单名称执行相应的菜单命令或展开相应的子菜单，如选择【文件】菜单命令，则打开【文件】菜单，如图 2-4 所示。

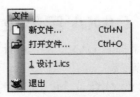

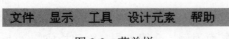

图 2-3 菜单栏

图 2-4 【文件】菜单

2. 快捷菜单

除了主菜单栏上的命令外，CAXA 实体设计环境的许多区域可以单击鼠标右键，弹出快捷菜单，弹出式菜单的命令随所选定的项目而变化。例如，在 CAXA 启动后的默认环境中单击鼠标右键，弹出图 2-5 所示的快捷菜单。

图 2-5　快捷菜单

2.2.3　工具条

为了提高工作效率，CAXA 实体设计 2008 在提供菜单操作的基础上，增加了工具条按钮命令的操作方式。CAXA 实体设计提供了多种默认的工具条，这些工具条上带有程序中最常使用的功能选项。设计环境和制图环境所特定的默认工具条将在随后的章节中介绍，本书通篇都在相应的设计环境中对相应各种工具做了详细地介绍。同 CAXA 实体设计的菜单一样，工具条和它们的选项都能自定义。

光标停留在工具图标上时会显示工具名称和工具功能操作提示的文本。对工具条的操作包括显示/隐藏工具条、移动工具条、自定义工具条。

1. 显示/隐藏工具条

默认状态下，可显示多个 CAXA 实体设计工具条。用户可以根据实际需要更改工具条的显示/隐藏状态。要更改某个工具条的显示/隐藏状态，可以通过菜单命令实现，如选择【显示】|【工具条】|【标准】菜单命令，可以更改【标准】菜单的显示/隐藏状态。

选择【显示】|【工具条】菜单命令可以打开【工具条】菜单，如图 2-6 所示。当某个工具条左侧出现显示选中状态的 ✓ 标志时，表示该工具条处于显示状态，否则将隐藏该工具条。

图 2-6　【工具条】菜单

 技　巧：在工具条的任意地方单击鼠标右键，在弹出的快捷菜单中选择【工具条设置】菜单命令，可以更快捷地打开图 2-6 所示的【工具条】菜单。

2. 自定义工具条

自定义工具条时，同菜单自定义一样，选择【显示】|【工具条】|【自定义】菜单命令，打开【自定义】对话框，如图 2-7 所示。

 技　巧：在工具条的任意地方单击鼠标右键，在弹出的快捷菜单中选择【自定义】菜单命令，可以更快捷地打开图 2-7 所示的【自定义】对话框。

- 添加工具按钮到工具条。在【自定义】对话框中，单击【类别】列表框中的选项，在右侧的【命令】列表中将显示对应的命令组，拖动启动的某个命令到相应的工具条上并释放鼠标就可以完成该命令按钮的添加。
- 从工具条中删除某个工具按钮。打开【自定义】对话框后，将鼠标光标移动到工具条的某个命令按钮上，单击鼠标右键，弹出如图 2-8 所示的快捷菜单，选择【删除】菜单命令，就可以将该按钮命令从工具条中删除。

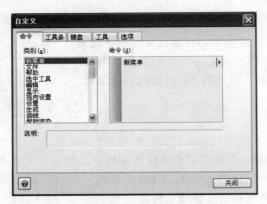

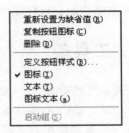

图 2-7　【自定义】对话框　　　　　　　　　　图 2-8　快捷菜单

2.2.4　快捷键

对于 CAXA 实体设计中的很多命令操作，除了菜单操作、工具条按钮操作两种方式之外，还提供快捷键操作方式。

快捷键知识点包含两方面的内容，一是快捷键的使用方法，二是自定义快捷键。

1.　快捷键操作

在 CAXA 实体设计的某个工作环境中，只要是通过菜单命令或工具条按钮可以实现的操作命令，如果该操作拥有快捷键操作方式，就可以在当前环境中直接用键盘输入快捷键执行该命令操作。如在实体设计环境中，按"Ctrl+N"组合键，就可以打开【新建】对话框，相当于执行了【文件】|【新文件】菜单命令。

2.　自定义快捷键

和工具条一样，快捷键同样可以自定义。用户可以根据自己的需要，定义常用操作命令的快捷键，这在一定程度上能够提高工作效率。选择【显示】|【工具条设置】|【自定义】菜单命令，打开【自定义】对话框，单击对话框中的【键盘】选项卡，对话框切换到【键盘】选项页面，如图 2-9 所示。

图 2-9　【键盘】选项卡页面

在【键盘】选项卡页面中，单击【设计环境】下拉列表框，选择设计环境。单击【类别】下拉列表框，选择操作命令的类别。类别选择完成后，在【命令】列表框中显示了该类别中的各个操作命令，单击需要设置快捷键的操作命令，在右侧的【当前键】文本框中可以修改、添加或删除该操作命令的快捷键。

2.2.5　属性表

属性表是 CAXA 实体设计 2008 提供给用户设置软件工作环境的途径，用户可以灵活地运用属性表来设置各种参数和选项。

将鼠标光标移动到工作区中的某个设计元素上，单击鼠标右键，弹出的快捷菜单中如果有与属性相关的菜单项即可选择该菜单命令，打开相应的属性对话框，并在对话框中设置相应的属性参数。如在实体设计环境中，将鼠标移到某个零件上，单击鼠标右键，弹出如图 2-10 所示的快捷菜单，在该快捷菜单中选择【零件属性】菜单命令，打开如图 2-11 所示的【零件】对话框。用户可以通过设置【零件】对话框中的各个选项来定义当前零件设计环境下的各种环境参数。

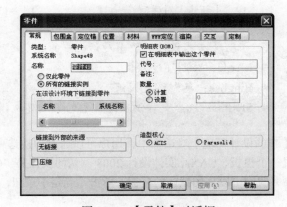

图 2-10　快捷菜单　　　　　　　　　　图 2-11　【零件】对话框

属性表的应用在CAXA 实体设计 2008 中非常广泛，这是用户设置工作环境参数的重要方式。属性表常应用于零件、零件中的各种图素、零件各个图素的各个表面、三维设计环境、光源、图纸、工程图中的视图、二维截面、二维几何图形和尺寸、钣金件、明细表和默认绘图元素。

2.3　CAXA 实体设计 2008 基本操作

在介绍了 CAXA 实体设计 2008 工作环境之后，我们来学习 CAXA 实体设计 2008 的一些基本操作，这些操作在以后的学习和工作中会经常用到，也是一些最基本的操作。本节内容的学习，将为后面内容的深入学习做好准备。

2.3.1　新建文件

要开始一个新的设计，首先应该新建一个文件。选择【文件】|【新文件】菜单命令，打开

【新建】对话框，如图 2-12 所示。

　　【新建】对话框中包含两个选项，代表了两种文件类型，分别是【设计】和【工程图】。在列表框中单击选中【工程图】选项，单击【确定】按钮，就新建了一个工程图文件并进入了工程图环境。

　　在列表框中单击选中【设计】选项，单击【确定】按钮，打开如图 2-13 所示的【新的设计环境】对话框。

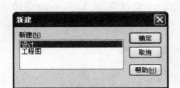

图 2-12　【新建】对话框　　　　　　　　图 2-13　【新的设计环境】对话框

说　明：【新的设计环境】对话框中的 3 个选项卡各有不同的特性。
● Metric：公制环境模板。
● Einglish：英制环境模板。
● Studios：包含更详细定义信息的英制环境模板。

　　在【新的设计环境】对话框中，用户可以通过切换选项卡或者选择列表中的模板来为当前的新文件设置一个模板，CAXA 实体设计 2008 默认的模板是"CAXA Blue.ics"。通常情况下，如果没有特殊需要，我们可以采用默认的模板。单击【确定】按钮，新建了一个设计文件并进入设计环境。

2.3.2　打开文件

　　选择【文件】｜【打开文件】菜单命令，或者单击【标准】工具条上的【打开】按钮 📂，弹出【打开】对话框，如图 2-14 所示。

　　单击【查找范围】下拉列表框，可以选择要打开的文件在计算机上的保存路径。单击【文件类型】下拉列表框，可以选择打开的文件类型。CAXA 实体设计 2008 可以直接打开的文件包括".ics、.icd、.dwg、.dxf"等类型。

　　在列表框中显示出要打开的文件后，单击选中该文件，单击【打开】按钮就可以打开该文件。

说　明：如果用户忘记了某个文件的保存路径，可以单击【打开】对话框中的【查找】按钮，打开【文件检索】对话框。通过在该对话框中设置要查找文件的文件名、文件类型后缀和查找范围来查找要打开的文件。

2.3.3 保存文件

设计完成后，选择【文件】|【保存】菜单命令，或者单击【标准】工具条上的【保存】按钮 ，打开【另存为】对话框，如图 2-15 所示。

单击【保存在】下拉列表框可以选择当前文件的保存路径，可以在【文件名】文本框中输入文件名，设置好保存路径及文件名后单击【保存】按钮，完成文件的保存。

另外，CAXA 实体设计 2008 还提供了另存文件的功能，当某个文件已经被保存后，选择【文件】|【另存为】菜单命令，打开如图 2-15 所示的【另存为】对话框。通过对话框中【保存在】下拉列表框的设置更改文件保存路径，通过【文件名】文本框的设置更改文件的保存名称，通过【保存类型】下拉列表框的设置更改文件的保存类型。

图 2-14 【打开】对话框

图 2-15 【另存为】对话框

2.3.4 撤销/恢复

1. 撤销操作

当用户执行了某项或某几项操作，发现这些操作是不恰当的，此时可以通过撤销工具来取消这些操作，将文件退回到执行这些操作以前的状态。操作方法是选择【编辑】|【取消操作】菜单命令，或者单击【标准】工具条上的【取消操作】按钮 ，如图 2-16 所示。

图 2-16 【标准】工具条

2. 恢复操作

当用户撤销了某项操作，但发现还是执行该操作更合理，此时可以通过恢复工具来恢复刚才撤销的操作。操作方法是选择【编辑】|【重复操作】菜单命令，或者单击【标准】工具条上的【重复操作】按钮 。

2.3.5 CAXA 实体设计常规选项设置

CAXA 实体设计 2008 提供了对常规参数选项设置的功能，用户可以通过常规选项的设置来定制自己的工作环境。这些设置是一些最基本的设置，在CAXA 实体设计的任何工作环境中都是有效的。

由于这些设置涉及到 CAXA 实体设计的很多方面，所以对于初学者而言不要求对每个设置选项都弄懂，只要了解包含了哪些参数选项以及设置的方法就可以了。随着学习的不断深入，读者对参数选项的含义会了解得越来越多，可以逐渐地熟悉和扩大对参数选项的认识。

选择【工具】|【选项】菜单命令，打开【选项】对话框，如图 2-17 所示。

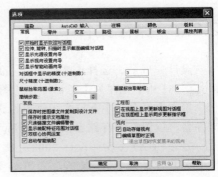

图 2-17　【选项】对话框

选项对话框包含【渲染】、【AutoCAD 输入】、【注释】、【颜色】、【板料】、【常规】、【零件】、【交互】、【路径】、【鼠标】、【钣金】、【属性列表】等选项卡，每个选项卡包含了与选项卡名称相关的一些选项。

在这里我们可先熟悉一下【常规】选项卡中的选项。这些选项相对比较简单，用户可以尝试更改对每个选项的设置，并观察效果，从中逐渐体会选项的含义。

2.4　CAXA 三维球应用

三维球是一个非常杰出和直观的三维图素操作工具，同时也是 CAXA 实体设计特征标志，是与其他软件的区别之处。作为强大而灵活的三维空间定位工具，它可以通过平移、旋转和其他复杂的三维空间变换来精确定位任何一个三维物体；同时三维球还可以完成对智能图素、零件或组合件生成拷贝、直线阵列、矩形阵列和圆形阵列的操作功能。

三维球可以附着在多种三维物体之上。在选中零件、智能图素、锚点、表面、视向、光源、动画路径关键帧等三维元素后，可通过单击三维球工具按钮　，激活三维球，使三维球附着在这些三维物体之上，从而可方便地对它们进行移动、相对定位和距离测量。

综合上述，我们将三维球确定为 CAXA 实体设计明星标志。

激活、取消三维球的两种方法如下。

（1）选中某个零件或图素，选择【工具】|【三维球】菜单命令。

（2）单击【标准】工具条上的【三维球】工具按钮　。

2.4.1　三维球概述及功能介绍

默认状态下三维球的形状如图 2-18 所示。

三维球在空间有 3 个轴。内外分别有 3 个控制柄，可以沿任意一个方向移动物体，也可以约束实体在某个固定方向移动，绕某固定轴旋转。按图 2-18 中的序号顺序解释如下。

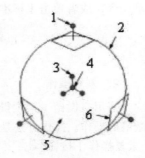

图 2-18　三维球

● **外控制柄**：图 2-18 中 1 所示为圈外控制柄，单击它可用来对轴线进行暂时的约束，使三维物体只能沿此轴线线性平移，或绕此轴线旋转。

● **圆周**：图 2-18 中 2 所示为外圈，拖动这里，可以围绕一条从视点延伸到三维球中心的虚拟轴线旋转。

● **定向控制柄**：图 2-18 中 3 所示为圈内控制柄，用来将三维球中心作为一个固定的支点进行对象的定向。主要有两种使用方法。

> 拖动控制柄，使轴线对准另一个位置。
> 右击鼠标，然后从弹出的菜单中选择一个项目进行移动和定位。

● **中心控制柄**：图 2-18 中 4 所示为圈中心控制柄主要用来进行点到点的移动。使用方法是将它直接拖至另一个目标位置，或单击鼠标右键，然后从弹出的菜单中挑选一个选项。它还可以与约束的轴线配合使用。

● **内侧**：图 2-18 中 5 所示为内侧，在这个空白区域内侧拖动进行旋转。也可以在该空白区域内侧右击鼠标，利用出现的各种选项对三维球进行设置。

● **二维平面**：图 2-18 中 6 所示为二维平面，拖动这里，可以在选定的虚拟平面中自由移动。

三维球拥有 3 个外部控制手柄（长轴），3 个内部控制手柄（短轴），一个中心点（参见图 2-18），主要功能是解决软件应用中元素、零件以及装配体的空间点定位和空间角度定位的问题。其中：长轴是解决空间点定位和空间角度定位；短轴是解决元素、零件、装配体之间的相互关系；中心点是解决重合问题。

一般条件下，在三维球的移动、旋转等操作中，鼠标的左键不能实现复制功能，右键可以实现元素、零件、装配体的复制功能和平移功能。在软件初始化状态下，三维球最初是附着在元素、零件、装配体的定位锚上的。对于智能图素，三维球与智能图素是完全相符的，三维球的轴向与图素的边，轴向完全是平行或重合的。三维球的中心点与智能图素的中心点是完全重合的。三维球与附着图素的脱离通过单击空格键来实现。三维球脱离后，移动到规定的位置，再次单击空格键，附着三维球。

以上是默认状态下三维球的设置，还可以在三维球内侧通过右击鼠标时出现的快捷菜单对三维球进行其他设置，如图 2-19 所示。

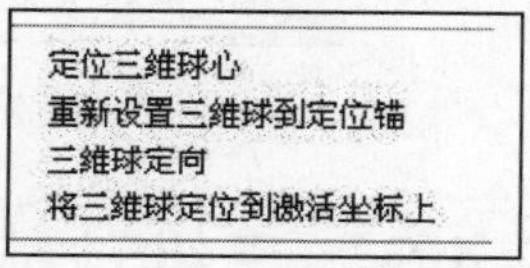

> 定位三维球心
> 重新设置三维球到定位锚
> 三维球定向
> 将三维球定位到激活坐标上

图 2-19　三维球设置界面

2.4.2　三维球移动操作

当想在三维空间内移动装配体、零件或图素时，可以应用三维球的外部手柄进行定位。用鼠标的左键或右键拖动三维球的外部控制手柄，这时注意鼠标状态的变化，如图 2-20 所示。

当使用鼠标左键来操作时，只能在被选择手柄的轴线方向（将变为黄色）移动该圆柱体，如图 2-21 所示。在图中可以看到圆柱体被移动的具体数值。如果需要精确指定圆柱体的位移，可以右击图中显示的数值，选择编辑数值。

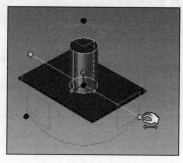

图 2-20　鼠标变为小手

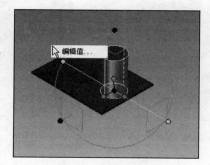

图 2-21　编辑数值

如果用鼠标右键来操作，与前一种方式不同的是，在拖动操作结束后，系统将弹出一个菜单，可以在菜单中选择需要的操作，如移动、复制、链接和生成线性阵列等，如图 2-22 所示。

- 【平移】：将零件、图素在指定的轴线方向上移动一定的距离。
- 【拷贝】：将零件、图素变成多个，零件都相同但没有链接关系。
- 【链接】：将物体、图素变成多个，零件或图素其中有一个变化，复制出的其他零件或图素也同时变化。
- 【沿着曲线拷贝】：沿着选定曲线将零件或图素变成多个。
- 【生成线性阵列】：将物体、图素变成多个，零件或图素具有链接的功能，同时还可以有尺寸驱动。

如果在调出三维球后不对圆柱体进行拖动，只右击鼠标，可在弹出的菜单中选择【编辑距离】菜单命令来确定移动的距离，或选择【生成线性阵列】来进行阵列，如图 2-23 所示。

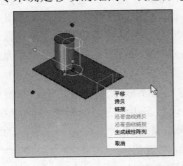
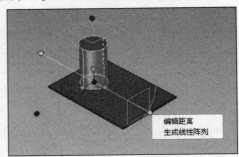

图 2-22　右键内容　　　　　　　图 2-23　右键菜单

2.4.3　三维球旋转操作

应用三维球的外部手柄进行空间的角度定位，可在三维空间内旋转装配体、零件或者图素。

单击三维球的外部控制手柄，然后将鼠标移到三维球内部。同样用鼠标的左键或右键拖动三维球进行旋转，注意鼠标的变化和状态，如图 2-24 所示。

按住鼠标左键进行拖动旋转，松开左键，将左键移到数值上，右击鼠标，即可编辑旋转角度，如图 2-25 所示。

按住右键拖动旋转，松开右键，即可根据弹出菜单进行编辑，如图 2-26 所示。

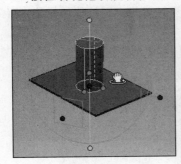
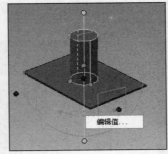
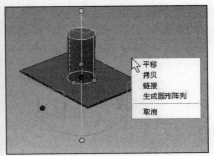

图 2-24　三维球旋转　　　图 2-25　角度值编辑　　　图 2-26　右键菜单

2.4.4　三维球定位操作

激活三维球时，可以看到三维球的中心点在默认状态下与圆柱体图素的锚点重合。这时移动圆柱体图素，移动的距离都是以三维球中心点为基准进行的。但是有时需要改变基准点的位置，如希望图中的圆柱体图素绕着空间某一个轴旋转或者阵列，那么这种情况该如何处理呢？可采用三维球的重新定位功能。

具体操作如下：点取零件，单击三维球功能，按空格键，三维球将变成白色，这时可随意移动三维球（基准点）的位置。单独移动三维球的方法与以上叙述的类似。此时移动三维球，圆柱体将不随之运动，当将三维球调整到所需的位置时，再次按空格键，三维球变回原来的颜色，此时即可以对相应的图素或零件继续进行操作。

2.4.5　三维球阵列操作

左键选取一外部手柄，待手柄变为黄色后，再将鼠标移到另一外部手柄端，右击鼠标，选择矩形阵列。被选中的元素将在 3 个亮黄色点所形成的平面内阵列。第一次选择的外部手柄方向为第一方向，阵列结果如图 2-27 所示。

图 2-27　矩形阵列

交错偏置可以形成如锯齿般交错分布的结果，如图 2-28 所示。

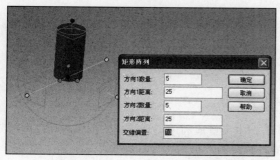

图 2-28　交错偏置及效果图

2.4.6　三维球配置选项

三维球功能繁多，它的全部选项和相关的反馈功能在同一时间是不都需要的，因而，CAXA实体设计允许按需要禁止或激活某些选项。可以在三维球显示在某个操作对象上时修改三维球的配置选项。在激活三维球的状态下，在设计环境中的任意位置单击鼠标右键，在弹出的菜单中有几个选项是默认的。在选定某个选项后，该选项在弹出菜单上的位置旁将出现一个复选标记，如图 2-29 所示。

三维球上可用的配置选项如下。

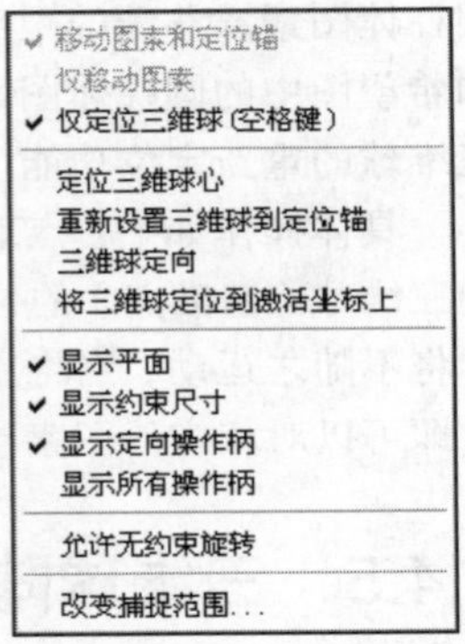

- 【移动图素和定位锚】：如果选择了此选项，三维球的动作将会影响选定操作对象及其定位锚。此选项为默认选项。

- 【仅移动图素】：如果选择了此选项，三维球的动作将仅影响选定操作对象，而定位锚的位置不会受到影响。

- 仅定位三维球（空格键）：选择此选项可使三维球本身重定位，而不移动操作对象。此选项将在下一节中详述。

- 【定位三维球心】：选择此选项可把三维球的中心重定位到操作对象上的指定点。

- 重新设置三维球到定位锚：选择此选项可使三维球恢复到默认位置，即操作对象的定位锚上。

图 2-29　三维球配置菜单

- 【三维球定向】：选择此选项可使三维球的方向轴与整体坐标轴（L，W，H）对齐。

- 【将三维球定位到激活坐标系上】：选择此选项可使三维球定位到当前激活的坐标系上。在创建了默认坐标系以外的情况下，可以使用该命令将三维球定位到不同的坐标系上。

- 【显示平面】：选择此选项可在三维球上显示二维平面。

- 【显示被约束尺寸】：选定此选项时，CAXA 实体设计将报告图素或零件移动的角度和距离。

- 【显示定向操作柄】：选择此选项时，将显示附着在三维球中心点上的方位手柄。此选项为默认选项，其详细说明参见前文中的相关内容。

- 【显示所有操作柄】：选择此选项时，三维球轴的两端都将显示出方位手柄和平移手柄。

- 【允许无约束旋转】：欲利用三维球自由旋转操作对象，则可选择此选项。

- 【改变捕捉范围】：利用此选项，可设置操作对象重定位操作中需要的距离和角度变化增量。增量设定后，可在移动三维球时按住 Ctrl 键激活此功能选项。

2.5　设计元素库

CAXA 实体设计元素的作用在于生成设计项目，目前可用的设计元素库有图素、高级图素、颜色、纹理等。此外，还可以生成自己的设计元素库或从网上获取。

2.5.1　设计元素库概述

通常，在 CAXA 实体设计的零件设计工作中大量地利用设计元素。可以利用【设计元素库】任务窗格访问 CAXA 实体设计中所包含的各种资源。单击【设计元素库】任务窗格下方的各选项卡，相应的库工具就会显示在设计环境窗口的右侧。设计元素浏览器由导航按钮、设计元素选项卡、滚动条和一些打开的设计元素库构成，如图 2-30 所示。

默认状态下，【设计元素库】任务窗格处于显示状态，以便显示最优化配置的工作区。

【设计元素库】任务窗格具有自动隐藏功能，此功能特征可以使【设计元素库】任务窗格在不用的时候自动翻卷回设计环境的右侧，并仅显示其设计元素库选项卡。若要显示当前设计元素，可将光标移到标识区域。当从设计元素库中选择了所希望的项目后，再将光标移回到设计环境，这样就可以使【设计元素库】任务窗格再次从工作区卷回。

通过单击【设计元素库】任务窗格中的【自动隐藏】按钮 [⊟] 或 [⊟]，可以设置自动隐藏功能。

如果显示某个设计元素库选项卡中的内容，单击【设计元素库】任务窗格下方的选项卡即可。

如果选项卡不可见，可以单击任务窗格右下角的【打开文件】按钮 ▼，展开如图 2-31 所示的菜单，单击菜单中的相应选项打开相应的设计元素库。

如果设计元素选项卡中所含的设计元素数多于屏幕一次能够显示的数量，拖动任务窗格右侧的滚动条可以查看其中的工具。

若要显示更大的设计元素图标，在【设计元素库】任务窗格工具列表中的任意位置单击鼠标右键，从弹出菜单中选择【超大图标】菜单命令即可。同样的，可以通过该菜单设置小图标显示方式。

开始设计零件造型时，可用鼠标从设计元素库中拖出一个元素工具图标，然后将其释放到三维设计环境中去，如图 2-32 所示。

图 2-30　设计元素库

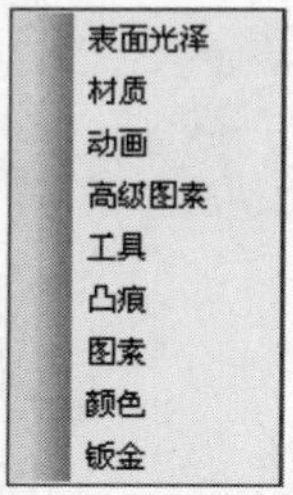

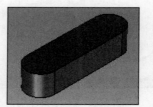
图 2-31　快捷菜单

图 2-32　从设计元素库中拖出【键】图标

通过鼠标拖放方法还可以向工作区中的零件造型上添加颜色、纹理和其他元素。例如，为了给某个图素添加金属纹理，可以用鼠标从【纹理】设计元素库中拖出一个图标并将其释放到图素上。

单击主菜单栏中的【设计元素】菜单，可以展开【设计元素】菜单，如图 2-33 所示。该菜单包括了对设计元素库的各种操作，具体功能如下。

- 【新建】：新建一个设计元素库。
- 【打开】：打开一个已有的设计元素库。

图 2-33　【设计元素】菜单

- 【关闭】：关闭当前选中的设计元素库。
- 【关闭所有】：关闭所有设计元素库。
- 【自动隐藏】：显示/隐藏设计元素库。
- 【保存】：保存一个设计元素库。
- 【另存为】：将选中的设计元素库另存。
- 【保存所有】：保存所有的设计元素库。
- 【设置】：设置设计元素浏览器中元素库的数量、顺序等。

2.5.2　标准设计元素库

标准设计元素库是在运行 CAXA 实体设计时默认状态下打开的。

1．【图素】设计元素库

【图素】设计元素库包含基本的三维实体特征或零件特征，如长方体、圆柱体、键、多棱体等。有些智能图素是去除部分实体后形成的孔洞，如孔类长方体、孔类键等，如图 2-34 所示。

2．【高级图素】设计元素库

单击【设计元素库】任务窗格下方的【高级图素】选项卡，可以打开【高级图素】设计元素库。【高级图素】设计元素库包含更多复杂的智能图素，如工字梁、星型孔等，如图 2-35 所示。

图 2-34　【图素】设计元素库

图 2-35　【高级图素】设计元素库

3．【钣金】设计元素库

【钣金】设计元素库包括钣金设计中所用的智能图素，如板料、弯曲板料、各类冲孔和凸起等，如图 2-36 所示。

4．【工具】设计元素库

【工具】设计元素库包括一些零件设计工具，如自定义孔、齿轮、弹簧、轴承等，使用这些工具可以快速创建一些结构复杂的零件，如图 2-37 所示。

5．【动画】设计元素库

【动画】设计元素库中包含了一些创建动画的工具，通过这些工具可以创建一些简单的动画，如图 2-38 所示。

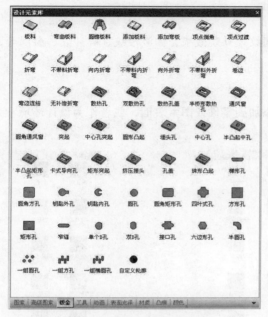

图 2-36　【钣金】设计元素库　　　　　　　　图 2-37　【工具】设计元素库

6.【表面光泽】设计元素库

【表面光泽】设计元素库包括反光颜色、金属涂层等工具，主要用于零件的外观渲染，如图 2-39 所示。

图 2-38　【动画】设计元素库　　　　　　　　图 2-39　【表面光泽】设计元素库

7.【材质】设计元素库

【材质】设计元素库中的项目应用于零件表面或设计环境背景，可以为零件添加材质效果，用于零件的渲染，如绿色玻璃、亮黄钢等，如图 2-40 所示。

8.【凸痕】设计元素库

【凸痕】设计元素库用于设计零件的表面纹理外观效果，如波浪纹、碎片纹、漩涡等，如图 2-41 所示。

9.【颜色】设计元素库

【颜色】设计元素库中的选项可将颜色添加到零件或图素表面，或者作为设计环境背景，如图 2-42 所示。

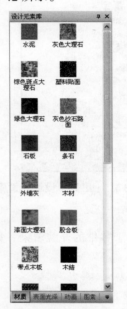

图 2-40　【材质】设计元素库　　图 2-41　【凸痕】设计元素库　　图 2-42　【颜色】设计元素库

2.5.3　附加设计元素库

标准元素库仅仅是 CAXA 实体设计 2008 设计元素库的最常用部分，CAXA 实体设计 2008 中还包含一些附加元素库，包括抽象图案、背景、织物、颜色、石头、纹理、文本、金属、木头等。

在 CAXA 实体设计 2008 的完全安装方式中，这些附加的设计元素库都位于软件安装目录下的"Catalogs"文件夹中，如图 2-43 所示。

如果安装 CAXA 实体设计 2008 时，选择的是自定义安装方式，这些附加元素就不会安装到硬盘上，但可以在需要时从光盘中调入。

若要打开附加设计元素库，可以选择【设计元素】|【打开】菜单命令，此时屏幕上将弹出一个对话框，其中显示系统的文件夹层次结构，包括网络存取文件夹，等等。如果此时插入 CAXA 实体设计光盘，还包括该光盘的文件夹。在文件层次结构中查找，逐个双击文件夹，直至找到目标设计元素为止。所有的 CAXA 实体设计元素库文件都有一个".icc"扩展名。

图 2-43　附加设计元素库

2.6　CAXA 创新设计

　　CAXA 实体设计拥有丰富的设计元素库，方便的拖放式造型和编辑方法，可以进行可视化和精确化设计，这些独特快速的设计方法，使得设计工作如同搭积木一样简单而充满乐趣。积木块拖入设计环境中，可以通过尺寸编辑、截面编辑、表面操作等方法进行变形，过程如同捏橡皮泥一样直观方便。当设计元素库中没有所需要的积木块时，可以通过它的特征操作创建。

2.6.1　智能图素

　　智能图素是 CAXA 实体设计中的三维造型元素。标准智能图素是 CAXA 实体设计中已经定义好的图素，如长方形、锥体等常见的几何实体，还有各种孔类图素，各种高级图素、标准件图素、三维文字图素等。这些图素按功能分为各种设计元素库，只需从设计元素库中拖放到设计环境中即可使用。在 CAXA 实体设计中，大部分零件设计都是从单个图素开始的，该图素可采用 CAXA 实体设计某个设计元素库的标准智能图素，也可以是自定义的图素。

1. 图素及其编辑状态

　　在对图素进行操作之前，就需要先选定它。单击工作区中的智能图素，对智能图素选定。

　　在同一零件上用鼠标左键再单击一次，进入智能图素编辑状态。在这一状态下系统显示一个黄色的包围盒和 6 个方向的操作手柄，在零件某一角点显示的蓝色箭头表示生成图素时的拉伸方向，并有一个红色手柄图标表示可以拖动手柄修改图素的尺寸，如图 2-44 所示。

　　如果要取消对长方体的选定，只需单击设计环境背景的任意空白处，图素上加亮显示的轮廓消失，表示不再是被选定状态，如图 2-45 所示。

　　智能图素的编辑状态有两种形式，包围盒操作柄和图素操作柄，单击图 2-44 中间的 ⊕ 图标可以在这两种状态之间进行切换。

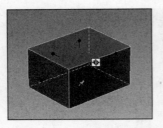

图 2-44 图素编辑状态

图 2-45 取消编辑状态

2. 包围盒、操作手柄与尺寸编辑

在实体设计中，可以直接通过拖放的方式编辑零件尺寸，而不必设定尺寸值。

（1）包围盒。

在默认状态下，对实体单击两次，进入智能图素编辑状态。在这一状态下系统显示一个黄色的包围盒和 6 个方向的操作手柄（参见图 2-44 所示）。

（2）包围盒操作柄。

包围盒的主要作用是调整零件的尺寸。将鼠标放置在操作手柄处，就会出现一个小手图标、双箭头和一个字母，字母表示此手柄调整的方向：L 为长度方向，W 为宽度方向，H 为高度方向，如图 2-46 所示。

拖动包围盒的操作手柄，零件尺寸即随之改变。

编辑调整的方式有两种，可视化编辑和精确化编辑。

（1）可视化修改包围盒的尺寸。

双击零件使零件处于编辑状态，出现包围盒及尺寸手柄。把鼠标移向红色手柄直至出现一个手形和双箭头，左击并拖动手柄，此时还会出现正在调整的尺寸值，拖放零件到满意的大小，松开鼠标即可（参见图 2-46 所示）。

（2）精确定义包围盒的尺寸。

除了可视化设计以外，还可以在包围盒中精确定义图素的尺寸数值。

双击零件，出现包围盒。当单击智能图素包围盒手柄时将显示尺寸值，可以在尺寸值上右击鼠标，在弹出的菜单中选择【编辑值】菜单命令，打开【编辑操作柄的值】对话框，在该对话框中输入新的尺寸数值，如图 2-47 所示。

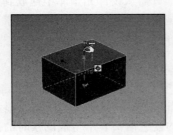

图 2-46 包围盒操作柄

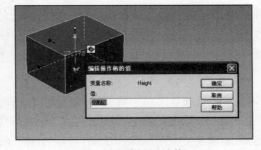

图 2-47 编辑尺寸值

3. 操作手柄的右键菜单

移动鼠标到包围盒的操作手柄上，当出现手形和双箭头时右击鼠标，弹出菜单如图 2-48 所示。各项菜单命令功能及操作如下。

（1）从操作手柄的右键菜单中选择【编辑包围盒】菜单命令，打开一个【编辑包围盒】对话框，如图 2-49 所示。其中的数值表示当前包围盒的尺寸，输入新的数值，单击【确定】按钮，就可以修改零件的尺寸及包围盒的大小。

图 2-48　操作手柄右键菜单

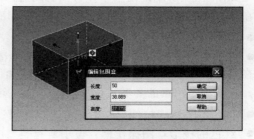

图 2-49　编辑包围盒尺寸

（2）智能图素手柄能够按要求设置捕捉增量。选择右键菜单下的【改变捕捉范围】菜单命令，打开【操作柄捕捉设置】对话框。可以在该对话框中设置线性捕捉增量参数（无单位或指定单位增量），如图 2-50 所示。

该对话框中的各选项含义如下。

图 2-50　设置捕捉增量

● 【线性捕捉增量】：设置捕捉增量的值。
● 【无单位】：如果勾选【无单位】选项，则捕捉增量的单位随默认单位设置变化，数值不变。如果不勾选【无单位】选项，则捕捉增量的值会随着默认单位设置换算。

（3）选择【使用智能捕捉】选项可以显示对应于选定操作柄同一零件的点、边和面之间的智能捕捉反馈信息。选定【使用智能捕捉】选项后，包围盒操作柄的颜色加亮。【使用智能捕捉】功能在选定操作柄上一直处于激活状态，直到从弹出菜单中取消该选项为止。

（4）选择【到点】选项，可以将选定操作柄的关联面相对于设计环境中另一对象上的某一点对齐。

（5）选择【到中心点】选项，可以将选定操作柄的关联面相对于设计环境中的某一对象的中心对齐。

还可以通过修改智能图素的属性表来修改包围盒尺寸：双击零件进入智能图素编辑状态。在零件空白处右击鼠标，从弹出的对话框选择【智能图素属性】菜单命令，如图 2-51 所示。在打开的对话框中选择【包围盒】选项卡，输入长、宽、高的数值，如图 2-52 所示。

图 2-51　【智能图素属性】菜单

图 2-52　【包围盒】选项卡页面

4. 图素操作柄

在如图 2-53 所示的图素中，可以看到蓝色箭头旁边小方框中的标志，这就是手柄开关，它可以在以下两个不同的智能图素编辑环境之间切换。

- 包围盒状态：可以通过拖动手柄修改围绕智能图素的包围盒的长、宽、高（参见图 2-46）。
- 形状设计状态：可以直接修改构成智能图素的草图的尺寸和形状，如图 2-53 所示。

在智能图素编辑状态，当显示包围盒操作柄时，单击操作柄切换图标，图素操作柄就显示出来了。根据选定图素的类型，可显示以下图素操作柄中的一种或多种。

- 红色的三角形拉伸操作柄：位于拉伸设计的起始和结束截面。
- 红色的棱形草图操作柄：位于所有类型图素截面草图的边上。如果要查看轮廓操作柄，必须把光标移到草图的边上。
- 方形旋转操作柄：位于旋转设计的起始截面。

5. 定位锚及位置

CAXA 实体设计中的每一个元素——图素、零件、装配、截面等，都有一个定位锚，它由一个绿点和两条绿色线段组成，看起来像一个"L"形标志。当一个图素被放进设计环境中而成为一个独立的零件时，定位锚位置就会显示一个图钉形标志。定位锚的长方向表示对象的高度轴，短方向为长度轴，没有标记的方向是宽度轴，如图 2-54 所示。

每个定位锚都有一个默认的位置，一般来说都是元素的中心。如果想将定位锚移动到其他的地方，可以在定位锚呈黄色状态时，单击三维球，使用三维球的定位功能将定位锚重定位。

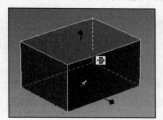

图 2-53　形状设计状态

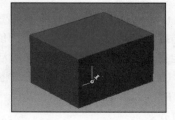

图 2-54　定位锚

6. 智能图素方向

从设计元素库中拖出智能图素时，这些标准图素都有一个默认的方向。当智能图素拖入设计环境中作为独立图素时，其方向是由它的定位锚决定的。也就是说，定位锚的方向与设计环境坐标系的方向一致，长宽高分别与坐标系的 x、y、z 轴平行，如图 2-55 所示。

7. 智能图素属性设置

在智能图素状态下右击鼠标，选择右键菜单上的【智能图素属性】菜单命令，打开一个对话框，在该对话框中可以设置智能图素属性。该对话框会因为不同元素而不同，以长方体为例，打开【拉伸特征】对话框，如图 2-56 所示。

（1）【常规】选项卡。

- 【类型】：指此智能图素的特征生成方法。根据实体设计中的特征生成方法分为拉伸特征、旋转特征、扫描特征、放样特征。
- 【系统名称】：系统给每个图素的默认名称，不能更改。
- 【名称】：此图素在设计环境中的名称。这个名称可以在此对话框中或设计数中编辑。

图 2-55　智能图素方向

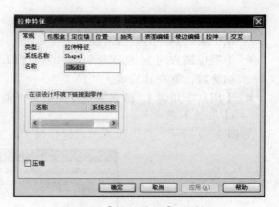

图 2-56　【拉抻特征】对话框

- 【在该设计环境下链接到零件】：这个只读区域显示被选中的图素和其他设计环境中图素/零件之间的链接情况。
- 【压缩】：是否将该智能图素压缩，压缩后图素不可见。

（2）【包围盒】选项卡。

如图 2-57 所示，在此页面设置包围盒的值及其他属性。

- 【尺寸】：在这里调整包围盒的尺寸值，分别是长度、宽度和高度，对应包围盒操作柄上 L、W 和 H。
- 【调整尺寸方式】：设置调整包围盒长、宽、高的方式。每栏有 3 个选项：【关于包围盒中心】、【关于定位锚】、【从相反的操作柄】，这些方式指的是拖动包围盒操作柄改变尺寸时，尺寸值相对于那个基准改变。
- 【显示】：此项设置操作柄是否显示，默认状态下长宽高 6 个操作柄都会显示。
- 【时态锁定】：锁定两个或多个尺寸的比例关系。选项有长和宽、长和高、宽和高以及所有。
- 【允许调整包围盒】：选定该选项，允许在重置包围盒尺寸时修改其计算公式。要保存公式就要取消对该选项的选中状态，否则当在图素菜单中选择重置包围盒选项时公式就会丢失。
- 【显示公式】：选中此项，可以在包围盒上显示公式，从而对零件进行参数化。

（3）【定位锚】选项卡。

在该智能图素定位锚的位置、方向等，如图 2-58 所示。

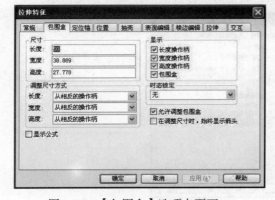

图 2-57　【包围盒】选项卡页面

图 2-58　【定位锚】选项卡页面

- 【定位锚位置】：可以精确地确定定位锚与包围盒角点的位置，在L、W、H后面的输入框中输入具体的数值来确定。
- 【定位锚方向】：绕该轴旋转，下面有L、W、H几个选项，希望图素围绕定位锚的哪个轴旋转，就在其后填入"1"。
- 【用这个角度】：图素围绕定位锚某个轴旋转的角度。

（4）【位置】选项卡。

如图2-59所示，可以设置图素定位锚相对父零件定位锚点的位置和方向。

图2-59　【位置】选项卡页面

- 【位置】：在位置区域的长宽高中输入数值，可以调整图素定位锚与父零件锚点的相对位置。
- 【方向】：绕该轴旋转，下面有L、W、H几个选项，希望图素围绕定位锚的哪个轴旋转，就在其后填入"1"。
- 【用这个角度】：图素围绕定位锚某个轴旋转的角度。注意，要使此处的更改成功应用，需要先对图素定位锚位置后的长宽高其中一项进行修改，或者在定位锚的几个选项中选择【在空间自由拖动】选项。
- 【固定在父节点中】：选择此项后，此图素和整体零件的相对位置就确定下来了，对话框中图素的位置和方向等值就无法再进行更改。

（5）【抽壳】选项卡。

使用此选项卡对图素进行抽壳，形成抽壳特征。在默认状态下，整个图素是一个实心图素。此选项卡页面中，选择【对该图素进行抽壳】选项，其他选项都被激活，如图2-60所示。

图2-60　【抽壳】选项卡页面

勾选【对该图素进行抽壳】选项后，可以对以下抽壳选项进行设置。

- 【打开终止截面】：选择此项后，拉伸图素的终止截面会打通。
- 【打开起始截面】：选择此项后，拉伸图素的起始截面会打通。
- 【通过侧面抽壳】：当零件是圆柱等回转体时，侧面是一个连续的面，此项为灰色。对图素进行过抽壳后，如果是有侧面的图素，如长方体、棱柱等，再次进入该对话框就会发现【通过侧面抽壳】项可以选择了。
- 【起始截面】：选择此选项后，抽壳终止于本图素的起始截面，不会对相邻图素产生影响，【多图素抽壳】中的【起始偏移】中的值不再起作用。
- 【终止截面】：选择此选项后，抽壳终止于本图素的终止截面，不会对相邻图素产生影响，【多图素抽壳】中的【终止偏移】中的值不再起作用。
- 【多图素抽壳】：指零件存在多图素时，此图素的抽壳操作对其他图素的影响。
  - ➢ 【起始偏移】：在抽壳图素的起始面处，抽壳的偏移量。如果不是零值，抽壳将影响到相邻图素，抽壳部分向相邻图素延伸此数值。
  - ➢ 【终止偏移】：在抽壳图素的终止面处，抽壳的偏移量。
  - ➢ 【侧偏移量】：设置侧偏移量值。
- 【显示公式】：各数值输入对话框内可以用公式与其他参数联系起来。

（6）【表面编辑】选项卡。

点选不同的选项使图素表面发生某种变化，默认勾选【不进行表面编辑】选项，如图 2-61 所示。

- 【不进行表面编辑】：即表面保持特征生成时的原状。
- 【变形】：所选表面发生变形，变形效果为表面中央向上突起。
- 【拔模】：定义图素某个表面的拔模角度等。
- 【定位角度】：定位拔模的方向，这个角度指的是从起始拔模的方向旋转的角度。
- 【倾斜角】：定义拔模的角度。
- 【贴合】：与相邻表面贴合在一起，被编辑表面根据相邻表面的形状进行相应的变化。

（7）【棱边编辑】选项卡。

在该选项卡中可以设置图素各边的倒角或圆过渡，如图 2-62 所示。

图 2-61　【表面编辑】选项卡页面　　　　图 2-62　【棱边编辑】选项卡页面

- 【哪个边】：在这里选择对哪个边进行编辑，选择后将被编辑的边在边的图中为红色显示。

- 【不过渡】：选择的边不进行圆角或倒角过渡。
- 【圆角过渡】：选择的边进行圆角过渡，在后面【半径】输入框中输入圆角半径值。
- 【倒角】：选择的边进行倒角过渡，倒角值在后面【半径】输入框中输入。"在右边插入"框和在"左边插入"框内分别输入倒角值，可以相同也可以不同。

（8）【拉伸】选项卡。

可编辑拉伸图素的截面和拉伸深度，如图 2-63 所示。

- 【截面】：编辑图素的截面。单击【属性】按钮，编辑图素截面。

（9）【交互】选项卡。

如图 2-64 所示，为"交互"选项卡页面设置参数。

图 2-63　【拉伸】选项卡页面　　　　　图 2-64　【交互】选项卡页面

在此选项卡页面中，设置鼠标操作对智能图素的影响。

- 【双击操作】：在默认设置中为选中智能图素，进入图素编辑状态。
- 【拖动定位】：用鼠标拖动智能图素定位锚时对图素的影响。默认的为【固定位置】，此时无法拖动。可根据需要更改为其他选项，也可以通过定位锚的右键菜单对此项进行设置。
- 【快速拖放】：鼠标快速拖放方式对智能图素的影响，默认为"无"。

2.6.2　拖放操作与智能捕捉

CAXA 实体设计作为三维设计软件，有着与其他三维软件不同而独特的设计方法。它拥有丰富的设计元素库，方便的拖放式造型和编辑方法，使得设计工作如同搭积木一样简单而充满乐趣。本小节介绍 CAXA 实体设计的一些显著特点：其独有的三维球、独特的造型方法、编辑方法和定位方法。

1. 拖放式操作

CAXA 实体设计所独有的设计元素库可以用于设计和资源的管理。范围广泛的设计元素库包含了诸如形状、颜色、纹理等设计资源，同时可以创建自己的元素库，积累设计成果并与他人分享。设计元素库的存在，清晰直观，而且只需拖放即可造型，大大加快了设计速度，提高了工作效率。

利用设计元素库提供的智能图素并结合简单的拖放操作是 CAXA 实体设计易学、易用的集中体现。要拖入一个设计元素，只需进行如下简单操作。

（1）打开一个设计元素库。

（2）查找所需要的设计元素或智能图素。

（3）在该图素上按住鼠标左键不放把它拖到设计环境中，然后松开鼠标左键。

　　当选中一个标准零件并进入智能图素编辑状态时,默认情况下会出现黄色的包围盒和一个手柄开关并显示为包围盒状态。智能图素编辑有两种状态:包围盒状态、截面形状状态。

　　用拖放式操作修改包围盒尺寸步骤如下。

　　(1)双击零件出现包围盒及尺寸手柄。

　　(2)鼠标移向红色手柄直至出现一个手形和双箭头。

　　(3)在手柄上按下鼠标左键拖动手柄。

　　修改截面形状步骤如下。

　　(1)双击零件进入智能图素编辑状态。

　　(2)单击手柄开关切换到截面形状修改状态。

　　(3)拾取并拖动红色三角形手柄,修改拉伸方向的尺寸。

　　(4)拾取并拖动红色菱形手柄修改截面的尺寸。

2. 智能捕捉

　　智能捕捉点的绿色反馈特征如下。

　　在 CAXA 实体设计中,会注意到很多地方都有智能捕捉——绿色智能捕捉反馈。智能捕捉与图素的大小设置有关,也与图素和零件的定位相关。例如,在将圆柱体拖放到长方体中央时,CAXA 实体设计的智能捕捉反馈呈绿色加亮状态显示在曲面的边上,并在其顶点显示出一个较大的绿点, 如图 2-65 所示。

捕捉边线　　　　　　　捕捉面　　　　　　　捕捉顶点

图 2-65　智能捕捉

　　利用智能捕捉功能,能够帮助图素迅速定位。当从设计元素库中拖入某个图素到工作区中的某个已经存在的图素上时,即可激活智能捕捉功能。当鼠标拖动点落到相对面、边或点上,绿色智能捕捉虚线和绿色智能捕捉点会自动显示。在零件设计过程中,通过智能捕捉操作,可以明显提高定位效率。绿色反馈是 CAXA 实体设计智能捕捉功能的显示特征,智能捕捉到的面、边、点均以绿色加亮显示,绿色智能捕捉反馈是在零件上对图素进行可视化定位的一个重要辅助工具。

　　可以将智能捕捉指定为默认手柄操作,选择【工具】|【选项】菜单命令,打开【选项】对话框。在对话框中单击选择【交互】选项卡,并选择第一个选项【捕捉作为操作柄的默认操作(无 Shift 键)】,然后单击【确定】按钮,如图 2-66 所示。

　　右键菜单中智能捕捉设置如下。

　　在图素操作手柄上单击鼠标右键,并从随之弹出的菜单上选择【改变捕捉范围】菜单命令,弹出【操作柄捕捉设置】对话框,如图 2-67 所示。

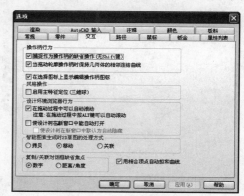

图 2-66　【选项】对话框

在【线性捕捉增量】文本框中输入捕捉增量数值。此数值为拖动手柄时每次的增减量，如果设置为 10，该手柄对应的数值只能以 10mm 的倍数变化。

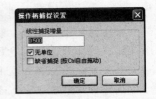

在图素操作手柄上单击鼠标右键，并从随之弹出的菜单上选择【使用智能捕捉】项，即可选定智能捕捉手柄操作，该手柄呈黄色加亮状态，表明智能捕捉手柄操作已在该手柄上被激活。

图 2-67 【操作柄捕捉设置】对话框

2.6.3 设计树与设计流程

设计树以状态树的形式显示当前设计环境中所有内容，从设计环境本身到其中的各零件、零件内的智能图素、群组、约束条件、照相机（视向）和光源。设计环境中的各个对象可通过不同的图标识别，如图 2-68 所示。

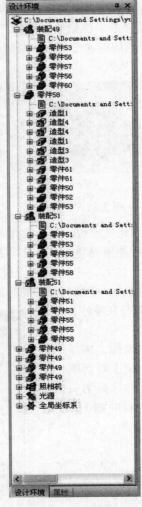

图 2-68 设计树

在设计树中有很多图标，这些图标的含义如表 2.1 所示。

表 2.1   设计树图标及含义

图　标	设计环境参考	图　标	设计环境参考
	设计环境		隐藏的剪切操作
	装配件		过渡
	隐藏的装配件		失败的弯曲
	零件		倒角
	掩藏的零件		失败的倒角
	设置用于减料操作的零件		抽壳
	实体图素		失败的抽壳
	隐藏实体图素		二维图素
	孔图素		方本图素
	隐藏的孔图素		隐藏的文本图素
	浮动的孔图素		群组类别
	钣金件		群组
	隐藏的钣金件		约束类别
	板料图素		锁定类别
	隐藏的板料图素		未锁定类别
	顶点/冲压模/自定义图素		相机类别
	隐藏的顶点/冲压模/自定义图素		相机
	折弯设计		激活的相机
	隐藏的折弯设计		光源类别
	冲压模变形设计		定向光源
	隐藏的冲压模变形设计		点光源
	可弯曲板		聚光灯
	隐藏的可弯曲板		阵列设计
	剪切操作		隐藏的阵列设计

可以利用设计树快速查看零件中的图素数量和设计环境中的光源数，并编辑设计环境中对象的属性。

因为设计树属性结构从上到下表示的是对象的生成顺序，所以在理解零件或装配件的生成过程时，它是一种非常有用的工具。实际上，可以利用设计树改变零件或装配件的生成顺序和历史记录。

1．打开设计树

选择【显示】|【设计树】菜单命令或者单击【标准】工具条上的【显示设计树】按钮，可以控制设计树的显示与隐藏。

设计树显示在设计环境的左侧边上。如果该结构树的某个项目左边出现"+"或"-"符号，单击该符号可显示出设计环境中更多/更少的内容，也就是可以展开或收敛子项目。例如，单击某个零件左边的"+"号可显示出该零件的图素配置和历史信息。设计树为设计环境中组件的选择提供了一种简便的方法。

（1）通过设计树"择设计环境中的项。

在设计树中单击该项的名称或图标。被选定项的名称蓝色加亮在设计树中显示，而选项本身则在设计环境中加亮显示。例如，默认颜色设置下，零件就呈蓝绿色加亮显示，而图素则呈蓝色加亮显示。选择完成后，可以在设计环境中或直接从设计树中编辑该设计树中的项目。

 技　巧：选择设计树中连续列出的多个选项时，首先选择第一个选项，然后按住【Shift】键并单击最后一个项。此时，被选中的两个项之间的所有选项都被选中。如果要选择的选项在设计树中的列举顺序不连续，可按住【Ctrl】键并单击每一个选项。

（2）利用设计树编辑设计环境中的一个项目。

在设计树中某项目上单击鼠标右键，并从弹出的菜单中选择一个选项。该弹出式菜单基本上与设计环境中实际项弹出的菜单一样。例如，在设计树中在零件的名称上单击鼠标右键，弹出的菜单与在零件编辑状态右击设计环境中的零件时弹出的菜单是一样的。在设计树中右击图素的名称所显示出的菜单与在智能图素编辑状态右击图素弹出的菜单相同。

（3）利用设计树为一个项重命名。

在设计树中单击该项的默认名称，暂停一会后再次单击。在文本框中输入新名称，按住"回车"键即可命名。

2. 设计流程

零件历史信息是按照零件生成过程中智能图素的添加顺序排序的。利用设计树可以快速地编辑该历史信息，编辑零件历史信息最常见的用途是显示将一个孔图素应用到零件的新图素上。

2.7　CAXA 联机帮助

对于初学者或者有一定基础的读者来说，难免在 CAXA 实体设计 2008 的实际操作中遇到困难，此时最直接、最方便的办法是通过查看联机帮助或联网帮助来找到解决难题的办法。

2.7.1　CAXA 实体设计联机技术支持

在 CAXA 实体设计环境中，可以通过很多方式访问联机帮助，通用的方式是选择【帮助】|【帮助主题】菜单命令，打开【CAXASolid】帮助文档，如图 2-69 所示。

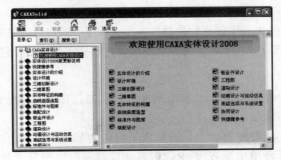

图 2-69　联机帮助文档

用户可以在帮助文档【目录】选项卡中查找相关的内容，可以在【索引】选项卡中按关键词首写字母排序的方式查找相关内容，也可以在【搜索】选项卡中搜索要查找相关内容的关键词。

技　巧：在很多对话框中都含有【帮助】按钮，对于该对话框所含选项的设置问题，用户可以直接单击对话框中的【帮助】按钮，CAXA 实体设计会自动打开联机帮助文档，并切换到相关的内容页面。

2.7.2　CAXA 网站在线帮助

如果用户访问联机帮助时没有找到相关的内容，可以访问 CAXA 实体设计 2008 的官方网站查找相关内容的解答，网址是：http://www.caxa.com/cn/skill_ironcad/index.aspx。

2.8　小结

本章讲述 CAXA 实体设计 2008 的一些基本操作，这是开始学习各种设计工具操作方法的必要准备。

CAXA 实体设计 2008 的文档操作包括新建文档、打开文档、保存文档等，这是最基本的操作知识，需要熟练地掌握，在后续章节的内容中不再对这些基础的操作进行讲述。

撤销和恢复操作是对立的，是最常用的编辑操作，应用于 CAXA 实体设计的各种设计环境，可以在相当程度上简化编辑操作，提高设计效率。

对于初级用户和中级用户，应该养成遇到问题查看联机帮助的习惯。联机帮助的内容比较全面，基本上覆盖了 CAXA 实体设计 2008 的所有相关内容。因此，习惯查看帮助文档，既能方便快捷地解决一些基本问题，又能熟悉 CAXA 实体设计 2008 的整体架构，对于全面了解 CAXA 实体设计 2008 有很大帮助。

第 **3** 章

牛刀小试——快速创建第一个CAXA作品

学习目标

- 二维草绘；
- 零件设计；
- 装配体设计；
- CAXA实体设计2008设计环境中的鼠标操作；
- CAXA实体设计2008的用户参数配置；
- 怎样使用帮助功能。

内容概要

　　本章通过一个简单的设计项目，简要地介绍了CAXA实体设计2008的主要功能及操作，包括二维草绘、零件设计、装配零件、创建装配图、创建零件图等内容。

　　本章旨在使读者熟悉产品设计流程，讲述了产品设计流程中的主要环节。读者通过本章的学习可以熟悉CAXA实体设计2008的产品设计解决方案，为今后学习每个流程环节的详细讲述打下基础。

3.1 创建阶梯轴零件

本节通过创建一个最为典型和基础的阶梯轴零件,介绍零件设计中二维草绘和三维建模两个细分环节,并介绍零件设计的典型流程。

3.1.1 阶梯轴二维草绘

二维草绘是零件设计的基础,是产品研发设计流程的第一个环节,也是读者必须了解和掌握的一个环节。

本小节通过创建一个阶梯轴的二维草绘图元,讲述二维草绘的设计过程以及设计方法。

阶梯轴二维草绘

新建文件的步骤如下。

(1)选择【开始】|【程序】|【CAXA】|【CAXA 实体设计 2008】|【CAXA 实体设计 2008】菜单命令,启动 CAXA 实体设计 2008。

(2)默认状态下打开【欢迎】对话框,如图 3-1 所示。保持对话框中【生成新的设计环境】单选按钮的默认选中状态不变,单击【确定】按钮,打开【新的设计环境】对话框,如图 3-2 所示。

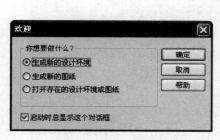

图 3-1 【欢迎】对话框   图 3-2 【新的设计环境】对话框

(3)为了在本书的后续操作中,能够清晰地观察工作区中的图形,我们采用白色作为工作区背景。在【Metric】选项卡列表中单击选中【White.ics】模板。

(4)单击【设置为缺省模板】按钮 ⬚设置为缺省模板⬚ ,将 CAXA 实体设计 2008 的默认设计模板设置为 White.ics 模板。单击【确定】按钮,新建一个文件并进入新的设计环境。

说　明：默认设置下，CAXA 实体设计 2008 启动时会自动打开【欢迎】对话框，用户可以通过在该对话框中选择任务类型，来进行后面的操作。如果用户不希望 CAXA 实体设计 2008 启动时自动打开【欢迎】对话框，可以在该对话框中单击取消【启动时总显示这个对话框】复选框的默认选中状态，单击【确定】按钮，下次启动 CAXA 实体设计 2008 时，将不再显示此对话框。

设置工作环境步骤如下。

（1）选择【生成】|【二维草图】菜单命令，如图 3-3 所示。打开【编辑草图截面】对话框，并进入草绘工作环境，如图 3-4 所示。

图 3-3　菜单命令

图 3-4　【编辑草图截面】对话框

（2）进入草绘工作环境后，工作区中显示了直角坐标系和栅格，如图 3-5 所示。为了能够更加清晰地观察草绘图元，我们取消栅格的显示。选择【显示】|【栅格】菜单命令，完成后的工作区如图 3-6 所示。

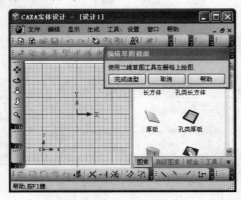

图 3-5　默认显示栅格

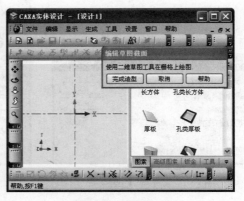

图 3-6　取消栅格显示

（3）选择【工具】|【选项】菜单命令，打开【选项】对话框，单击【颜色】选项卡将对话框切换到【颜色】选项卡界面，如图 3-7 所示。在【设置颜色为：】列表框中单击选择【欠定义】选项，在【颜色：】列表中单击选择列表右下角的粉色，选择完成后单击【确定】按钮，完成草绘环境的设置。

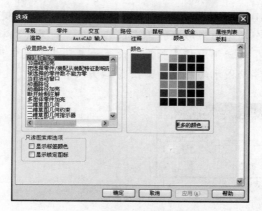

图 3-7　【颜色】选项卡界面

草绘图元步骤如下。

（1）单击【二维绘图】工具条上的【矩形】按钮 □，如图 3-8 所示。在工作区中单击选取坐标系原点，向右上方拖动鼠标，工作区中出现一个动态的矩形框后，单击鼠标右键，打开【编辑长方形】对话框，如图 3-9 所示。

图 3-8　【二维绘图】工具条

（2）在【编辑长方形】对话框中将【长度】设置为8，【宽度】设置为20。单击【确定】按钮完成该草绘图元的创建，如图 3-10 所示。

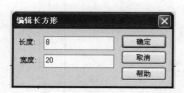

图 3-9　编辑长方形尺寸

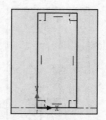

图 3-10　绘制矩形

（3）将鼠标移至图 3-10 所绘长方形的左上角端点，单击鼠标左键选取该端点，向右上方拖动鼠标，工作区中出现一个动态的矩形框，单击鼠标右键，打开【编辑长方形】对话框。

（4）在【编辑长方形】对话框中将【长度】设置为5，【宽度】设置为10，如图 3-11 所示。单击【确定】按钮完成该草绘图元的创建，如图 3-12 所示。

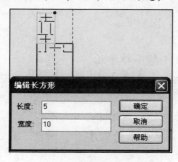

图 3-11　编辑长方形尺寸

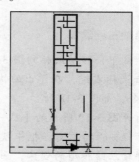

图 3-12　创建第二个矩形

（5）移动鼠标至图 3-10 所绘长方形的左下角端点，单击鼠标左键选取该顶点，向右下方拖动鼠标，工作区中出现一个动态的矩形框，单击鼠标右键，打开【编辑长方形】对话框。

（6）在【编辑长方形】对话框中将【长度】设置为 6.5，【宽度】设置为 8，如图 3-13 所示。单击【确定】按钮完成该草绘图元的创建，如图 3-14 所示。

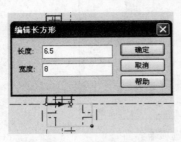

图 3-13　编辑长方形尺寸

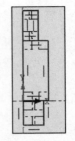

图 3-14　创建第 3 个矩形

（7）单击【二维编辑】工具条上的【裁剪曲线】按钮，如图 3-15 所示。将鼠标依次移到图 3-14 中 3 个矩形重叠的两条边线上，分别双击鼠标左键，裁剪掉重叠的图元，完成后的效果如图 3-16 所示。

图 3-15　【二维编辑】工具条

（8）单击【编辑草绘截面】对话框中【完成造型】按钮 完成造型 ，完成阶梯轴二维草绘，完成后的效果如图 3-17 所示。

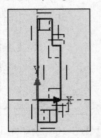

图 3-16　裁剪图元

图 3-17　阶梯轴二维草绘

3.1.2　阶梯轴三维建模

实战演练

阶梯轴三维建模

（1）在工作区中，移动鼠标到图 3-17 所示的阶梯轴二维草绘图元线上，单击鼠标右键，在弹出的快捷菜单中选择【生成】|【旋转】菜单命令，如图 3-18 所示。

（2）此时打开图 3-19 所示的【从一个二维轮廓创建旋转特征创建旋转】对话框，保持该对话框中默认设置不变，单击【确定】按钮，完成阶梯轴三维模型的创建，如图 3-20 所示。

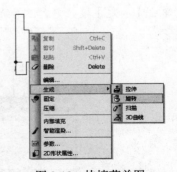

图 3-18　快捷菜单图

图 3-19 【从一个二维轮廓创建旋转特征创建旋转】对话框   图 3-20 阶梯轴零件设计

 　说　明：上面阶梯轴三维建模案例，采用了先创建二维草绘，再创建三维模型的方式，目的是让读者了解二维草绘和三维模型的环境及操作。在实际应用中，更多的是采用在三维建模环境内部创建二维草绘。在 3.2 节的案例中，我们将采用后一种方法，从而让读者了解三维建模的两种方式。

3.2　创建套筒零件

本节以一个套筒零件为例，介绍通过在零件内部创建二维草绘并生成三维模型的零件设计方式。

 创建套筒零件

（1）新建一个文件。选择【文件】|【新文件】菜单命令，打开【新建】对话框。保持对话框中的默认设置不变，单击【确定】按钮，打开【新的设计环境】对话框。保持【新的设计环境】对话框的默认设置不变，单击【确定】按钮，进入零件设计环境。

（2）选择【生成】|【智能图素】|【拉伸】菜单命令，如图 3-21 所示。打开【拉伸特征向导】对话框，如图 3-22 所示。

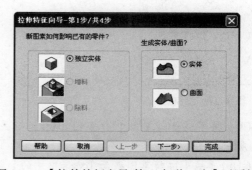

图 3-21 菜单命令   图 3-22 【拉伸特征向导-第 1 步/共 4 步】对话框

（3）保持对话框中的默认设置不变，单击【下一步】按钮，切换到如图 3-23 所示的界面。

（4）保持对话框中的默认设置不变，单击【下一步】按钮，切换到如图 3-24 所示的界面。在对话框中，将【距离】设置为 4，单击【下一步】按钮，切换到如图 3-25 所示的界面。

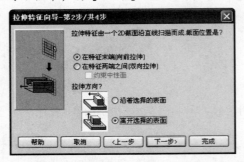

图 3-23 　【拉伸特征向导-第 2 步/共 4 步】对话框

图 3-24 　【拉伸特征向导-第 3 步/共 4 步】对话框

（5）确认图 3-25 所示对话框中【否】选项处于选中状态，单击【完成】按钮，进入草绘环境。

（6）单击【二维绘图】工具条上的【圆：圆心+半径】按钮 ⊙ ，移动鼠标至坐标系原点，单击选取坐标系原点，向任意方向拖动鼠标，工作区中出现一个动态的圆，单击鼠标右键，打开【编辑半径】对话框，如图 3-26 所示。

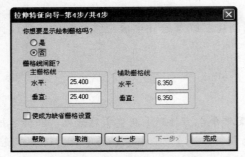

图 3-25 　【拉伸特征向导-第 4 步/共 4 步】

图 3-26 　【编辑半径】对话框

（7）将半径值设置为 5，单击【确定】按钮完成该草绘图元的创建，如图 3-27 所示。

（8）移动鼠标至坐标系原点，单击选取坐标系原点，向任意方向拖动鼠标，工作区中出现一个动态的圆，单击鼠标右键，打开【编辑半径】对话框，如图 3-28 所示。

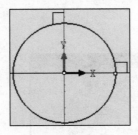

图 3-27 　绘制圆

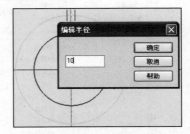

图 3-28 　【编辑半径】对话框

（9）将半径值设置为 10，如图 3-28 所示，单击【确定】按钮完成该草绘图元的创建，如图 3-29 所示。

（10）单击【编辑草图截面】对话框中的【完成造型】按钮，完成套筒零件的创建，如图 3-30 所示。

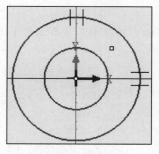

图 3-29　绘制圆

图 3-30　创建套筒零件

3.3　装配阶梯轴和套筒

本节通过一个简单的案例来介绍 CAXA 实体设计 2008 的装配操作过程,通过该案例的联系,读者对装配设计会有一个初步的认识。

实战演练

装配阶梯轴和套筒

新建文件步骤如下。

（1）选择【文件】|【新文件】菜单命令,打开【新建】对话框。保持对话框中的默认设置不变,单击【确定】按钮,打开【新的设计环境】对话框。

（2）保持【新的设计环境】对话框的默认设置不变,单击【确定】按钮,进入零件设计环境。插入零件的操作步骤如下。

（1）选择【装配】|【插入零件/装配】菜单命令,或者单击【装配】工具条上的【插入零件/装配】按钮,打开【插入零件】对话框,如图 3-31 所示。

图 3-31　【插入零件】对话框

（2）在【查找范围】下拉列表中选择文件路径为"本书光盘:\案例文件\第 3 章\3.1 阶梯轴",单击【打开】按钮,此时工作区中会弹出一个提示对话框,单击【确定】按钮将阶梯轴插入到设计环境中。

（3）重复上述操作,将目录"本书光盘:\案例文件\第 3 章\3.2 创建套筒零件"下的文件插入到设计环境中,完成后的效果如图 3-32 所示。

创建零件定位约束步骤如下。

（1）选择【工具】|【定位约束】菜单命令，或者单击【标准】工具条上的【定位约束】按钮，打开【约束】任务窗格，如图3-33所示。

图3-32　插入零件　　　　　　　　　　　　　　　图3-33　【约束】任务窗格

（2）单击【约束类型】下拉列表，在展开的下拉列表中单击选取【同心】约束类型，如图3-34所示。

（3）单击选取套筒的内表面和阶梯轴一端的外表面，如图3-35所示。选取完成后，两面自动同心，单击【约束】任务窗格中的【生成约束】按钮，完成后的效果如图3-36所示。

图3-34　【约束类型】下拉列表　　　　　　　　　图3-35　选取约束元素

（4）单击【约束类型】下拉列表，在展开的下拉列表中单击选取【贴合】约束类型。单击选取套筒和阶梯轴的一个端面，如图3-37所示。选取完成后，两面自动贴合，单击【约束】任务窗格中的【生成约束】按钮，完成后的效果如图3-38所示。

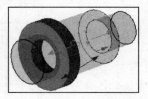

图3-36　设置同心约束　　　　　　　　　　　　　图3-37　选取贴合约束参考面

（5）单击【约束】任务窗格中的【应用并退出】按钮，完成装配体的创建，完成后的效果如图 3-39 所示。

图 3-38　设置 "贴合" 结束

图 3-38　完成装配体创建

3.4　创建阶梯轴工程图

虽然数控加工技术已经逐渐地被采用，但是在大多数的产品设计中，采用传统加工技术仍是最普遍的，因此设计方案的工程图是很必要的。本节将通过一个简单的案例，介绍工程图创建的流程及 CAXA 实体设计 2008 的工程图解决方案。

3.4.1　新建工程图文件

CAXA 实体设计 2008 主要包括设计和工程图两种文件类型，在前面章节已经对设计文件及设计环境进行了介绍，下面来讲述工程图文件的一些基础操作。

新建工程图文件

（1）选择【文件】|【新文件】菜单命令，打开【新建】对话框，单击选中列表中的【工程图】选项，如图 3-40 所示。单击【确定】按钮，打开【新建图纸】对话框，如图 3-41 所示。

图 3-40　选取【工程图】选项

图 3-41　选取【GBA4(V).icd】模板

（2）在【GB】选项卡页面中，单击选取【GBA4(V).icd】模板，单击【确定】按钮，新建一个工程图文件并进入工程图设计环节。

3.4.2 创建阶梯轴工程图

 实战演练

创建阶梯轴工程图

（1）选择【生成】|【视图】|【标准视图】菜单命令，打开【生成标准视图】对话框，如图 3-42 所示。

（2）单击对话框中的【浏览】按钮，打开【零件】对话框，在【查找范围】下拉列表中，查找路径为"本书光盘：\案例文件\第 3 章\3.1 阶梯轴.ics"的文件，找到后双击打开该文件。

（3）此时，在【生成标准视图】对话框中，显示了选取文件的路径，并在【当前主视图方向】预览窗口中显示了载入零件的视图方向，如图 3-43 所示。操作预览窗口下方的方向按钮，可以调整主视图的方向。

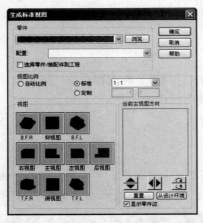

图 3-42 【生成标准视图】对话框

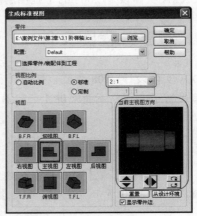

图 3-43 加载模型文件

（4）单击预览窗口下方向右的按钮▶，将方向调整为图 3-43 所示的状态。

（5）单击【视图】列表中的【主视图】选项，该选项处于蓝色边框加亮的选中状态。

（6）单击【标准】下拉列表，选取下拉列表中的【2:1】选项，（参见图 3-43）。

（7）单击【确定】按钮，将该视图插入到工程图中，工作区显示了插入的视图，并显示了一个随鼠标动态移动的红色方框，如图 3-44 所示。拖动鼠标可以动态调整视图的放置位置，在视图中合适位置单击鼠标，释放该视图，如图 3-45 所示。

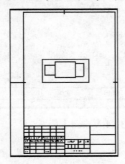

图 3-44 插入视图

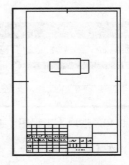

图 3-45 放置视图

3.4.3　尺寸标注

尺寸标注

（1）单击【尺寸】工具条上的【智能标注】按钮，如图 3-46 所示。

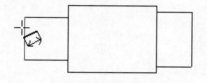

图 3-46　【尺寸】工具条

（2）移动鼠标至图 3-47 所示的边线上，单击鼠标，显示出该边线的尺寸，并有红色尺寸随鼠标动态移动，如图 3-48 所示。

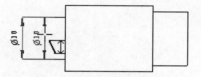

图 3-47　选取边线　　　　　　　　　图 3-48　调整尺寸位置

（3）将鼠标移到合适位置后，单击鼠标，将尺寸放置到该位置上，完成后的效果如图 3-49 所示。

（4）重复上述操作，完成该零件其他尺寸的创建，完成后的效果如图 3-50 所示。

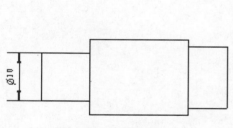

图 3-49　放置尺寸

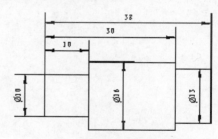

图 3-50　创建尺寸完成后的效果

3.5　小结

本章通过一个简单的案例，介绍了零件设计流程及 CAXA 实体设计 2008 的零件设计解决方案。

二维草绘是设计的第一个环节，通常情况三维模型的创建都是由二维草绘开始的。本章介绍了二维草绘的工作环境和一些常用基础操作，希望读者能够对二维草绘有一个基本的认识。

三维建模有两种方式：通过已有二维草绘图元创建模型；在三维模型设计环境中创二维草绘，再生成三维模型。这是两种最基本的方式，是大多数三维设计软件均采用的方式。此外，CAXA 实体设计 2008 提供了另外一种三维建模方式，通过对智能图素的编辑修改来创建三维模型，这种方式我们将在后面的章节讲述。

装配体设计和工程图设计是设计环节中不可或缺的，因此本章简要介绍了装配的一些基本操作，并对工程图设计环境和基础操作进行了简要的介绍。

通过本章的学习，读者对设计流程及 CAXA 实体设计 2008 的零件设计解决方案应有一定的认识，这为后面深入学习各模块提供了思路和线索。

第 二 篇
初级篇

学习目标

- ● 二维草绘；
- ● 曲线曲面设计；
- ● 装配；
- ● 实体设计；
- ● 钣金设计；
- ● 工程图。

内容概要

本篇包括6章内容，讲述了二维草绘、实体设计、曲线曲面造型设计、钣金设计、零件装配、创建工程图等内容，涉及了CAXA实体设计解决方案的主要环节，也是工程设计中的最关键环节。

通过本篇内容的学习，读者应具备分析解决实际问题的能力，可以解决一般的工程设计问题，还应具备初级工程师应该掌握的技能。

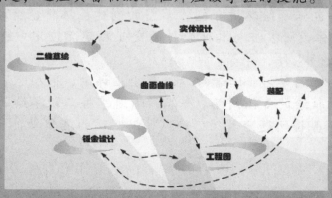

第**4**章

二维草绘

学习目标

- 草绘环境详细介绍；
- 草绘环境用户自定义配置；
- 草绘图元；
- 编辑草绘图元；
- 草图变换；
- 草图约束；
- 创建参数化草图；
- 导入其他格式的草图文件。

内容概要

　　本章将详细讲述CAXA实体设计2008的二维草绘功能，这是CAXA实体建模的基础，主要包括草绘环境介绍、草图的创建、编辑、变换、约束等内容。另外，CAXA实体设计2008与其他软件的交互在实际应用中也是经常用到的，如导入其他格式的文件，等等。

　　通过本章内容的学习，读者对二维草绘应详细、深入地了解，能够在头脑中编织一个二维草绘的知识网络，并能清晰地掌握二维草绘的创建流程。在实际应用中，应具备将问题分解为CAXA可以实现的具体功能操作的能力。

4.1 草绘环境介绍

在前面章节中已经介绍了 CAXA 实体设计 2008 的启动方法和新建文件的方法。启动 CAXA 实体设计 2008 后，新建一个设计文件，在新建文件窗口中选择【生成】|【二维草图】菜单命令，即可进入草绘环境。

4.1.1 草绘窗口组成

默认状态下草绘窗口由标题栏、菜单栏、工具条、状态栏、工作区、设计元素库等组成。工具条包含多个，如【二维绘图】工具条、【二维编辑】工具条等，拖动某个工具条到工作区中，可以看到该工具条的名称，如图 4-1 所示。

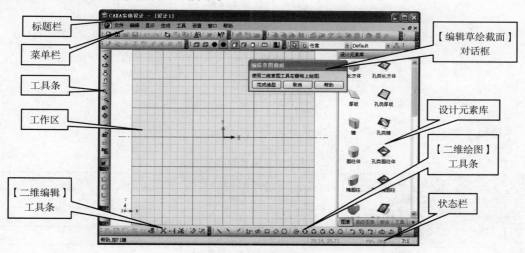

图 4-1　默认草绘环境

4.1.2 草绘环境菜单

菜单操作是 CAXA 实体设计 2008 操作的一种重要方式，所以我们先介绍一下草绘环境中的菜单。图 4-2 所示为草绘环境中的菜单栏。

下面我们对菜单栏中的菜单命令进行一一介绍。

1.【文件】菜单

选择【文件】菜单命令，展开【文件】菜单，如图 4-3 所示。

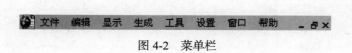

图 4-2　菜单栏

图 4-3　【文件】菜单

【文件】菜单中各菜单命令的功能如表 4.1 所示。

表 4.1 　　　　　　　　　　　　　　　　【文件】菜单及功能

菜单命令名称	功　　能
输入...	输入格式为.DWG、.DXF 或电子图板文件
输入B样条...	输入 B 样条曲线文件
接受并返回3D	接受当前草绘，并返回到 3D 设计环境
取消并返回3D	取消当前草绘，并返回到 3D 设计环境

2.【编辑】菜单

选择【编辑】菜单命令，展开【编辑】菜单，如图 4-4 所示。

图 4-4 【编辑】菜单

【编辑】菜单中各菜单命令的功能如表 4.2 所示。

表 4.2 　　　　　　　　　　　　　　　　【编辑】菜单及功能

菜单命令名称		功　　能
取消操作	Alt+Backspace	取消上一次操作
重复操作	Ctrl+Y	重复上一次取消的操作
剪切	Shift+Delete	剪切掉选中的图元
拷贝	Ctrl+C	复制选中的图元到剪贴板
粘贴	Ctrl+V	将剪贴板中的图元粘贴到当前环境中
删除	Delete	删除选中的图素
全选	Ctrl+A	选取全部图素
选择所有曲线		选择当前工作区中的所有曲线
选择所有约束		选择当前工作区中的所有约束
矩形框选择		通过拖动一个矩形框选取图素
取消全选		取消当前的全部选中状态

3.【显示】菜单

选择【显示】菜单命令，展开【显示】菜单，将鼠标移到【工具条】菜单上，展开【工具条】子菜单，如图 4-5 所示。

 说　明：菜单项一般分为 3 种类型。菜单名称后有【...】标志的，单击菜单项打开一个与该菜单命令相配合的对话框；菜单名称后有【▶|】标志的，将鼠标移动到该菜单项上会展开一个子菜单；没有上述两个标志的，单击菜单项会执行相应操作命令。

【显示】菜单中各菜单命令的功能如表 4.3 所示。

图 4-5 【显示】菜单

表 4.3　　　【显示】菜单及功能

菜单命令名称	功　能
工具条　　　▶	展开【工具条】子菜单
状态条	显示/隐藏状态栏
设计元素库	显示/隐藏设计元素库
设计树	显示/隐藏设计树
参数表	显示参数表
显示…	打开【二维草图选择】对话框
显示曲率	显示/隐藏曲线的曲率
栅格	显示/隐藏栅格
绘制曲面	显示/隐藏绘制曲面
端点尺寸	显示端点尺寸
显示曲线尺寸	显示曲线的尺寸

【工具条】子菜单中包含了所有的工具，可以控制工具项的显示/隐藏。当菜单项左侧显示 ✓ 标志时，对应工具项处于显示状态，当没有该标志时，工具项处于隐藏状态，可以通过菜单命令来切换显示/隐藏状态。

4.【生成】菜单

选择【生成】菜单命令，展开【生成】菜单，将鼠标移到具有子菜单的菜单项上展开对应的子菜单，如图 4-6 所示。

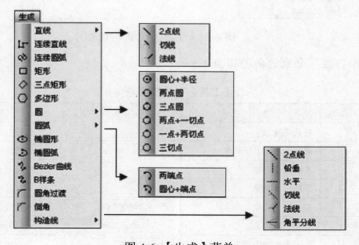

图 4-6 【生成】菜单

【生成】菜单中各菜单命令的功能如表 4.4 所示。

表 4.4　　　　　　　　　　　　　　　　【生成】菜单及功能

菜单命令名称	功　　能	菜单命令名称	功　　能
直线 ▶	展开【直线】子菜单	椭圆形	绘制椭圆形
连续直线	绘制连续直线	椭圆弧	绘制椭圆弧
连续圆弧	绘制连续圆弧	Bezier曲线	绘制 Bezier 曲线
矩形	绘制矩形	B样条	绘制 B 样条曲线
三点矩形	绘制三点矩形	圆角过渡	倒圆角
多边形	绘制多边形	倒角	倒角
圆 ▶	展开【圆】子菜单	构造线 ▶	绘制构造线
圆弧 ▶	展开【圆弧】子菜单		

5.【工具】菜单

选择【工具】菜单命令，展开【工具】菜单，将鼠标移到具有子菜单的菜单项上展开对应的子菜单，如图 4-7 所示。

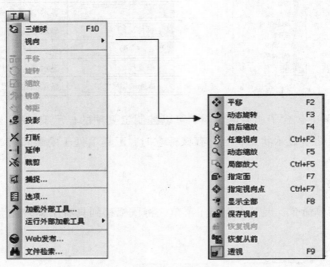

图 4-7　【生成】菜单

【工具】菜单中各菜单命令的功能如表 4.5 所示。

表 4.5　　　　　　　　　　　　　　　　【工具】菜单及功能

菜单命令名称	功　　能	菜单命令名称	功　　能
三维球 F10	打开三维球	延伸	延伸选中对象
视向 ▶	展开【视向】子菜单	裁剪	裁剪选中对象
平移	平移选中对象	捕捉…	定义捕捉参数
旋转	旋转选中对象	选项…	定义环境参数
缩放	缩放选中对象	加载外部工具…	加载外部工具
镜像	镜像选中对象	运行外部加载工具 ▶	运行外部加载工具
等距	等距变换选中对象	Web发布…	发布 Web 信息
投影	投影变换选中对象	文件检索…	检索文件
打断	打断选中对象		

6. 【设置】菜单

选择【设置】菜单命令，展开【设置】菜单，如图4-8所示。

【设置】菜单中各菜单命令的功能如表4.6所示。

图 4-8　【设置】菜单

表4.6　　　　　　　　　　【设置】菜单及其功能

菜单命令名称	功　　能
单位…	设置绘图长度单位
栅格…	设置栅格参数
渲染…	设置渲染参数
背景…	设置背景参数
雾化效果…	设置雾化效果参数
曝光度…	设置曝光度参数
视向…	设置视向参数
视向设置向导…	视向设置向导
构造几何	设置构造几何参数
图素属性…	设置图素属性参数

7. 【窗口】菜单

选择【窗口】菜单命令，展开【窗口】菜单，如图4-9所示。

【生成】菜单中各菜单命令的功能如表4.7所示。

图 4-9　【窗口】菜单

表4.7　　　　　　　　　　【窗口】菜单及其功能

菜单命令名称	功　　能
新建窗口	新建一个与当前窗口相同的窗口
层叠	设置多个窗口之间的层叠排列
平铺	设置多个窗口之间的平铺排列
排列图标	设置多个窗口之间的排列图标

8. 【帮助】菜单

选择【帮助】菜单命令，展开【帮助】菜单，如图4-10所示。

【帮助】菜单中各菜单命令的功能如表4.8所示。

图 4-10　【帮助】菜单

表4.8　　　　　　　　　　【帮助】菜单及功能

菜单命令名称	功　　能
帮助主题	打开联机帮助文档
更新说明	查看 CAXA 实体设计 2008 的新功能
关于…	查看 CAXA 实体设计 2008 的版本信息

技　巧：至此，已经对草绘环境的菜单进行了详细介绍，对于该部分内容的学习，读者应该多尝试每个菜单命令的执行效果，从而逐渐熟悉每个菜单命令，深入理解每个菜单命令的功能。

4.1.3　草绘环境工具条

　　"工具条"按钮操作是 CAXA 实体设计 2008 除"菜单"操作外的另一主要命令操作方式，工具条按钮命令和菜单命令是对应的，工具条按钮操作相对于菜单命令可以提高工作效率。对于初学者而言，在对工具条按钮还不熟悉的情况下，可以先采用菜单命令进行操作，一旦熟悉工作环境后，可以尝试采用工具条按钮操作，来提高自己的工作效率。

　　由于每个工具条按钮命令都可以找到与之对应的菜单命令，所以对于每个工具条按钮命令的功能这里不再赘述，不熟悉工具条按钮命令功能的读者，可以将鼠标移到该按钮上，将显示该按钮的功能及操作提示。

　　在此，只讲述草绘过程中最常用的工具条按钮。

1. 【二维绘图】工具条

　　【二维绘图】工具条是草绘过程中最重要、最常用的工具条，包含了各种基础草绘图元的命令，如直线、矩形、圆等，如图 4-11 所示。【二维绘图】工具条按钮的功能如表 4.9 所示。

图 4-11　【二维绘图】工具条

表 4.9　　　　　　　　　　　　　　　　【二维绘图】工具条按钮功能

按钮	功　能	按钮	功　能	按钮	功　能
	绘制两点直线		绘制切线		绘制法线
	绘制连续直线		绘制连续圆弧		绘制矩形
	绘制三点矩形		绘制多边形		通过指定圆心和半径绘制圆
	指定直径上两点绘制圆		指定圆上 3 点绘制圆		指定一条切线和两点绘制圆
	指定两切线和一点绘制圆		指定 3 切线生成圆		指定两端点绘制圆弧
	指定圆心和端点绘制弧		指定 3 点绘制弧		指定中心和长短半径画椭圆
	制定 5 点绘制椭圆弧		绘制 Bezier 曲线		绘制 B 样条曲线
	创建过渡圆弧角		创建倒角		把曲线设置为构造几何格式

2. 【二维编辑】工具条

　　【二维编辑】工具条的功能是对已经创建的草绘图元进行编辑修改，包括平移、缩放、旋转、镜像、等距、投影、打断、延伸、裁剪、显示尺寸、显示端点等命令操作，如图 4-12 所示。各按钮功能详见表 4.10 所示。

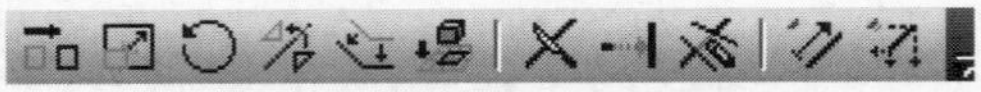

图 4-12　【二维编辑】工具条

表 4.10　　　　　　　　　　　　　　　　【二维编辑】工具条按钮功能

按钮	功　能	按钮	功　能	按钮	功　能
	平移选中的线条		缩放选中的线条		旋转选中的线条
	镜像选中的线条		等距复制选取的线条		将 3D 几何轮廓线投影到草绘面
	选取线上点打断线条		延长曲线至另一曲线		裁剪曲线
	显示选中曲线的尺寸		显示曲线端点坐标尺寸		

3.【二维约束】工具条

【二维约束】工具条的功能是对已经创建的草绘图元进行几何约束，包括垂直约束、相切约束、平行约束、水平约束、竖直约束、同心约束、尺寸约束、等长约束、角度约束、共线约束、共点重合约束、镜像约束、投影约束、固定约束等命令操作，如图 4-13 所示。各按钮的功能详见表 4.11 所示。

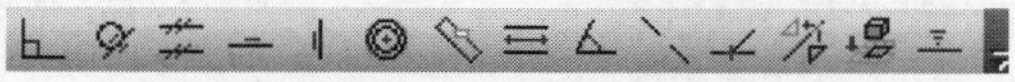

图 4-13　【二维约束】工具条

表 4.11　　　　　　　　　　　　　【二维约束】工具条按钮功能

按　钮	功　能	按　钮	功　能	按　钮	功　能
	垂直约束		相切约束		平行约束
	水平约束		竖直约束		同心约束
	尺寸约束		等长约束		角度约束
	共线约束		共点重合约束		镜像约束
	投影约束		固定几何约束		

以上对常用的草绘工具条进行了简单的介绍，在后面章节中对上述每个工具操作命令还要进行详细地讲述。

4.2　草绘环境的用户自定义配置

CAXA 实体设计 2008 提供了一个开放的草绘环境，用户可以根据自己的需要设置环境参数，来方便自己的设计操作。作为一名专业的 CAXA 用户，应该熟悉草绘环境的设置方法，并根据自己的实际需要定制出适合自己的草绘环境。

下面以本书讲述过程中软件使用环境参数设置为例，讲述草绘环境的参数配置方法，读者在练习书中案例时，应采用相同的参数配置。

4.2.1　草图环境设置

在草绘环境中，选择【设置】|【栅格】菜单命令，打开【二维草图选择】对话框，如图 4-14 所示。

【二维草图选择】对话框中包含 4 个选项卡，分别是【栅格】、【捕捉】、【显示】、【约束】，用户可以根据自己的需要进行上述选项的参数设置。

为了后面章节讲述的方便，在本书案例的操作中设置环境参数如下。

（1）【栅格】选项卡中，单击取消【显示栅格】复选框的默认选中状态；

（2）【约束】选项卡中，单击选中【智能约束】复选框。

图 4-14　【二维草图选择】对话框

4.2.2　草绘正视

在 CAXA 实体设计 2008 中绘制草图时，通常情况下，绘图过程中经常要将模型旋转到一个便于观察和操作的位置上。这时可能会利用实体的某个面建立草图平面，但这个面可能并不正视于屏幕，需要调整。使用正视功能可以使该草图平面正视。

选择【工具】|【选项】菜单命令，打开【选项】对话框。单击【常规】选项卡，切换到【常规】选项卡页面，选中【编辑草图时正视】和【退出草图时恢复原来的视向】复选框，如图4-15所示。

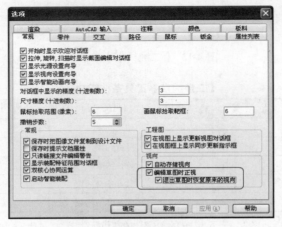

图4-15　设置草绘视图方向参数

4.2.3　草绘图素颜色设置

草绘时，通常不同类型的图素会设置不同的显示颜色，以方便区分。在CAXA实体设计2008的草绘环境中，我们同样可以设置草绘各种图素的颜色。

选择【工具】|【选项】菜单命令，打开【选项】对话框。单击【颜色】选项卡，切换到【颜色】选项卡页面，如图4-16所示。

下面以本书讲述中的软件环境设置参数为例，讲述如何设置颜色。

（1）在【设置颜色为：】列表框中，单击选取【二维辅助线】选项，在【颜色】列表中，单击选中红色。

（2）在【设置颜色为：】列表框中，单击选取【过定义】选项，在【颜色】列表中，单击选中蓝色。

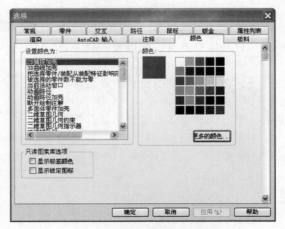

图4-16　草绘环境颜色设置

（3）在【设置颜色为：】列表框中，单击选取【欠定义】选项，在【颜色】列表中，单击选中黑色。

（4）在【设置颜色为：】列表框中，单击选取【图纸背景】选项，在【颜色】列表中，单击选中白色。

（5）在【设置颜色为：】列表框中，单击选取【约束】选项，在【颜色】列表中，单击选中粉色。

4.3 草绘图元

从本节开始我们正式开始学习设计操作，本节中我们将详细讲述【二维绘图】工具条中每种草绘工具的使用方法，对于【二维绘图】工具条的介绍详见 4.1.3 小节的内容。

4.3.1 两点直线

使用【两点线】工具![icon]可以在草图平面的任意方向上画一条直线或一系列相交的直线。CAXA实体设计提供两种两点线绘制方法：鼠标左键绘制和鼠标右键绘制。

鼠标左键绘制两点直线的方法如下。

（1）进入草绘环境后，单击【两点线】工具图标![icon]；

（2）用鼠标左键在草图平面上顺次单击选取所要生成直线的两个端点；

（3）直线绘制完毕，再次单击【两点线】工具图标![icon]结束操作。

鼠标右键绘制两点直线的方法如下。

（1）进入草绘环境后，单击【两点线】工具图标![icon]；

（2）将光标移到所期望的直线开始点位置，单击鼠标（左右键均可）确定起始点位置；

（3）将光标移到另一个直线端点位置，单击鼠标右键，出现如图 4-17 所示【直线长度/斜度编辑】对话框，输入直线长度和与 x 轴夹角的度数，单击【确定】按钮完成直线绘制。

图 4-17 【直线长度/斜度编辑】对话框

利用【两点线】工具，可以按自己的需求任意绘制水平线、垂直线和对角线。绘制直线时，可能会看到一些表明直线与坐标轴之间平行/垂直关系的约束符号自动显示。

4.3.2 切线

使用【切线】工具![icon]可以绘制与曲线上的一个点相切的直线，该曲线可以是圆、圆弧、圆角等图元。

下面以圆形为例，讲述绘制切线的方法。

（1）首先在草图平面上绘制一个圆，作为切线的参考图素。

（2）单击选取【切线】工具图标![icon]。

（3）单击该圆圆周上的任意点，以指定直线与圆的切点。草图平面中会出现一条随鼠标移动的动态切线，此时会看到相切约束符号也随之移动。

（4）在合适的切点及长度处，单击鼠标以设置切线的第二个端点。

（5）再次选择【切线】工具图标 ，结束操作，完成后的效果如图 4-18 所示。

> 说　明：除上述绘制方法外，还可以使用鼠标右键绘制切线。选取切点后，单击鼠标右键，并在随之出现的如图 4-19 所示的【切线倾斜角】对话框中指定"斜度"和"长度"数值，然后单击【确定】按钮，完成切线创建。

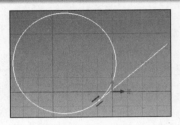

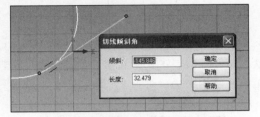

图 4-18　绘制切线　　　　　　　　　　图 4-19　【切线倾斜角】对话框

4.3.3　法线

使用【法线】工具 可以绘制与其他直线或曲线垂直（正交）的直线。下面以圆形为例，讲述绘制切线的方法。

（1）首先在草图平面上绘制一个圆，作为切线的参考图素。

（2）单击选择【法线】工具图标 。

（3）单击该圆圆周上任一点，指定与圆正交的直线。草图平面中会出现一条随鼠标移动的动态法线，此时会看到垂直约束符号也随之移动。

（4）在合适的切点及长度处，单击鼠标以设置法线的第二个端点。

（5）切线绘制完毕后，再次单击【法线】按钮 结束操作，如图 4-20 所示。

> 说　明：除上述绘制方法外，还可以使用鼠标右键绘制法线。选取切点后，单击鼠标右键，并在随之出现的如图 4-21 所示【垂线倾斜角】对话框中指定"长度"和"倾斜"数值，然后单击【确定】按钮完成垂线创建。

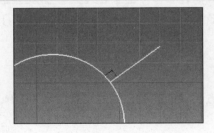

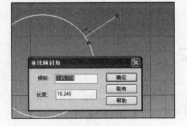

图 4-20　绘制法线　　　　　　　　　　图 4-21　【垂线倾斜角】对话框

4.3.4　连续直线

使用【连续直线】工具 ，可以在草图平面上绘制多条首尾相连的直线，方法介绍如下。

（1）单击【连续直线】按钮 。

（2）开始绘制系列互连直线时，在连续直线起点处的草图平面上单击鼠标并释放。

（3）将光标移到第一条直线段的终点位置，单击鼠标来选择并设置第一条直线段的终点，也即为第二条直线段的第一个起点。

（4）将光标移到第二条直线段终点位置，单击鼠标即可定义该直线段的终点，也即为下一条直线段的起点。

（5）重复上述操作，继续绘制直线，直到连续直线绘制完成。

（6）单击【连续直线】按钮 ，结束绘制，完成后的效果如图 4-22 所示。

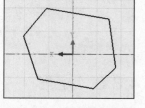

图 4-22　绘制连续直线

 说　明：除上述绘制连续直线的方法外，可以使用鼠标右键精确绘制连续直线。在第 2 步后，单击鼠标右键从弹出的【直线长度/斜度编辑】对话框中指定精确的"长度"和"倾斜"角度数值，如图 4-23 所示。单击【确定】按钮，重复上述操作，完成连续直线的创建。

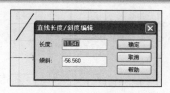

图 4-23　绘制连续直线

4.3.5　连续圆弧

使用【连续圆弧】工具 可以在草图平面上生成相切的多条连续曲线，方法介绍如下。

（1）单击【连续圆弧】按钮 。

（2）在草图平面上单击鼠标，选取连续圆弧的起点。

（3）将光标移到第一条曲线段终点处，单击鼠标来选择并设置第一条曲线段的终点。

（4）将光标移到第二条曲线段的终点位置，单击鼠标即可定义该弧线段的终点和下一条曲线段的起点。

（5）重复上述操作，继续绘制弧线，直到连续圆弧绘制完成。

（6）单击【连续圆弧】按钮 ，结束绘制，完成后的效果如图 4-24 所示。

 说　明：除上述绘制连续圆弧的方法外，可以使用鼠标右键精确绘制连续圆弧。在第 2 步后，单击鼠标右键从弹出的【编辑半径】对话框中指定精确的"半径"和"角度"数值，如图 4-25 所示。单击【确定】按钮，重复上述操作，完成连续圆弧的创建。

图 4-24　绘制连续圆弧

图 4-25　【编辑半径】对话框

技　巧：在 CAXA 实体设计中，使用 Tab 键可以在连续圆弧与连续直线之间相互切换，能方便地绘制草图轮廓线，提高设计效率。

4.3.6　矩形

利用【矩形】工具 ▢，可以快速地生成矩形，方法介绍如下。

（1）单击【矩形】按钮 ▢。

（2）在草图平面中移动光标选定矩形起始点的位置，单击鼠标键，确定矩形的起始点。

（3）将光标移到矩形起始点的对角点的位置，然后再次单击鼠标键，完成矩形的绘制。

（4）单击【矩形】按钮 ▢，结束操作。

 说　明：除上述绘制矩形的方法外，可以使用鼠标右键精确绘制矩形。在第 2 步后，单击鼠标右键从弹出的【编辑长方形】对话框中指定精确的"长度"和"宽度"数值，如图 4-26 所示。单击【确定】按钮，完成矩形的创建。

4.3.7　三点矩形

利用【三点矩形】工具 ◇，可以快速地生成各种斜置矩形，步骤如下。

（1）单击【三点矩形】工具按钮 ◇。

（2）在草图平面中移动光标选定矩形起始点的位置，单击鼠标确定矩形一条边线的起始点。

（3）移动鼠标到矩形一条边线的终点处，单击鼠标右键，弹出如图 4-27 所示的【编辑矩形的第一条边】对话框，在该对话框中设置矩形第一条边的"长度"和"倾斜"角度数值。

图 4-26　绘制矩形　　　　　　　　图 4-27　【编辑矩形第一条边】对话框

（4）移动鼠标到某一位置后单击鼠标右键，弹出如图 4-28 所示的【编辑矩形的宽度】对话框，在该对话框中设置矩形的"宽度"数值。

（5）单击【确定】按钮，完成绘制倾斜矩形的创建，如图 4-29 所示。

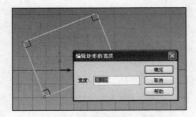

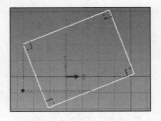

图 4-28　编辑矩形宽度　　　　　　　　图 4-29　绘制倾斜矩形

4.3.8　多边形

利用【多边形】工具 ⬡，可以快速地生成各种边数的多边形，方法如下。

（1）单击【多边形】工具按钮 ⬡；

（2）在草图上单击选取一点，设为多边形的中心点；

（3）通过按"Tab"键实现内切/外接圆的切换；

（4）通过"Up"和"Down"键之间的切换实现多边形边数的变换；

（5）再次单击【多边形】工具按钮 ⬡，结束绘制，完成后的效果如图 4-30 所示。

 说　明：除上述绘制多边形的方法外，可以使用鼠标右键精确绘制多边形。在第 2 步后，单击鼠标右键，从弹出的【编辑多边形】对话框中指定精确的"边数"、"圆半径"、"角度"数值，并单击选择【外接圆】或者【内切圆】，如图 4-31 所示。单击【确定】按钮，完成多边形的创建。

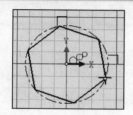

图 4-30　绘制多边形

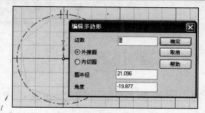

图 4-31　【编辑多边形】对话框

4.3.9　圆：圆心+半径

使用【圆：圆心+半径】工具 ◉ 可以快速地创建圆，有两种绘制方法。

采用左键绘制，步骤如下：

（1）进入草绘环境后，单击【圆：圆心+半径】工具按钮 ◉；

（2）在草图平面中单击选取一点作为圆心；

（3）移动鼠标至其他位置，单击鼠标，确定在圆形上的点（用以确定半径）；

（4）单击【圆：圆心+半径】工具按钮 ◉，结束操作，完成后的效果如图 4-32 所示。

采用右键绘制，步骤如下。

（1）进入草绘环境后，单击【圆：圆心+半径】工具按钮 ◉；

（2）在草图平面上单击一点作为圆心；

（3）单击鼠标右键，出现如图 4-33 所示的【编辑半径】对话框，在文本框中输入半径值，单击【确定】按钮，完成操作；

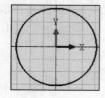

图 4-32　绘制圆

图 4-33　【编辑半径】对话框

（4）单击【圆：圆心+半径】工具按钮 ，结束操作。

4.3.10　圆：直径上两点

利用【圆：2点】工具 ⊙，指定圆周上的两点并以这两点间的线段长度为直径绘制一个圆，方法如下。

（1）进入草绘环境后，单击选择【圆：2点】工具；

（2）在草图平面上单击一点，作为圆周上的一点；

（3）在草图平面上单击另一点，作为圆周上另一点，完成圆的绘制；

（4）再次单击【圆：2点】工具，结束操作。

> **说　明**：除上述绘制两点圆的方法外，可以使用鼠标右键精确绘制圆，在第2步后，单击鼠标右键，从弹出的【编辑半径】对话框中指定精确的"半径"、"角度"数值，其中"角度"指的是由选取的两点构成的线段与坐标系 x 轴的夹角，如图4-34所示。单击【确定】按钮，完成多边形的创建。

4.3.11　圆：圆上三点

利用【圆：3点】工具 ⊙，可以通过指定圆周上的3个点来画圆，方法如下。

（1）进入草绘环境后，单击选择【圆：3点】工具 ⊙ 图标；

（2）在草图平面上单击一点作为圆的第一点；

（3）在草图平面上单击选取第二点；

（4）将光标移到新圆圆周上将包含的第三个点；移动光标时，CAXA实体设计显示一个动态的圆随着光标的移动而变化；单击鼠标，第三点即被确定；

（5）单击选择【圆：3点】工具 ⊙ 图标，结束绘制。

> **说　明**：除上述绘制3点圆的方法外，可以使用鼠标右键精确绘制圆，在第3步后，单击鼠标右键，从弹出的【编辑半径】对话框中指定精确的"半径"数值，如图4-35所示。单击【确定】按钮，完成3点圆的创建。

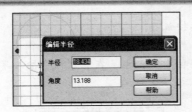

图4-34　创建两点圆

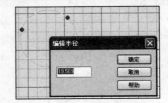

图4-35　创建3点圆

4.3.12　圆：1切点+圆上2点

使用【圆：1切点与2点】工具 ⊙ 可以通过选取与曲线相切的一点和圆上两点生成一个圆，

曲线可以是圆、圆弧、圆角、直线。下面以绘制与已知曲线相切的圆为例，介绍此工具的操作步骤。

（1）进入草绘环境，首先绘制一个圆。

（2）单击选择【圆：1切点与2点】工具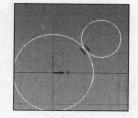图标。

（3）在草图平面上单击已知圆圆周上的任一点。已知圆上选定点处将出现一个黄色相切约束标记，它表示新生成的圆将与该点相切。

（4）将光标移到新圆圆周将包含的一个点上，单击该点。新圆将在已知圆上选定点和光标的当前位置所在的点之间拉伸。这种情形看起来好像在为新圆定义直径，但实际上是在定义一个圆弧。

（5）将光标移到新圆圆周将包含的第二个点处，单击选取第二个点，即可完成新圆的绘制。

（6）再次单击选择【圆：1切点与2点】工具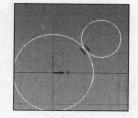图标，结束操作，完成后的效果如图 4-36 所示。

图 4-36　一切线+两点

说　明：除上述绘制方法外，可以使用鼠标右键精确绘制圆，在第4步后，在将光标移到新圆圆周将包含的第二个点处后，单击鼠标右键，从弹出的【编辑半径】对话框中指定精确的"半径"数值，单击【确定】按钮，完成圆的创建。

4.3.13　圆：2 切点+圆上 1 点

利用【圆：2切点+1点】工具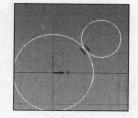，可以生成一个与两个已知圆、圆弧、圆角或直线相切的圆，下面以绘制与两个圆相切的新圆为例介绍它的操作步骤如下。

（1）进入草绘环境，分别绘制两个圆；

（2）单击选择【圆：2切点+1点】工具图标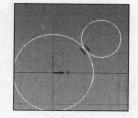；

（3）在其中一个已知圆圆周上单击一点，该圆圆周上将出现一个深蓝色相切的约束标记，表示新圆将在该点与已知圆相切；

（4）将光标移到另一个已知圆圆周的某个点上，然后单击鼠标将其选定。该圆圆周上也将出现一个深蓝色相切的约束标记，表示新圆将在该点与已知圆相切；

（5）将光标移到将包含在新圆圆周上的一个点处，单击选取第三个点，即可完成新圆的绘制；

（6）单击选择【圆：2切点+1点】工具图标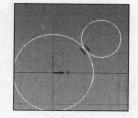，结束操作，完成后的效果如图 4-37 所示。

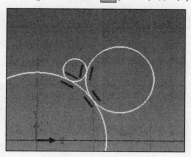

图 4-37　两切点和一点

4.3.14 圆：3切点

利用【圆：3切点】工具 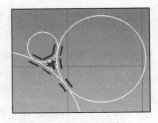 ，可以生成一个与3个已知圆、圆弧、圆角或直线相切的圆。操作步骤如下。

（1）进入草绘环境，分别绘制3个圆；

（2）单击选择【圆：3切点】工具 ○ 图标；

（3）单击第一个已知圆圆周上的一点；

（4）单击第二个已知圆圆周上的一点；

（5）将光标移到第三个已知圆圆周上的一点上。当光标移到能够生成与已知的 3 个圆相切的圆的位置时，单击鼠标即可得到一个新圆，如图4-38所示；

（6）单击选择【圆：3切点】工具 ○ 图标，退出操作。

图4-38　三切点

4.3.15 圆弧：2端点

利用【圆弧：2端点】工具 ↷ ，可以生成半圆形圆弧和优弧或劣弧。

绘制半圆形圆弧步骤如下。

（1）进入草绘环境后，单击【圆弧：2端点】工具按钮 ↷ ；

（2）在草图平面中将光标移到圆弧起点位置，单击鼠标，设定圆弧的第一端点；

（3）将光标移到圆弧终点位置，然后再次单击鼠标；

（4）单击【圆弧：2端点】工具按钮 ↷ ，结束操作。

绘制优弧或劣弧步骤如下。

（1）进入草绘环境后，单击【圆弧：2端点】工具按钮 ↷ ；

（2）在草图平面中将光标移到圆弧起点位置，单击鼠标，设定圆弧的第一端点；

（3）将光标移到圆弧终点位置，然后单击鼠标右键，出现如图4-39所示的【编辑半径】对话框，填入指定的半径值，单击【确定】按钮；

（4）单击【圆弧：2端点】工具按钮 ↷ ，结束操作。

图4-39　【编辑半径】对话框

 技　巧：在图 4-39 所示的【编辑半径】对话框中，输入的半径值大于选取两点间的距离时，绘制的是优弧；输入的半径值小于选取两点间的距离时，绘制的是劣弧。

4.3.16 圆弧：圆心+两端点

利用【圆弧：圆心和端点】工具 ↷ ，可以通过选取圆弧的圆心和两个端点绘制圆弧，方法如下。

（1）进入草绘环境后，单击【圆弧：圆心和端点】工具按钮 ↷ ；

（2）将光标移到圆弧的圆心处，单击鼠标设定圆弧的圆心；

（3）将光标移到圆弧的第一个端点处，单击鼠标设定圆弧的第一个端点；

（4）将光标移到圆弧的第二个端点处，单击鼠标设定圆弧的第二个端点；

（5）单击【圆弧：圆心和端点】工具按钮 ，结束操作。

4.3.17　圆弧：圆弧两端点+圆弧上另外一点

利用【圆弧：3 点】工具 ，通过选取圆弧的两个端点和圆弧上另外一点生成圆弧，方法如下。

（1）进入草绘环境后，单击【圆弧：3 点】工具按钮 ；

（2）在草图平面上单击选取圆弧起始点；

（3）将光标移到第二个点，以确定新圆弧的终点位置，然后单击鼠标选取该点；

（4）将光标移到第三个点，以确定新圆弧的半径，然后单击鼠标选取该点；

（5）单击【圆弧：3 点】工具按钮 ，结束操作。

4.3.18　椭圆

利用【椭圆：3 点】工具 ，可以通过选取椭圆中心、长轴或短轴的端点、椭圆上另外一点轻松地绘制出各种椭圆形，方法如下。

（1）进入草绘环境后，单击【椭圆：3 点】工具按钮 ；

（2）在草图平面中单击鼠标确定一点，设为椭圆的中心；

（3）移动鼠标到合适位置，单击鼠标右键，在弹出的如图 4-40 所示的【椭圆长轴】对话框中，设定椭圆长轴的"长度"和"倾斜"角度参数，单击【确定】按钮，完成长轴参数设置；

（4）移动鼠标至其他位置，单击鼠标右键，在弹出的如图 4-41 所示的【编辑短轴】对话框中，设定椭圆短轴的长度参数。单击【确定】按钮，完成短轴参数设置；

（5）单击【椭圆：3 点】工具按钮 ，结束椭圆的绘制操作。

图 4-40　设置椭圆长轴参数

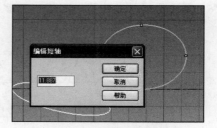

图 4-41　设置椭圆短轴参数

4.3.19　椭圆弧

利用【椭圆弧：5 点】工具 ，可以通过选取椭圆中心、长轴端点、短轴端点、椭圆弧起始点、椭圆弧终点绘制出各种椭圆弧，方法如下。

（1）进入草绘环境后，单击【椭圆弧：5 点】工具按钮 ；

（2）在草图平面中单击鼠标确定一点，设为椭圆弧的中心；

（3）移动鼠标到合适位置，单击鼠标右键，在弹出的如图 4-42 所示的【椭圆长轴】对话框中，设定椭圆弧长轴的"长度"和"倾斜"角度参数，单击【确定】按钮，完成长轴参数设置；

（4）移动鼠标至其他位置，单击鼠标右键，在弹出的如图 4-43 所示的【编辑短轴】对话框中，设定椭圆弧短轴的长度参数，单击【确定】按钮，完成短轴参数设置；

（5）移动鼠标至椭圆弧的一个端点处，单击鼠标选取该点作为椭圆弧的起始点；

（6）移动鼠标至椭圆弧的另一个端点处，单击鼠标选取该点作为椭圆弧的终点；

（7）单击【椭圆弧：5点】工具按钮⊙，结束椭圆弧的绘制操作。

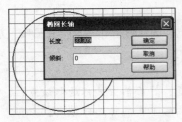
图 4-42　设置椭圆弧长轴参数

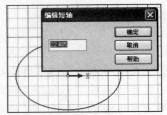
图 4-43　设置椭圆弧短轴参数

4.3.20　Bezier 曲线

利用【Bezier 曲线】工具，可以生成连续的通过选取点的曲线，并且各曲线段在选取点处相切，方法如下。

（1）进入草绘环境后，单击【Bezier 曲线】按钮；

（2）在草图平面中将光标移到 Bezier 曲线的起始点位置，单击鼠标选取该点，设置 Bezier 曲线的起始点；

（3）将光标移到已选取点外的另一点，然后单击鼠标设定该点为 Bezier 曲线的一个拐点；

（4）重复上述操作，继续拾取其他的点，生成一条连续的 Bezier 曲线，并且在各选取点处显示了相切约束的图标；

（5）连续两次单击鼠标右键，结束此 Bezier 曲线的绘制；

（6）单击【Bezier 曲线】按钮，结束操作，完成后的效果如图 4-44 所示。

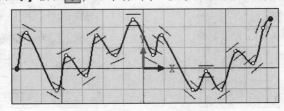
图 4-44　绘制 Bezier 曲线

4.3.21　B 样条曲线

利用【B 样条】工具，可以生成连续的任意样条曲线，方法如下。

（1）进入草绘环境后，单击【B 样条】按钮；

（2）在草图平面中将光标移到样条曲线的起始点位置，单击鼠标选取该点，设置样条曲线的起始点；

（3）将光标移到已选取点外的另一点，然后单击鼠标设定该点为样条曲线的一个拐点；

（4）重复上述操作，继续拾取其他的点，生成一条连续的样条曲线；

（5）单击鼠标右键结束此样条曲线的绘制；

（6）单击【B样条】工具按钮 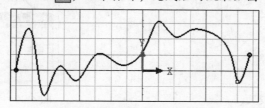，结束操作，完成后的效果如图4-45所示。

图 4-45　绘制 B 样条曲线

4.3.22　圆角

利用【圆角过渡】工具，可以将相连曲线形成的交角进行圆角过渡，CAXA 实体设计提供了两种绘制圆角过渡的方式：顶点过渡和交叉线过渡。

1. 顶点过渡

（1）在草图平面中绘制一个多边形。

（2）单击【圆角过渡】工具按钮。

（3）将光标定位到多边形需要进行圆角过渡的顶点上，该顶点绿色加大加亮显示。

（4）单击该顶点并将其拖向多边形的中心，单击鼠标右键，弹出如图4-46所示的【编辑半径】对话框。在对话框中设置圆角半径，单击【确定】按钮完成操作，效果如图4-47所示。

（5）单击【圆角过渡】工具按钮，结束操作。

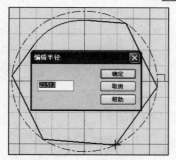

图 4-46　设置圆角半径

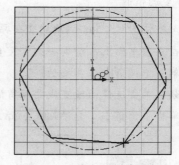

图 4-47　顶点处创建圆角

2. 交叉线过渡

CAXA 实体设计 2008 圆弧过渡功能在原有基础上增强，并支持交叉线/断开线过渡，方法如下：

（1）在草图平面上，绘制一组交叉直线如图4-48所示；

（2）单击【圆角过渡】工具按钮；

（3）分别单击选择两段直线要保留的部分；

（4）单击鼠标右键，在弹出的【编辑半径】对话框中设定过渡圆角的半径，如图4-49所示；

（5）单击【圆角过渡】工具按钮，结束操作。

 技　巧：如果选定了某条曲线，当对其某一个顶点进行圆角过渡时，则曲线上其他顶点同时都会圆角过渡。除此之外，选定曲线上的所有圆角都可以同时编辑。

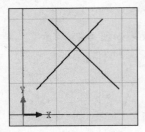

图 4-48　绘制交叉线

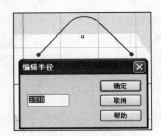

图 4-49　设置圆角半径

4.3.23　倒角

利用【倒角】工具 ┌，可以创建各种形式的倒角，该工具支持交叉线/断开线倒角及一次多个倒角的功能，方法如下。

1. 顶点倒角

（1）在草图平面中绘制一个矩形。

（2）单击【倒角】工具按钮 ┌。

（3）将光标定位到矩形需要进行圆角过渡的顶点上，该顶点绿色加大加亮显示。

（4）单击该顶点，完成倒角操作。

（5）单击【倒角】工具按钮 ┌，结束操作，效果如图 4-50 所示。

2. 交叉线过渡

CAXA 实体设计 2008 倒角功能在原有基础上增强，并支持交叉线/断开线过渡，方法如下。

（1）在草图平面上，绘制一组交叉直线。

（2）单击【倒角】工具按钮 ┌。

（3）分别单击选择两段直线要保留的部分，创建倒角。

（4）单击【倒角】工具按钮 ┌，结束操作，效果如图 4-51 所示。

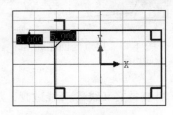

图 4-50　创建倒角

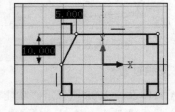

图 4-51　创建可变倒角

技　巧：如果选定了某条曲线，当对其某一个顶点进行倒交时，则曲线上其他顶点同时都会倒角。除此之外，选定曲线上的所有倒角都可以同时编辑。

创建倒角完成后，可以在某个倒角尺寸上单击鼠标右键，在弹出的快捷菜单中选择【编辑】菜单命令，在弹出的【编辑长度】对话框中修改尺寸值，从而创建如图 4-51 所示的可变倒角。

4.3.24　构造几何线

构造几何线，也叫辅助线，通常以虚线的形式出现，起到辅助绘制几何图元的作用，但不能作为几何图元生成三维模型。构造几何工具在【二维辅助线】工具条上，如图 4-52 所示。

图 4-52 【二维辅助线】工具条

1. 构造直线

利用【构造直线】工具，可以在草图平面上的任意方向上生成一条无限长的辅助线。可以用两个点来构造直线，方法如下：

（1）单击【构造直线】工具按钮；

（2）在草图平面上单击拾取一点，创建的辅助直线将通过该点；

（3）将光标移到另一点，单击鼠标右键，在弹出得【直线长度/斜度编辑】对话框中设置"倾斜"角度值，单击【确定】按钮，如图 4-53 所示。

（4）单击【构造直线】工具按钮，结束操作。

图 4-53　编辑构造直线角度

技　巧：【构造直线】工具的优点之一在于它能在绘图时捕捉到角度增量，绘制一条可以精确设置角度的辅助线。

2. 铅垂构造线

利用【垂直构造直线】工具，可以生成一条无限长的垂直构造直线。由于构造直线是无限长的，所以可以指定一点来定义一条通过该点的铅垂构造线，方法如下。

（1）单击【垂直构造直线】工具按钮；

（2）单击选取目标直线上一点，CAXA 实体设计将显示通过指定点的无限长铅垂构造线；

（3）再次单击【垂直构造直线】工具按钮，结束操作。

3. 水平构造线

利用【水平构造直线】工具，可以生成一条无限长的水平构造直线。由于构造直线是无限长的，所以可以指定一点来定义一条通过该点的水平构造直线，方法如下：

（1）单击【水平构造直线】工具按钮；

（2）单击选取目标直线上一点，CAXA 实体设计将显示通过指定点的无限长水平构造线；

（3）再次单击【水平构造直线】工具按钮，结束操作。

4. 切线构造线

利用【切线构造直线】工具，可以绘制与设计环境中已知曲线相切的无限长构造直线。已知曲线可以是圆、椭圆、弧线、样条曲线等，方法如下：

（1）单击【切线构造直线】工具按钮。

（2）单击选取圆或其他曲线上一点，草绘平面上显示了一条动态随鼠标移动并且与曲线相切的直线。单击鼠标右键，打开【切线倾斜角】对话框，设置"倾斜"角度值，单击【确定】按钮，如图 4-54 所示；

图 4-54　设置切线辅助线倾斜角度

（3）单击【切线构造直线】工具按钮 ，结束操作。

5. 法线构造线

利用【垂线构造直线】工具 ，可以创建一条正交垂直于目标曲线的无限长法线构造线，方法如下。

（1）单击【垂线构造直线】工具按钮 ；

（2）单击选取圆或其他曲线上一点，草绘平面上显示了一条动态随鼠标移动并且与曲线正交垂直的直线。单击鼠标右键，打开【垂线倾斜角】对话框，设置"倾斜"角度值，单击【确定】按钮，如图4-55所示；

图4-55　设置垂线辅助线倾斜角度

（3）单击【垂线构造直线】工具按钮 ，结束操作。

6. 角等分线构造线

利用【角等分线构造线】工具按钮 ，可以绘制一条通过两相交线交点，并且与两相交线构成的夹角平分线重合的无限长构造直线，方法如下：

（1）单击【角等分线构造线】工具按钮 ；

（2）分别一次单击选取构成夹角的两条直线，创建一条通过两相交线交点，并且与两相交线构成的夹角平分线重合的无限长构造直线；

（3）单击【角等分线构造线】工具按钮 ，结束操作。

4.3.25　将一般几何元素转化为构造几何元素

构造线工具是CAXA实体设计为生成复杂的二维草图而绘制辅助线的工具，用这些工具可以生成作为辅助参考图形的几何图形，不能生成用来建立实体或曲面的草绘图元。

利用【构造几何】工具 ，可选用任何一种【二维绘图】工具来生成构造辅助几何元素，方法如下：

（1）单击【构造几何】工具按钮 ；

（2）任意选择一个【二维绘图】工具条上的绘图工具，例如【圆：圆心+半径】工具 ，在草图平面的任意区域画一个圆形。当绘制完成后，该圆形就会立即以深蓝色加亮显示，线形为虚线，表明其为一条辅助线；

（3）依次单击【构造几何】工具按钮 和【圆：圆心+半径】工具按钮 ，取消选定状态，完成后的效果如图4-56所示。

如果把已经绘制好的图形作为辅助元素时，选中已有的几何图形，将光标移到选中的几何图形上，单击鼠标右键，弹出快捷菜单，在快捷菜单中选择【作为构造辅助元素】菜单命令，即可将已有的几何图形转换成辅助制图几何图形，如图4-57所示。

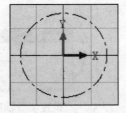

图4-56　绘制构造几何辅助线

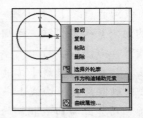

图4-57　转化几何图形为构造元素

4.4 编辑二维草图

在很多复杂二维草图的创建过程中，需要对使用【二维绘图】工具条工具创建的图元进行编辑修改。本节将介绍如何对已创建的二维草图进行编辑修改，有关编辑工具请参考 4.1.3 小节中的内容。

4.4.1 打断

如果需要在草图平面上现有直线或曲线段中添加新的几何图形，或者如果必须对某条现有直线或曲线段单独进行操作，则可以利用【打断】工具▨将它们分割成单独的线段，方法如下。

（1）在草图平面上绘制一条曲线；

（2）单击选择【打断】工具▨，并将其移到需要分割成段的直线或曲线上。将该工具定位到几何图形时，工具一侧的线段将变成绿色反亮显示，而另一端则为蓝色，表明将在光标位置打断该曲线或直线；

（3）在曲线上单击分割点，已知曲线就被分割成两个独立的线段。此时对它们的尺寸和各自的位置就可以单独操作了；

（4）单击选择【打断】工具▨，结束操作。

4.4.2 延伸

利用【延伸】工具▨，可将一条曲线延伸到一系列与它的延长线存在交点的曲线上。该功能支持延伸到曲线的延长线上，方法如下。

（1）单击【延伸】工具按钮▨；

（2）将光标移到待延长曲线靠近目标曲线的端点上，此时会出现一条绿线和箭头，它们指明了曲线的拉伸方向和在第一相交曲线上的延伸终点。如果要将曲线沿着相反的方向延伸，可将工具移到待延伸曲线的另一端，直到显示出相反的绿线和箭头；

（3）通过【Tab】键切换的方式可方便地观察将要延伸到一系列目标曲线，最终确定要延伸到的曲线；

（4）单击鼠标，即可延伸选定的曲线；

（5）单击【延伸】工具按钮▨，取消对【延伸】工具的选定，结束操作。

4.4.3 裁剪

利用【裁剪曲线】工具▨，可以裁剪掉一个或多个曲线段。

1. 裁剪

（1）单击【裁剪曲线】工具按钮▨。

（2）将光标向需要修剪的曲线段移动，直到该曲线段呈现绿色反亮状态。

（3）单击曲线段，CAXA 实体设计将修剪掉指定的曲线段。

（4）单击【裁剪曲线】工具按钮▨，取消对【裁剪曲线】工具的选定，结束操作，如图 4-58 所示。

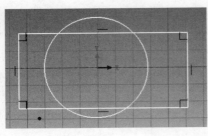 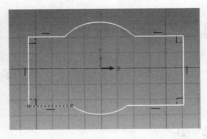

图 4-58　裁剪

2. 强力裁剪

（1）单击【裁剪曲线】工具按钮。

（2）按下鼠标左键，移动鼠标后放开鼠标，划过的区域被裁剪掉，如图 4-58 所示为鼠标划过的区域。

（3）单击【裁剪曲线】工具按钮。取消对"裁剪"工具的选定，结束操作。

> **说　明**：裁剪并不会影响曲线的关联关系。

4.4.4　显示/编辑曲线尺寸

　　CAXA 实体设计提供了多种明确几何图形精确尺寸的选项，其中之一便是【显示曲线尺寸】。激活本工具时，在绘制几何图形时，系统就会自动显示尺寸值，这些尺寸值可供直观绘图或精确绘图时使用。

　　如果需要精确的曲线尺寸，可以选择在生成几何图形时显示尺寸，步骤如下。

　　（1）单击【显示曲线尺寸】工具按钮。

　　（2）单击鼠标，选择需显示尺寸的几何图形上靠近重定位的端点处。CAXA 实体设计显示出选定几何图形的曲线尺寸信息，其内容包括：尺寸值、延伸线、倾斜度、长度、末段角度和起始角度的编辑点。

> **技　巧**：可以通过【显示】下拉菜单来激活【显示曲线尺寸】选项。在激活【显示曲线尺寸】选项后选定一条直线，CAXA 实体设计就显示该直线的倾度和长度值，同时显示一个指明关联端点的箭头。当对该直线的尺寸编辑修改时，这些尺寸的显示值也会不断地更新。

　　当【显示曲线尺寸】功能处于激活状态时，可通过尺寸操作来编辑几何图形。在激活显示曲线的尺寸功能以后，可以通过以下两种方法编辑曲线的尺寸值。

- **直观编辑**：单击并拖动蓝色曲线尺寸编辑点之一，或者单击并拖动选定几何图形的终点/中点，直至显示出相应的曲线尺寸值，然后放开鼠标。CAXA 实体设计将随着拖动操作不断自动改变曲线的尺寸。
- **精确编辑**：右键单击需要编辑的曲线尺寸值。在随之弹出的菜单上选择【编辑数值】菜单命令，如图 4-59 所示，并在随之出现的对话框中编辑相关的值，如图 4-60 所示。单击对话框中的【确定】按钮，关闭该对话框并应用新设定的尺寸值。

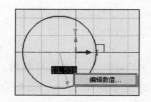

图 4-59 菜单命令

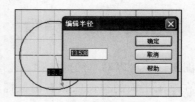

图 4-60 修改尺寸值

4.4.5 可视化编辑

二维草图中的几何图形可以利用鼠标拖动的方法进行可视化编辑，如果绘制的草图对尺寸没有精确的要求，那么这种方法将是最适合的方法。拖动的效果随几何图形的不同而变化，如下所述。

- **直线**：如果要重定位直线，可选定并拖动该直线；若要编辑直线的尺寸，可拖动其一个端点。
- **圆**：若要重定位一个圆，可选择并拖动其圆周，或者拖动其圆心处的手柄。如果重新设定圆的尺寸，可选定并拖动其圆周上的手柄。
- **圆弧**：若要重定位一个圆弧，可选择并拖动其圆周，或者选择并拖动其圆心；如果要重新设定该圆弧的尺寸，可拖动其终点或其圆周上的手柄。
- **样条曲线**：若要重定位一条 B 样条曲线，可选定并拖动该曲线。如果要重设其尺寸，可拖动其终点手柄。若要编辑曲线切线的倾角，可拖动任一个白色编辑手柄。

在编辑草图中几何图形时，CAXA 实体设计的智能光标和智能捕捉反馈信息是非常有用的帮助信息。如果要激活智能光标，可从【2D 绘图选择】对话框中的【捕捉】选项卡中选定其选项，智能光标激活现有几何图形和二维草图栅格上针对各点的智能捕捉反馈信息。CAXA 实体设计的深蓝色关系符是对几何图形的位置关系自动显示。这些符号可指明已有几何图形之间的下述关系：正交垂直、相切、水平、竖直和同心。二维草图关系符在 CAXA 实体设计中通常处于激活状态。

4.4.6 曲线属性编辑

曲线属性编辑可以改变目标曲线的形状、位置和大小等属性，方法如下。

（1）将光标移到目标曲线上，单击鼠标右键，在弹出的快捷菜单中选择【曲线属性】菜单命令，如图 4-61 所示；

（2）此时打开一个对话框，不同的曲线会显示不同的对话框，在该对话框中可以编辑修改曲线的属性，如图 4-62 所示。修改完成后，单击【确定】按钮，完成曲线属性的修改。

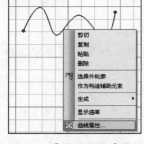

图 4-61 【曲线属性】菜单

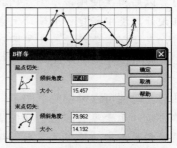

图 4-62 编辑修改曲线属性

4.4.7　草图文件属性编辑

在草图属性中可以对草图的名称、轮廓等属性进行编辑。访问草图属性的方式为：

（1）在草图平面的空白区域右击鼠标，在弹出的菜单中选择【截面属性】菜单命令，打开【2D智能图素】对话框，如图4-63所示。

（2）在草图环境下，选择【设置】|【图素属性】菜单命令。

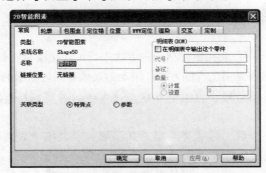

图4-63　【2D智能图素】对话框

4.4.8　草图的剪切、复制、粘贴、删除

在草图平面上右击选定的几何图形时，系统随之弹出的菜单将提供【剪切】、【复制】及【粘贴】功能选项，如图4-64所示。

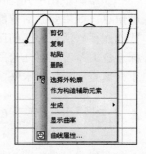

图4-64　快捷菜单

有了这些功能选项，就不必多次重复地生成相同的复杂二维草图。这些选项可以用于在CAXA实体设计中转移各种几何图形，或者用于在CAXA实体设计和其他应用程序之间转移几何图形。

在CAXA实体设计草图间或草图内部对草图操作，步骤如下。

（1）进入草绘环境，绘制任意草绘图元。

（2）将光标移至选中的几何图形上，单击鼠标右键，从随之弹出的菜单中选择【剪切】或【复制】菜单命令，将图形复制到剪贴板上。注意利用【剪切】命令时将删除原来的几何图形。

（3）然后用【粘贴】命令将其转移给CAXA实体设计中其他文件或目录。

可以把几何图形粘贴到CAXA实体设计中的某个新位置。

如果打算以后再次使用该草图,将其保存在设计元素库中不失为一种好办法。具体方法如下。

（1）在设计环境中新建一个设计元素库；

（2）剪切或复制需要操作的几何图形；

（3）在新建的设计元素库底部的空白区域单击鼠标右键，并从弹出的菜单中选择【粘贴】菜单命令。

以后在需要时便可以调用此草图了，方法如下。

（1）单击设计元素库的草图，按住鼠标左键不放，并将其拖放到设计环境中；

（2）拖动到草图中的适当位置后，释放鼠标。

可以在不同应用程序间对草图进行操作。利用【剪切】、【复制】及【粘贴】功能选项在CAXA

实体设计和其他应用程序（如 AutoCAD）之间转移截面几何图形。例如，可以从其他应用程序中复制二维几何图形，将其粘贴到 CAXA 实体设计中，然后将其拉伸成三维造型。方法如下。

（1）在其他应用程序中选择需要剪切或复制的几何图形；

（2）在其他应用程序中选择相应操作将选中图形复制到剪贴板，不同应用程序的【剪切】和【复制】命令可能在名称上存在细微的不同；

（3）在 CAXA 实体设计环境中，单击鼠标右键，在弹出的快捷菜单中选择【粘贴】菜单命令，将几何图形粘贴到 CAXA 实体设计中。

> **技　巧**：利用剪贴板从其他应用程序导入几何图形可能会导致缩放比例问题，也可能是曲线元素被转换成折线线段，导入后可能需要重新编辑尺寸。
>
> 　　若要将几何图形粘贴到正在绘制的草图截面中，可在草图栅格空白区域单击鼠标右键，然后从随之弹出的菜单中选择【粘贴】菜单命令。如果要将几何图形粘贴到某个设计元素库中，则应显示该设计元素库的内容，然后在设计元素库底部的空白区域单击鼠标右键，并从弹出的菜单中选择【粘贴】菜单命令。若要再次使用该图形，只需将其从设计元素库拖动到草图平面即可。如果要把该几何图形粘贴到三维造型的截面中，可在智能图素编辑层右击该三维造型，然后从随之弹出的菜单中选择【编辑草图截面】菜单命令，如图 4-65 所示。在出现草图栅格时，右击该栅格，然后从弹出的菜单中选择【粘贴】后，可以按需要修改截面，以生成一个新的三维造型。

如果需要从草图平面中删除一条二维直线或曲线，可选中该线再按下【Del】键即可。也可以右击该二维几何图形，然后从随之弹出的菜单中选择【删除】命令来删除该图形。

4.5　草图变换

CAXA 实体设计 2008 可以对草图中的图形进行平移、缩放、旋转、镜像、偏置、投影等操作，草图变换功能的图标在【二维编辑】工具栏中，如图 4-66 所示。

　　　　图 4-65　编辑草图截面　　　　　　　　　图 4-66　草图变换工具

4.5.1　平移

利用【平移】工具 ![icon] 可以移动草图中的图形，可以对单独的一条直线或曲线使用本工具，也可以同时对多条直线或曲线使用本工具。

1. 平移

（1）选择要移动的几何图形。选择多个几何图形时，应按住【Shift】键对几何图形一一进行选择。若要选择全部几何图形，选择【编辑】|【全选】菜单命令。

（2）单击【平移】工具按钮，激活该工具。

（3）在选定的几何图形上按下鼠标左键不放，将其拖动到目标位置后放开鼠标。当拖动鼠标时，CAXA 实体设计会自动提供有关几何图形离开原位置距离的反馈信息。

2. 精确移动/复制

（1）选择要移动的几何图形。

（2）单击【平移】工具按钮，激活该工具。

（3）在选定的几何图形上按下鼠标右键不放，将其拖动到新位置后放开鼠标。拖动鼠标时，CAXA 实体设计会自动提供有关几何图形离开原位置距离的反馈信息。

（4）在弹出式菜单上选择【移动到这里】或【复制到这里】，弹出如图 4-67 所示【平移】对话框，在对话框中设置平移的参数值，单击【确定】按钮，完成参数设置。

图 4-67 【平移】对话框

 说　明：如果选择了【移动到这里】命令，就应输入选定几何图形相对于原位置的水平、竖直移动数值和矢量距离。选择此命令，将删除原来位置的图形。

　　如果选择【复制到这里】，就应输入选定几何图形的复制份数及其相对于原位置的水平、竖直移动数目和矢量距离。选择此命令，将保留原来位置的图形。

4.5.2　缩放

利用【缩放】工具，可以将几何图形按比例缩放。与【平移】工具一样，可以对单独的一条直线或曲线使用本工具，也可以同时对多条直线或曲线使用本工具。

1. 缩放

（1）选择需要缩放的几何图形。

（2）单击选择【缩放】工具，在草图平面的原点处会出现一个尺寸较大的图钉，用这个图钉定义比例缩放中点。

 说　明：若想调整比例缩放中点，则应将光标移到图钉针杆接近钉帽的位置处，然后单击鼠标并拖动到需要的位置后放开鼠标。可以将图钉重新定位到草图栅格上的任意位置，甚至移到其他的几何图形上。

（3）将鼠标移到选定的几何图形上，按下鼠标左键不放，拖动选定的几何图形，此时，CAXA 实体设计会自动提供有关几何图形缩放比例的反馈信息，缩放到适当的比例后放开鼠标，如图 4-68 所示。

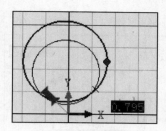

图 4-68　缩放图形

2. 精确缩放/复制

（1）选择需要缩放的几何图形。

（2）单击选择【缩放】工具 ⤢ ，在草图平面的原点处会出现一个尺寸较大的图钉。用这个图钉定义比例缩放中点。

（3）在选定的几何图形上按下鼠标右键不放，将其拖到新位置后放开鼠标，弹出如图 4-69 所示的快捷菜单。拖动鼠标时，CAXA 实体设计会自动提供有关几何图形缩放比例的反馈信息。

（4）选择【移动到这里】或【复制到这里】菜单命令，弹出如图 4-70 所示对话框。
在该对话框中设置缩放比例和拷贝数量，单击【确定】按钮，完成操作。

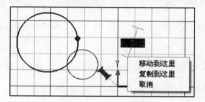

图 4-69　缩放快捷菜单

图 4-70　设置缩放比例及拷贝数量

　　说　明：如果选择了【移动到这里】，就应输入将应用于该几何图形的缩放比例因数。选择此命令，将删除原来位置的图形。

　　　　　　如果选择【复制到这里】，就应输入复制份数和将应用于选定几何图形的缩放比例因数。选择此命令，将保留原来位置的图形。

4.5.3　旋　转

利用【旋转】工具 ↻ ，可以使几何图形旋转。同前面介绍的两种工具一样，可对单条直线/曲线单独使用本工具，也可以对以组几何图形使用本工具。

1. 旋转

（1）选择需要旋转的几何图形。

（2）单击选择【旋转】工具 ↻ ，在草图平面的原点位置会出现一个尺寸较大的图钉，用这个图钉定义旋转中点。

（3）若想调整旋转中点，应将光标移到图钉针杆接近钉帽的位置处，然后单击鼠标并拖动到需要的位置后放开鼠标。

（4）单击并拖动选定的几何图形，以确定旋转角度，CAXA 实体设计会在拖动几何图形时显示旋转角度反馈信息，如图 4-71 所示。

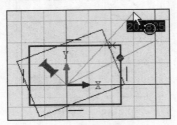

图 4-71　旋转草绘图元

 技　巧：可以将图钉重新定位到草图栅格上的任意位置，甚至移动到其他的几何图形上。拖动几何图形时，系统会显示拖动距离反馈信息。

2. 精确旋转/复制

（1）选择需要旋转的几何图形。

（2）单击选择【旋转】工具 🔄 。

（3）在选定的几何图形上按下鼠标右键不放，将其拖动到新位置后放开鼠标，弹出如图 4-72 所示的快捷菜单。拖动鼠标时，CAXA 实体设计会自动提供有关几何图形旋转角度的反馈信息。

（4）选择【移动到这里】或【复制到这里】菜单命令，弹出如图 4-73 所示的【旋转】对话框。在该对话框中设置旋转角度和拷贝数量参数，单击【确定】按钮，完成操作。

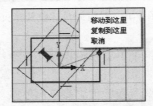

图 4-72　旋转快捷菜单

图 4-73　【旋转】对话框

 说　明：如果选择了"移动到这里"，就应输入该几何图形将旋转的角度值。选择此命令，将删除原来位置的图形。

　　　　如果选择"复制到这里"，就应输入复制份数和该几何图形将旋转的角度值。选择此命令，将保留原来位置的图形。

4.5.4　镜像

利用【镜像】工具 🔷，可以在草图中将图形对称地复制。当需要生成复杂的对称性草图时，使用本工具可节约时间和精力。只需生成所需图形的一半，然后再绘制一条对称轴。利用【镜像】工具 CAXA 实体设计会自动在对称轴的另一侧生成图形的镜像拷贝。

在下面的简单示例中所采取的操作步骤将演示说明【镜像】工具：

（1）单击【连续直线】工具按钮，并在草图平面上绘制一个三角形；

（2）单击【两点线】工具按钮，并在三角形一侧画一条直线，以该线为对称轴，如图 4-74 所示；

（3）单击【两点线】工具按钮，取消对【两点线】工具的选定；

（4）在镜像直线上单击鼠标右键，然后从弹出的菜单中选择【作为构造辅助元素】菜单命令；

（5）单击草图平面空白区域，以取消对镜像直线的选择，此时，镜像直线的颜色变为暗蓝色。仅将镜像直线用作辅助元素，是为了防止它被生成三维造型；

（6）按住【Shift】键选择三角形的 3 条边，不要选中镜像直线（对称轴）；

（7）单击【镜像】工具按钮，然后单击镜像直线上的任意位置。CAXA 实体设计将在对称轴镜像直线的另一侧对称性地复制该三角形，如图 4-75 所示；

（8）单击【镜像】工具，取消对【镜像】工具的选择，结束绘制。

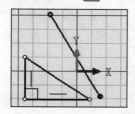

图 4-74 绘制草图

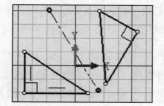

图 4-75 镜像图元

4.5.5 等距

利用【等距】工具，可以复制选定的几何图形，然后使它从原位置等距特定距离。对直线和圆弧等非封闭图形而言，本工具与其他的复制功能并没有多大的区别。但是，对于包含不规则几何图形的封闭草图来说，本工具的真正功能则是非常明显的。

操作步骤如下。

（1）通过【二维绘图】工具，生成由直线、圆弧和 B 样条曲线组成的二维草图轮廓，如图 4-76 所示；

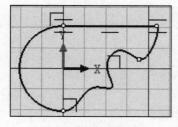

图 4-76 草绘图元

图 4-77 【等距】对话框

（2）选中绘制的几何图形；

（3）单击【等距】工具按钮，打开【等距】对话框，如图 4-77 所示。在【距离】选项中输入选定几何图形及其复制图形之间的期望距离。 在【拷贝的数量】选项中输入选定几何图形的复制份数；

（4）单击【应用】按钮，可预览等距后生成的新几何图形。单击【确定】按钮，完成操作，效果如图 4-78 所示。

　　CAXA 实体设计生成与选定几何图形相同的复制图形，并按要求使复制图形偏离原位置一定距离。如果几何图形是封闭的，等距后的几何图形将包围原几何图形，或者被原几何图形所包围。如果几何图形未按照要求的方向等距，可选择【切换方向】工具。之后，几何图形将切换到新位置，或者需要，选择【把约束复制到等距元素上】选项，以使原几何图形上的约束条件被应用到等距后的几何图形中。

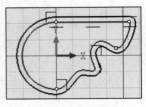

图 4-78　等距草绘图元

　　若要定义复制的准确性，可在【等距】对话框中选择【高级】按钮，然后输入所需的相似准确度。输入值越小，复制图形相对于原几何图形的相似准确度就越高。

4.5.6　投影

　　【投影】工具 是 CAXA 实体设计中一个功能强大的选项。利用本工具，可以将实体三维造型的棱边、草图轮廓和 3D 曲线投影到二维草图平面上，这样就可以快速地生成新的图形。

　　在草图平面上投影的棱边或面有以下两种用途：

● 将其用作生成新的草图时的参考线。

● 将其用作需集成到新建草图平面的实际几何图形。如果需要具有相同或类似截面的两个或多个相连的三维造型，那么本选项将非常有用。

投影工具有以下两种使用方法。

1. 无关联投影

（1）从【设计元素库】目录中将长方体拖动到设计环境中。

（2）以长方体的某一平面为基准面建立一个草图平面。

（3）在【二维编辑】工具条上单击【投影】工具按钮 。

（4）单击鼠标左键选择长方体的一个棱边或者要投影的平面，草图平面上将出现一个黄色的轮廓线，表示该图块的投影线。

（5）单击【投影】工具按钮 ，取消对【投影】工具的选定，结束投影操作。

> 注　意：【投影】工具不适用于球体。

2. 关联投影

（1）从【设计元素库】目录中将圆柱体拖动到设计环境中。

（2）以圆柱体的底面为基准面建立一个草图平面。

（3）在【二维编辑】工具条上单击【投影】工具按钮 。

（4）单击鼠标右键选择圆的周长边或者要投影的圆平面。草图平面上将出现一个黄色的轮廓线，表示该图块的投影线，并以红色箭头图标显示，以显示关联关系。

（5）单击【投影】工具按钮 ，取消对【投影】工具的选定，结束投影操作。

> 技　巧：只有单一图素独有的棱边才可以关联。草图轮廓、3D 曲线的投影不可以生成关联关系。

4.6　草图约束

　　本节将介绍 CAXA 实体设计中草图生成后对二维草图图形进行几何约束的工具，约束工具在【二维约束】工具条上，如图 4-79 所示。

图 4-79　二维约束工具条

　　【二维约束】工具可以对绘出图形的长度、角度、平行、垂直、相切等几何特征添加约束，并且以图形方式标示在草图平面上，方便直观浏览所有的信息。约束条件可以编辑、删除或者恢复约束前的状态。

　　技　巧：在进行约束时，CAXA 实体设计默认选择的第一条曲线保持固定，选择的第二条曲线为重定位线。

4.6.1　垂直约束

　　利用【垂直约束】工具，可以在草图平面中的两条已知曲线之间生成垂直约束。

　　如果两条曲线之间已经存在垂直关系，则只需将光标移动到其深蓝色垂直关系符，当光标变成小手形状后，单击鼠标右键然后从弹出的菜单中选择【锁定】菜单命令，蓝色关系符就变成红色约束条件符。

　　不存在垂直关系时，则按以下步骤操作。

　　（1）单击【垂直约束】工具按钮；

　　（2）选择要应用垂直约束条件的曲线之一；

　　（3）将光标移到第二条曲线，然后单击鼠标将其选中。这两条曲线将立即重新定位到相互垂直，同时在它们的相交处出现一个红色的垂直约束符号；

　　（4）单击【垂直约束】工具按钮，取消对【垂直约束】工具的选定，结束操作后的效果如图 4-80 所示。

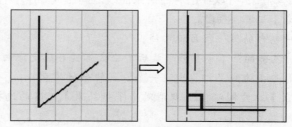

图 4-80　添加垂直约束前后对比

　　说　明：如果需要，可以清除垂直约束条件。在红色垂直符号上移动光标，当光标变成小手形状时，单击鼠标右键显示出其弹出菜单，然后选择【锁定】菜单命令。约束恢复到关系状态，而红色约束符号则被深蓝色关系符所代替。

技　巧：应用垂直约束条件时，并不一定要选择两条相邻曲线。

4.6.2　相切约束

利用【相切约束】工具 ![icon]，可以在草图平面中已有的两条曲线之间生成一个相切的约束条件。

如果两条曲线之间已经存在相切关系，则只需将光标移到其深蓝色垂直关系符，并在光标变成小手形状![icon]后单击鼠标右键，然后从弹出的菜单中选择【锁定】，蓝色关系符就变成红色约束条件符。

如果不存在相切关系时，则按以下步骤操作。

（1）单击【相切约束】工具按钮 ![icon]；

（2）选择要应用相切约束条件的曲线之一；

（3）将光标移到第二条曲线，然后单击鼠标将其选中，这两条曲线将立即重新定位到相切选定点。同时在切点位置将出现一个红色的垂直约束符号；

（4）单击【相切约束】工具按钮 ![icon]，取消对【相切约束】工具的选定，结束操作，完成后的效果如图 4-81 所示。

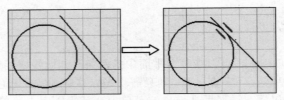

图 4-81　添加相切约束前后对比

如果需要，可以清除该约束条件。在红色相切符号上移动光标，当光标变成小手形状后，单击鼠标右键显示出其弹出菜单，然后选择【锁定】菜单命令。约束恢复到关系状态，而红色约束符号则被深蓝色关系符所代替。

4.6.3　平行约束

利用【平行约束】工具 ![icon]，可以在已有的两条曲线之间生成一个平行约束条件。方法如下。

（1）单击【平行约束】工具按钮 ![icon]；

（2）选择平行约束中包含的第一条目标曲线；

（3）将光标移到将被包含的第二条曲线，然后单击鼠标键并选定该曲线。这两条曲线将立即重定位到相互平行，此时每条曲线上都将出现一个红色的平行约束符；

（4）单击【平行约束】工具按钮 ![icon]，取消对【平行约束】工具的选择，结束操作，完成后的效果如图 4-82 所示。

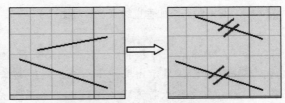

图 4-82　设置平行约束前后对比

如果需要，可以清除该约束条件。在红色平行符号上移动光标，当光标变成小手形状后，单击鼠标右键显示出其弹出菜单，然后选择【锁定】菜单命令。约束恢复到关系状态，而红色约束符号则被深蓝色关系符所代替。

 技 巧：将光标移到平行约束符号之一，那么在约束条件及被约束的直线之间就会出现一条红色指示线，表明两条直线的平行约束之间的关系。当存在多组相互平行的直线时，该技巧能够方便地辨别约束关系。

4.6.4　水平约束

利用【水平约束】工具 ，可以在一条直线上生成一个相对于坐标系 x 轴平行的水平约束。

如果直线已经处于水平状态，则只需将光标移到其深蓝色水平关系符，并在光标变成小手形状后单击鼠标右键，然后从弹出的菜中选择【锁定】菜单命令，蓝色关系符就变成红色约束条件符。

如果不存在水平关系时，则按以下步骤操作。

（1）单击【水平约束】工具按钮 ；

（2）在直线上单击鼠标，以应用该约束条件，选定的直线将立即重新定位为水平状态。

（3）再次单击【水平约束】工具按钮 ，取消对【水平约束】工具的选定，完成后的效果如图 4-83 所示。

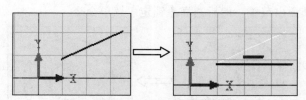

图 4-83　设置水平约束前后对比

如果需要，可以清除该约束条件。在红色水平符号上移动光标，当光标变成小手形状后，单击鼠标右键显示出其弹出菜单，然后选择【锁定】菜单命令。约束恢复到关系状态，而红色约束符号则被深蓝色关系符所代替。

4.6.5　竖直约束

利用【铅锤约束】工具 ，可以在一条直线上生成一个相对于坐标系 y 轴平行的竖直约束。

如果直线已经处于竖直状态，则只需将光标移到其深蓝色铅锤关系符，并在光标变成小手形状后单击鼠标右键，然后从弹出的菜单中选择【锁定】菜单命令，蓝色关系符就变成红色约束条件符。

如果不存在竖直关系时，则按以下步骤操作。

（1）单击【铅锤约束】工具按钮 ；

（2）在直线上单击鼠标，以应用该约束条件，选定的直线将立即重新定位为竖直状态；

（3）再次单击【铅锤约束】工具按钮 ，取消对【铅锤约束】工具的选定，完成后的效果如图 4-84 所示。

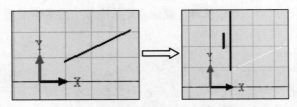

图 4-84　设置竖直约束前后对比

4.6.6　同心约束

利用【同心约束】工具 ◎，可以在草图平面上的两个已知圆上生成一个同心约束。方法如下：

（1）在草图平面上绘制两个圆。

（2）单击【同心约束】工具按钮 ◎。

（3）单击选择一个圆，选定圆的圆周上将出现一个浅蓝色的标记。

（4）将光标移动到第二个圆，然后单击鼠标将其选中。系统将立即对这两个圆进行重新定位，应用所采用的同心圆约束条件。此时，在两圆的圆心位置均会出现一个红色的同心圆约束符号。

（5）单击【同心约束】工具按钮 ◎，取消对【同心约束】工具的选择，结束操作，完成后的效果如图 4-85 所示。

如果需要，可以清除该约束条件。在红色同心圆符号上移动光标，当光标变成小手形状后，单击鼠标右键显示出其弹出菜单，然后选择【锁定】菜单命令。

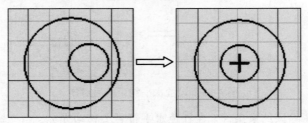

图 4-85　设置同心约束前后对比

4.6.7　尺寸约束

利用【尺寸约束】工具 ✎，可以在一条曲线上生成该曲线的形状尺寸约束条件。

建立尺寸约束的步骤如下。

（1）从【二维约束】工具条上单击【尺寸约束】工具按钮 ✎；

（2）将光标移到将应用尺寸约束条件的曲线上，然后单击鼠标；

（3）从该几何图形移开光标，并将光标移到所希望尺寸显示位置，单击鼠标确定，将显示出一个红色尺寸约束符号和尺寸值；

（4）单击【尺寸约束】工具按钮 ✎，取消对【尺寸约束】工具的选择，结束操作，完成后的效果如图 4-86 所示。

修改尺寸约束时，将光标移到尺寸上，单击鼠标右键，弹出如图 4-87 所示的快捷菜单。

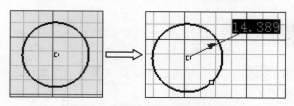

图 4-86　设置尺寸约束前后对比

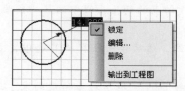

图 4-87　编辑尺寸约束

- **锁定**：对曲线的尺寸值锁定或清除（关系仍保留）。
- **编辑**：对曲线的约束尺寸值进行编辑，精确确定尺寸。
- **删除**：清除尺寸约束和该关系。
- **输出到工程图**：将图形投影到工程图时，实现约束的尺寸值的自动标注。

4.6.8　等长约束

利用【等长约束】工具▤，可以在两条已知曲线上生成一个长度相等的约束条件，步骤如下。

（1）单击【等长约束】工具按钮▤；

（2）单击选择两条需要应用等长约束的曲线中第一条曲线，被选定的曲线上将出现一个浅蓝色的标记；

（3）将光标移到第二条曲线，然后单击鼠标将其选中，其中一条被选定的曲线将被修改，以与另一条曲线的长度相匹配。同时两条曲线上都将出现红色的等长约束符号；

（4）单击【等长约束】工具按钮▤，取消对【等长约束】工具的选定，完成后的效果如图 4-88 所示。

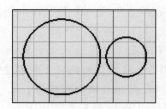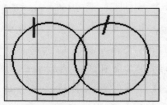

图 4-88　设置等长约束前后对比

如果需要，可以清除这个约束。将光标移动到红色等长约束符，当光标变成小手形状后，单击鼠标右键，在弹出的快捷菜单中选择【锁定】菜单命令，取消对【锁定】菜单命令的选定。

 技　巧：在两条曲线之间应用等长约束时，究竟调整哪一条曲线并使其与另一条曲线匹配，由已有的约束条件确定。如果两条曲线都没有设置约束条件，那么默认情况下，将调整选取的第二条曲线的尺寸与选取的第一条曲线相匹配。

4.6.9　角度约束

利用【角度约束】工具，可以在两条已知曲线之间生成角度约束条件。

建立角度约束的步骤如下。

（1）从【二维约束】工具条单击【角度约束】工具按钮；

（2）单击鼠标选择将应用角度约束的两条曲线中的第一条曲线，被选定的曲线上将出现一个浅蓝色的标记；

（3）将光标移动到第二条曲线，然后单击鼠标将其选中，立刻在两条曲线间生成一个角度约束；

（4）单击【角度约束】工具按钮，取消对【角度约束】工具的选择，结束约束操作，两条曲线的夹角上将出现一个红色的角度约束符号，如图4-89所示。

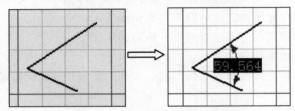

图 4-89　设置角度约束前后对比

如果对角度设置不满意，可以对其进行修改，具体方法和修改尺寸约束类似，可参考尺寸约束修改的方法。

另外，CAXA实体设计2008提供了多尺寸编辑功能，在约束好尺寸之后，在草图的空白区域单击鼠标右键，在弹出菜单中选择【参数】菜单命令，使用参数表可以对多个尺寸约束、角度约束等进行编辑。

4.6.10　共线约束

利用【共线约束】工具，可以在两条现有直线上生成一个共线约束条件。步骤如下。

（1）从【二维约束】工具条上单击【共线约束】工具按钮；

（2）单击选择两条需要应用共线约束的第一条直线，选定直线上出现一个浅蓝色标记；

（3）将光标移动到第二条直线，然后单击鼠标将其选中，系统将重新调整第二条直线的位置，使其与第一条直线共线。同时两条直线上都将出现红色的共线约束符号；

（4）单击【共线约束】工具按钮，取消对【共线约束】工具的选定，结束操作，完成后的效果如图4-90所示。

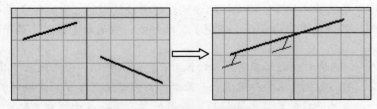

图 4-90　设置共线约束前后对比

如果需要，可以清除这个约束。将光标移到红色共线约束符，当光标变成小手形状后，单击鼠标右键，在弹出的快捷菜单中选择【锁定】菜单命令，取消对【锁定】菜单命令的选定。

4.6.11　重合约束

利用【重合约束】工具 ⟋ ，可以在两条现有直线段上生成一个共点重合约束条件。步骤如下。

（1）从【二维约束】工具条上单击【重合约束】工具按钮 ⟋ ；

（2）单击选择两条需要应用重合约束的第一条线段的某个端点，选定线段上出现一个浅蓝色标记；

（3）将光标移动到第二条直线段的某个端点上，然后单击鼠标将其选中，系统将重新调整第二条直线的位置，使其与第一条直线共线。同时两条直线上都将出现红色的共线约束符号；

（4）单击【重合约束】工具按钮 ⟍ ，取消对【重合约束】工具的选定，结束操作，完成后的效果如图 4-91 所示。

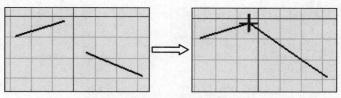

图 4-91　设置共线约束前后对比

4.6.12　镜像约束

利用【镜像约束】工具 ⟋ ，可以生成选定几何图形的镜像图像，并自动生成镜像约束。设置了镜像约束之后，无论对它们作了何种修改，生成的镜像图像都将与原来的几何图形保持一致。

操作步骤如下。

（1）在草图平面绘制一直线，作为镜像轴；

（2）将鼠标移动到镜像轴上，单击鼠标右键，然后从弹出的菜单中选择【作为构造辅助元素】菜单命令，镜像直线变成虚线线型；

（3）选择用于生成镜像备份的几何图形，几何图形将以黄色反亮状态显示；

（4）从【二维约束】工具条单击【镜像约束】工具按钮 ⟋ ；

（5）在镜像轴上单击鼠标，在镜像直线的另一侧生成选定几何图形的镜像图形，并显示出镜像约束，原草图轮廓和镜像轮廓中的各段几何图形上都会显示镜像约束符号，如图 4-92 所示；

（6）单击【镜像约束】工具按钮 ⟍ ，取消对【镜像约束】工具的选定，结束操作。

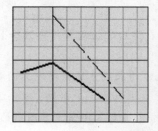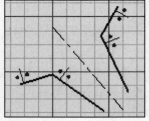

图 4-92　设置镜像约束前后对比

如果需要，可以清除这个约束。将光标移到红色镜像约束符，当光标变成小手形状后，单击鼠标右键，在弹出的快捷菜单中选择【锁定】菜单命令，取消对【锁定】菜单命令的选定。

> **技 巧**：【二维编辑】工具条上的【镜像】工具 和【二维约束】工具条上的【镜像约束】工具 的相同点是：两者都能在镜像参考直线另一侧生成选中几何图元相对于镜像参考直线对称的几何图元，如图4-93（a）所示。
>
> 它们的不同点是：【二维编辑】工具条上的【镜像】工具 生成的几何图元不随原几何图元的改变而改变；【二维约束】工具条上的【镜像约束】工具 生成的几何图元随着原几何图元的改变而改变，如图4-93（b）所示。

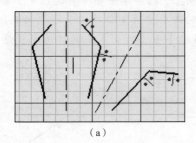
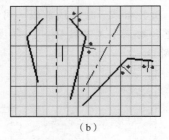

（a） （b）

图4-93 修改原几何图元前后对比

4.7 创建参数化草图

在设计过程中，有时可能需要通过参数来把握设计意图。CAXA 实体设计为用户提供了为草绘的几何图元的尺寸设置参数化关系的功能，通过参数之间的数学表达式来定义参数之间的数学关系。创建方法如下。

（1）在草图平面中绘制几何图形，如图4-94所示；

（2）对所绘制的图形进行尺寸约束，如图4-95所示；

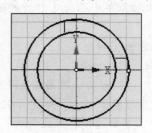
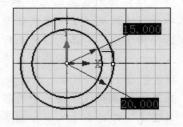

图4-94 绘制草图 图4-95 设置尺寸约束

（3）在草图平面的空白区域单击鼠标右键，在弹出的快捷菜单中选择【参数】菜单命令，打开【参数表】对话框；

（4）在【参数表】对话框中，显示了添加尺寸约束后系统自动定义的参数，并且在草图中，将尺寸约束的尺寸值变为参数，如图4-96所示。在【表达式】列中，单击【pR2】所在行的单元格，并输入"pR1+0.006"，如图4-97所示。单击【确定】按钮，草图中的尺寸按照表达式自动更新，如图4-98所示。

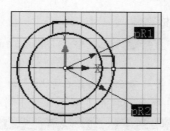

图 4-96　显示参数

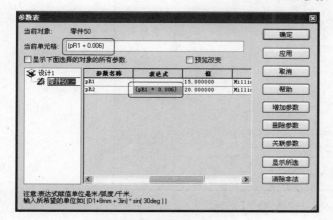

图 4-97　编辑参数表达式

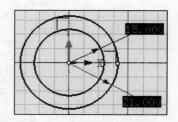

图 4-98　按参数表达式自动更新

　　说　明：【参数表】对话框中的参数是在尺寸约束生成时系统自动生成的系统定义参数。勾选【预览改变】复选框，表示每次修改一个尺寸约束时图形将改变，不勾选【预览改变】复选框表示同时修改多个尺寸约束，确定后图形改变，是一种采用多个尺寸编辑后一起驱动图形的方式。

　　在【参数表】对话框中输入参数表达式时，默认的设置是以米为单位，而绘图采用毫米单位，所以在输入参数表达式时应先将毫米转换米。

　　另外，添加参数表达式后，修改自变量参数的值时，因变量参数的值将自动按照表达式更新。

4.8　导入二维草图——与其他软件数据的交互使用

　　在 CAXA 实体设计中可以通过导入一个已经创建的文件来创建草图，并生成三维模型。当在电子图板或 AutoCAD 中已经创建了某个零件的二维工程图时，需要建立该零件的三维模型，此时可以直接导入该工程图文件，并使用三维工具创建三维模型。这一功能可以大大地提高工作效率，节省工作时间。

4.8.1　导入.exb 格式文件

　　CAXA 电子图板具有强大的二维绘图功能，CAXA 实体设计可以通过导入一个电子图板文件来作为草绘图形，进而创建三维模型。

1. 使用输入工具导入电子图板文件

CAXA实体设计2008 新增了直接输入.exb格式文件的功能，使用方法如下。

（1）进入草图创建环境；

（2）选择【文件】|【输入】菜单命令，或者在草图平面上的空白区域单击鼠标右键，从弹出的快捷菜单中选择【输入】菜单命令，打开【输入文件】对话框，如图4-99所示；

图4-99 【输入文件】对话框

（3）在【查找范围】下拉列表中切换文件保存路径，选择要输入的.exb.文件；

（4）从【文件类型】下拉列表中选择.exb文件；

（5）在文件列表中单击选择所需的文件，单击【打开】按钮。

2. 使用外部加载工具导入电子图板文件

CAXA实体设计2008之前的版本，没有直接输入.exb的工具，我们可以使用外部加载工具来实现此功能。

在实体设计中输入.exb格式文件，首先要进行一系列设置才可以输入，设置的方法如下：

（1）在下拉菜单选择【工具】|【加载外部工具】菜单命令，打开【自定义】对话框；

（2）单击对话框中的【增加】按钮，打开【加载外部工具】对话框，在【类型】区域选中【OLE对象】单选按钮，然后在【对象】文本框中输入"connector.cconnect"，在【方法】下拉列表中选取"ImportDrawingTo2Dprofile"项，如图4-100所示。

图4-100 设置外部加载对象参数

 技　巧：在设置加载外部工具后，在以后的输入输出时，就不需要重新设置了。为了使用方便还可以把新设置的外部工具在工具栏上生成自定义图标。

要将.exb 文件读入到实体设计中，应先在 CAXA 电子图板中将文件输出，步骤如下。

（1）在电子图板的下拉菜单中选择【文件】|【实体设计数据接口】|【输出草图】菜单命令；

（2）选择要输出的轮廓线；

（3）选择输出的定位点，也就是在实体设计草图平面的原点位置。

在进行了以上的操作以后，就可以在实体设计中输入 exb 格式文件了，方法如下。

（1）在设计环境状态下或者在草图环境中，选择下拉菜单的【工具】|【运行加载工具】|【connector.cconnect ImportDrawingTo2Dprofile】菜单命令，打开【读入草图】对话框；

（2）在弹出的【读入草图】对话框中选择要输入的草图文件，单击【确定】按钮实现文件的输入。

 说　明： 在设计环境状态下输入.exb 格式文件，草图的基准面默认为系统的 X-Y 平面。

4.8.2　导入.DXF/.DWG 格式 AutoCAD 文件

CAXA 实体设计支持在创建 2D/3D 设计时，直接输入由 AutoCAD 创建的图形。表 4.12 中包括了所支持的数据类型，输入文件与 AutoCAD 版本 13 和版本 14 的规范相符，方法如下。

（1）进入草图创建环境；

（2）选择【文件】|【输入】菜单命令，或者在草图平面上的空白区域单击鼠标右键，从弹出的快捷菜单中选择【输入】菜单命令，打开【输入文件】对话框；

（3）在【查找范围】下拉列表中切换文件保存路径，选择要输入的.dxf/.dwg 文件；

（4）从【文件类型】下拉列表中选择.dxf 或.dwg 文件；

（5）在文件列表中单击选择所需的文件，然后单击【打开】按钮。

表 4.12　　　CAXA 实体设计中对于输入的 AutoCAD 文件支持的数据类型

AutoCAD 实体	CAXA 实体设计实体	AutoCAD 实体	CAXA 实体设计实体
结构		插入	处理组成曲线
模型空间	默认处理	实体	多义线
图纸空间	默认处理	多条线	忽略
不固定的模型空间	未处理	射线	忽略
表实体		ACIS 数据	忽略
块引出线	处理成插入	3D 实体	
种类	忽略	部位	
尺寸类型	忽略	主体	
层	忽略	注释	
线型	忽略	文本	忽略
注册的应用程序	忽略	Mtext	忽略
图形文件（文本类型）	忽略	属性定义	忽略
图形文件（非文本类型）	忽略	属性	忽略
UCS	采用 UCS 转换	尺寸	忽略

AutoCAD 实体	CAXA 实体设计实体	AutoCAD 实体	CAXA 实体设计实体
几何形状		公差	忽略
点	忽略	引出线	忽略
线	线	视图	
3D 线	线	视口	忽略
圆	圆弧	视图	忽略
弧	弧	V 口	忽略
椭圆	椭圆	其他实体	
椭圆弧	弧	形状	忽略
样条	B 样条	阴影线	忽略
多义线		图像	忽略
匹配类型		Ole2Frame	忽略
线/弧	复杂路径	代理	忽略
四边形 B 样条	B 样条	图纸空间/模型空间	二者均被转换
立方体 B 样条	B 样条	延伸对象数据	忽略
贝塞尔曲面	忽略	对象剖面	忽略
多标志		对象引出线	
封闭	封闭路径	对象主体	
曲线定型	固定的 B 样条	数据字典	
样条定型	固定的 B 样条	字典变量	
3D 多义线	忽略	组	
3D 多边形网格	忽略	ID 缓冲器	
封闭 N	忽略	图像定义	
多面网格	忽略	图像定义反应器	
连续线型	忽略	层索引	
多义线宽度	忽略	多线类型	
轻质多义线（R14）	路径曲线	对象指针	
轨迹	多义线	代理对象	
3D 面	忽略	Raster 变量对象	
构造线	忽略	SortEnts 表	
块	处理成插入	空间过滤器对象	

4.8.3　导入其他格式文件

CAXA 实体设计中，在插入 B 样条时，还提供了输入坐标点的.txt 文件的方法。步骤如下。

（1）打开实体设计，单击【二维草图】工具按钮 ，进入草绘环境；

（2）选择【文件】|【输入 B 样条】菜单命令，打开【B 样条输入】对话框，如图 4-101 所示；

（3）输入包含 B 样条拟合点文本（.TXT）文件的文件路径，或者单击 按钮，弹出【打开】对话框，单击【查找范围】下拉列表切换文件保存路径，选择包含 B 样条拟合点文本（.TXT）

文件，CAXA 实体设计会自动拟合该点位数据生成样条曲线。

图 4-101 【B 样条输入】对话框

 说　明：文本（.TXT）文件的格式为：

x2,y2

x1,y1

……

 技　巧：在.TXT 文件里将第一个点位数据复制粘贴到最后一个点位之后，会生成一个封闭的 B 样条曲线。

4.9　学以致用——绘制五角星

随书附带光盘：\视频文件\第 4 章\4.9 绘制五角星.avi。

在前面章节中，我们学习了二维草绘的各种典型元素，如直线、矩形、圆、样条曲线等，在实际设计中任何一个草图轮廓线，均由一种或者几种典型草绘图元元素构成。本节我们将学以致用，绘制五角星。读者应具备通过所学知识解决实际问题的能力。

分析具体问题的方法是。

第一步：分析将要绘制的草图轮廓由哪些典型草绘元素构成。

第二步：分析各种典型元素的位置关系，如重合、平行、同心等，需添加约束关系。

第三步：是否存在相对于某个几何中心对称的图元，如果存在，需绘制对称构造辅助线。

第四步：草绘图元。

第五步：编辑修剪图元。

下面以绘制一个如图 4-102 所示的五角星为例，进行详细介绍。

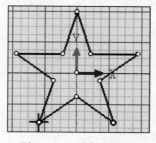

图 4-102　绘制五角星

绘制五角星

> 说　明：分析方法如下。
> ● 观察五角星轮廓，可以看出五角星由直线图素构成；
> ● 五角星相对于中心是对称的，五角星5个顶点均布在同一圆周上，因此可以通过绘制一个预案作为辅助绘图元素来限制五角星的大小；
> ● 五边形的5个顶点也是均布在一个圆周上，因此可以考虑构造一个五边形来辅助绘图；
> ● 五角星的边线可以通过五边形顶点的连线绘制，然后再用切剪工具切除多余部分即可。

操作步骤如下。

（1）选择【生成】|【二维草图】菜单命令，或者单击【特征生成】工具条上的【二维草图】按钮，如图4-103所示。进入草绘环境，并打开【编辑草图截面】对话框，如图4-104所示。

图4-103　【特征生成】工具条

图4-104　【编辑草图截面】对话框

（2）单击【二维绘图】工具条上的【圆：圆心+半径】工具按钮，画一个半径为50的圆，如图4-105所示。

（3）单击【二维绘图】工具条上的【多边形】工具按钮，单击选择圆中心，在空白区域单击鼠标右键，弹出【编辑多边形】对话框，按图4-106所示设置多边形参数。

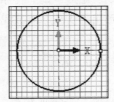

图4-105　绘制圆

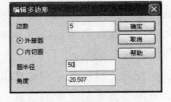

图4-106　设置多边形参数

（4）参数设置完成后，单击【确定】按钮，结束五边形的创建，如图4-107所示。

（5）单击【二维绘图】工具条上的【直线】工具按钮，连接五边形的5个顶点，如图4-108所示。

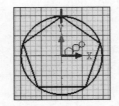

图4-107　绘制五边形

图4-108　五边形顶点连线

（6）从图4-108可以看出，五角星轮廓已经绘制出来，现将多余线条剪除掉。单击【二维编辑】工具条上的【裁剪曲线】工具按钮 ，单击选取各个多余线条将其剪除，修剪之后的效果如图 4-109 所示。

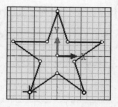

图 4-109　截剪曲线

（7）修剪完成后，单击选择【二维编辑】工具条上的【裁剪曲线】工具 ，取消【裁剪曲线】工具 的选定。

4.10　典型案例

4.10.1　典型案例——绘制键

随书附带光盘:\视频文件\第 4 章\4.10.1 绘制键.avi。

本案例是通过绘制键的二维草图来演示 CAXA 实体设计 2008 的草绘方法。

绘制键

（1）选择【生成】|【二维草图】菜单命令，或者单击【特征生成】工具条上的【二维草图】按钮 ，进入草绘环境，并打开【编辑草图截面】对话框。

（2）单击【二维绘图】工具条上的【圆：圆心+半径】按钮 ，在草图平面上绘制一个半径为 8 的圆，如图 4-110 所示。

（3）单击选中绘制的圆，该图素加亮显示，默认状态下显示出尺寸，如图 4-111 所示。

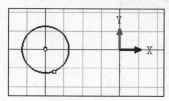

图 4-110　绘制圆

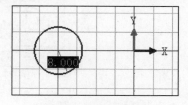

图 4-111　选中圆

（4）单击【二维编辑】工具条上的【镜像】按钮 ，然后在工作区中单击拾取 y 轴作为对称中心线，将绘制的圆相对于 y 轴镜像。再次单击【镜像】按钮 取消该工具的选中状态，完成后的效果如图 4-112 所示。

（5）单击【二维绘图】工具条上的【两点线】按钮 ，然后将鼠标移动到左边圆的最高点附近，显示出绿色加亮的顶点只能捕捉，单击选取该点。然后移动鼠标至右边圆的最高点，并单击选取该点，绘制一条直线，如图 4-113 所示。

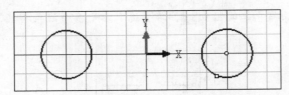

图 4-112　镜像圆

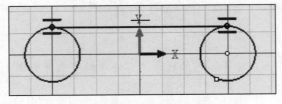

图 4-113　绘制直线

（6）单击【二维绘图】工具条上的【两点线】按钮，取消该按钮的选中状态。

（7）单击选中上图中绘制的直线，该图素加亮显示，并显示出该直线的属性参数，如图 4-114 所示。

（8）单击【二维编辑】工具条上的【镜像】按钮，然后在工作区中单击拾取 x 轴作为对称中心线，将绘制的直线相对于 x 轴镜像。再次单击【镜像】按钮取消该工具的选中状态，完成后的效果如图 4-115 所示。

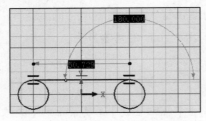

图 4-114　选中直线

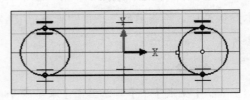

图 4-115　镜像直线

（9）单击【二维编辑】工具条上的【裁剪曲线】按钮，然后在工作区中单击裁剪掉多余的图素，完成后的效果如图 4-116 所示。

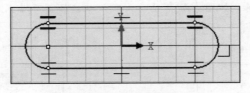

图 4-116　裁剪曲线

4.10.2　典型案例二——绘制压盖

随书附带光盘:\视频文件\第 4 章\4.10.2　绘制压盖.avi。

本案例是通过绘制压盖的二维草图来演示 CAXA 实体设计 2008 的草绘方法。

绘制压盖

（1）选择【生成】|【二维草图】菜单命令，或者单击【特征生成】工具条上的【二维草图】按钮 🔘，进入草绘环境，并打开【编辑草图截面】对话框。

（2）绘制圆盖。单击【二维绘图】工具条上的【圆：圆心+半径】按钮 ◉，在草图平面上绘制一个直径为 100 的圆，如图 4-117 所示。

（3）绘制连接孔。保持【圆：圆心+半径】按钮 ◉ 的选中状态，在工作区中的 x 轴线上绘制一个直径为 10 的圆，如图 4-118 所示。单击【圆：圆心+半径】按钮，取消其选中状态。

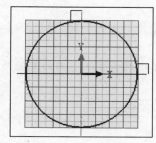

图 4-117　绘制圆盖

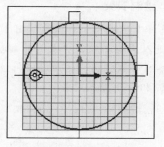

图 4-118　绘制连接孔

（4）单击【二维编辑】工具条上的【显示端点位置】按钮 🖉，然后单击选取绘制的连接孔圆，显示出该圆的直径和圆心距离圆点的距离，如图 4-119 所示。

（5）在圆心与圆点距离尺寸值上单击鼠标右键，然后在弹出的菜单中选择【编辑数值】菜单命令，打开【编辑位置】对话框。

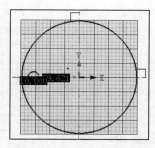

图 4-119　显示端点尺寸

（6）在【编辑位置】对话框中将此距离设置为 80，如图 4-120 所示。单击【确定】按钮，完成位置的设置。

（7）重复上述操作，在 x、y 轴上分别绘制 3 个相对于圆点对称的直径为 10 的圆，如图 4-121 所示。

图 4-120　【编辑位置】对话框

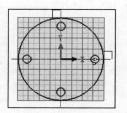

图 4-121　绘制其他连接孔

4.10.3　典型案例三——绘制衣架

随书附带光盘:\视频文件\第 4 章\4.10.3 绘制衣架.avi。

本案例讲述一个生活中常见衣架的二维图元设计。

绘制衣架

（1）选择【生成】|【二维草图】菜单命令，或者单击【特征生成】工具条上的【二维草图】按钮，进入草绘环境，并打开【编辑草图截面】对话框。

（2）参照 4.10.1 小节中的操作，绘制一个如图 4-122 所示的长圆孔，圆的直径为 80，两圆中心矩 80，相对于圆点对称。

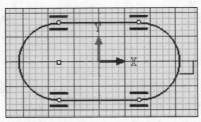

图 4-122　绘制长圆孔

（3）单击【二维绘图】工具条上的【圆：圆心+半径】按钮，绘制两个如图 4-123 所示的圆，圆的直径为 80，两圆圆心的 y 轴坐标为-200，中心距 800，相对于 y 轴对称。

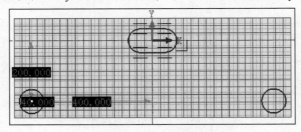

图 4-123　绘制圆

（4）单击【二维绘图】工具条上的【切线】按钮，绘制一条与图 4-124 所示圆相切，另一点连接圆心的直线。

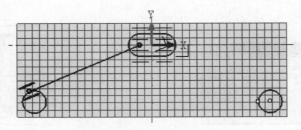

图 4-124　绘制直线

（5）单击【二维绘图】工具条上的【圆：2 切点和 1 点】按钮 ⊙，在工作区中单击拾取长圆孔与 x 轴的左侧交点和上图中的直线上一点，绘制直径为 80 的圆，该圆与长圆孔和直线相切，如图 4-125 所示。

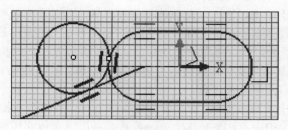

图 4-125　绘制相切圆

（6）使用【二维编辑】工具条上的【裁剪曲线】工具 ✖，裁剪掉多余的曲线，剩余的部分，如图 4-126 所示。

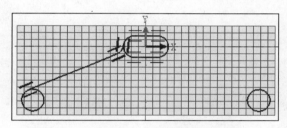

图 4-126　裁剪曲线

（7）按住【Shift】键，依次单击选中上面操作中创建的直线和过渡圆弧。单击【二维编辑】工具条上的【镜像】按钮 ⚲，然后在工作区中单击拾取 y 轴，完成选中曲线的镜像操作，如图 4-127 所示。

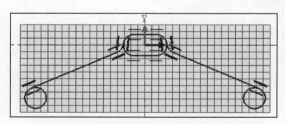

图 4-127　镜像选中图元

（8）使用直线、圆弧和相切约束工具，绘制衣架其他的图元，完成后的效果如图 4-128 所示。

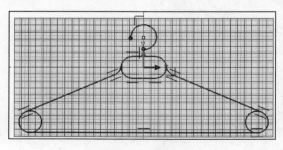

图 4-128　完成效果

4.11 小结

本章详细地讲述了 CAXA 实体设计的二维草绘功能，二维草绘是创建三维模型的基础，任何复杂的三维模型都源于二维草绘，因此熟练地掌握二维草绘是非常重要的。

二维草绘主要包括使用典型草绘元素工具创建二维图形、二维图形的编辑修改、草图的变换操作、草图约束等内容。同一个二维草图的绘制，具有很多种方法，一些方法能更快速地创建二维草绘，一些种方法能便于产品研发试制过程中后期的修改维护，读者应很好地掌握这些方法，为自己今后的研发设计打下坚实的基础。

参数化绘图是草绘中的高级操作,通过参数化绘图方式可以精确地控制各图元参数之间的数学关系，在后期的修改维护中，只改变几个关键参数就可以迅速地完成整个图元的更新，这一点在进行产品研发过程中非常有用。

导入其他格式数据文件生成草绘是一种便捷的草绘方式，在企业研发过程中，往往是多个三维、二维设计软件同时使用，因此导入其他格式的图形文件可以节省大量的草绘时间，尤其是草绘图形很复杂的情况。

第 **5** 章

实体设计

学习目标

- 实体设计环境介绍；
- 创建、修改特征；
- 特征的修饰；
- 特征的变换；
- 特征的布尔运算。

内容概要

本章将详细讲述CAXA实体设计2008的实体设计功能，是CAXA实体建模的最重要环节之一，主要包括实体设计环境介绍、创建特征、编辑修改特征、特征变换、特征的布尔运算等内容。

实体设计首先是二维草绘，然后使用各种典型特征工具创建三维模型；为了使由典型特征工具创建的实体模型满足产品功能、加工工艺、装配工艺、用户的使用等要求，还需要对实体模型进行修饰加工；另外，特征变换和布尔运算功能可以提高创建实体模型的效率，节省设计时间。

通过本章内容的学习，读者对实体设计会有比较全面、深入的了解，能在头脑中编织出一个实体设计的模型，并能熟练地掌握二维草绘的创建顺序和流程。对于一个实际的实体设计问题，读者应具备将其分解为CAXA可以实现的具体功能操作的能力。

5.1 实体设计环境

在学习实体设计之前，首先来介绍一下实体设计环境。如果想将实体设计的功能发挥到极致，必须全方位地了解设计环境。

5.1.1 三维设计环境界面

启动 CAXA 实体设计 2008 后，单击【标准】工具条上的【缺省模板设计环境】按钮，进入设计环境，如图 5-1 所示。

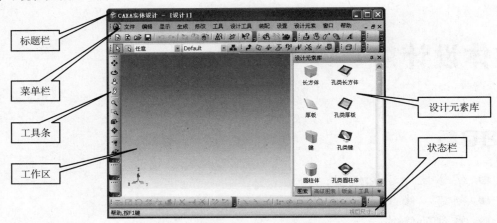

图 5-1 【默认模板设计环境】界面

设计环境窗口中包含标题栏、菜单栏、工具条、状态栏、设计元素库、工作区等组成元素，其中包含多个不同工具条，代表多个不同的工具组。

5.1.2 设计环境模板

当开始一个设计项目时，通常应根据需要进行一些软件参数的配置。首先分析将设计一个什么样的零件，同时分析创建的零件需要什么样的 3D 环境和设计环境。

开始一个新设计时，【新的设计环境】对话框允许用户选择一个 3D 设计环境模板，模板定义了比例、单位、灯光等环境特征。选择其中的一个模板，可以帮助用户迅速投入到设计工作中并能满足某些需求，而不必花费很多的时间去掌握有关的内容。

在实体设计没有启动的情况下，打开一个已经创建的设计环境模板操作步骤如下。

（1）启动实体设计，在默认设置下启动后自动打开【欢迎】对话框，如图 5-2 所示。

（2）单击选取【生成新的设计环境】选项，单击【确定】按钮。默认情况下，【生成新的设计环境】选项处于选中状态，此时直接单击【确定】按钮。

（3）打开【新的设计环境】对话框，如图 5-3 所示。在模板列表中选取需要的模板，单击【确定】按钮，打开该模板并进入设计环境。

进入设计环境后，实体设计显示一个空白的 3 D 设计环境，用户可以进行设计工作了。设计模板定义了标准的用于零件设计的环境，诸如尺寸单位、灯光、背景、网格、颜色等参数都已经设置好了。

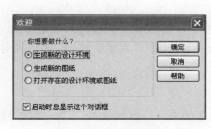

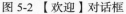

图 5-2 【欢迎】对话框   图 5-3 【新的设计环境】对话框

如果实体设计已经运行，打开一个已经创建的设计环境模板的操作步骤如下。

（1）选择【文件】|【新文件】菜单命令，打开【新建】对话框。从【新建】对话框中选择【设计】选项，单击【确定】按钮，打开【新的设计环境】对话框；

（2）在模板列表中单击选取需要的模板，单击【确定】按钮，打开该模板并进入设计环境。

如果希望熟悉实体设计提供的这些设计环境模板，可以分别打开模板并从【设计元素库】中拖入几个元素或者创建新的实体来体验各个模板的特点。

定义/打开一个默认的设计环境模板步骤如下。

（1）选择【文件】|【新文件】菜单命令，然后从打开的【新建】对话框中选择【设计】选项，单击【确定】按钮，打开【新的设计环境】对话框；

（2）从模板列表框中单击选取想要设置为默认模板的设计模板；

 说　明：选中模板后，在【选择模板】提示信息中显示了当前选中的模板信息。

（3）单击【设置为缺省模板】按钮，将选中的模板设置为默认设计模板；

 说　明：设置了新的默认模板后，在【缺省模板】提示信息中显示了当前默认模板的信息。CAXA 实体设计 2008 的默认模板为【CAXA Blue.ics】。

（4）单击【确定】按钮，打开该模板并进入设计环境。

另外，单击【标准】工具条上的【默认模板设计环境】工具，可以快速打开默认设计环境。

将用户定义的设计环境保存为模板的步骤如下。

（1）要把当前用户定义的设计环境保存为设计模板，选择【文件】|【保存】或【文件】|【另存为】菜单命令，打开【另存为】对话框。

● 【保存】：如果在激活的设计环境之前作为模板保存过。

● 【另存为】：如果在激活的设计环境之前没有保存过。

（2）单击【保存类型】下拉列表，并选择【模板文件（.ics）】选项。

（3）在【文件名】文本框中为新的设计环境模板输入文件名，然后单击【保存】按钮，该模板就会在下次打开【新的设计环境】对话框时显示在模板列表中，并可设为默认模板供用户使用。

说　明：选择【模板文件（.ics）】选项后，文件保存路径会自动更改为默认的模板路径，用户也可以根据需要更改。

5.1.3　全局/局部坐标系

1．坐标系统

CAXA 实体设计的坐标系统是 3 个相互垂直的平面，包含零件设计主要参考系和坐标系。参考系和坐标系对零件的设计很重要，坐标系统对视向工具的操作也是非常重要的。在使用视向工具时，可以坐标系统的三维轴为基准，确定视向的方向。

2．全局坐标系统

全局坐标系统始终存在于设计环境中。打开设计树，选择【全局坐标系】，即可在设计环境中显示全局坐标系统，如图 5-4 所示。

3．局部坐标系统

除了全局坐标系统可以定位以外，还可以生成局部坐标系统来辅助定位。

选择【生成】|【局部坐标系统】菜单命令，打开如图 5-5 所示的【局部坐标系】任务窗格。用户可以在任务窗格中设置局部坐标系的参数，生成如图 5-6 所示的局部坐标系。

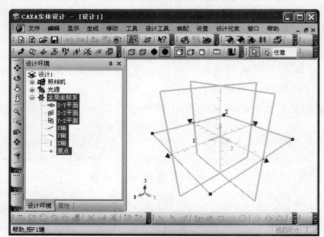

图 5-4　全局坐标系　　　　　　　　　　图 5-5　【局部坐标系】任务窗格

在该任务窗格中，可以设置 XOY 坐标平面及 x、y 轴的位置和方向。局部坐标系统是 3 个半透明的相互垂直的坐标平面。局部坐标系统的中心位置是 x、y、z 轴的交点，3 个轴的颜色分别为红色、绿色和蓝色。

是否显示局部坐标系统，可以通过选择预设栅格设计模板来决定，还可在主菜单中选择【显示】|【局部坐标系统】命令或利用后面章节介绍的【设计环境性质】对话框来选择。

显示局部坐标系统，并将光标移至某一基准平面边界处，单击鼠标右键，弹出如图 5-7 所示的局部坐标系统右键菜单，各菜单选项作用如下。

● 【隐藏平面】：隐藏选择的基准平面。
● 【显示栅格】：显示选择的基准平面上的栅格。

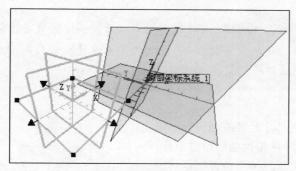

图 5-6　创建局部坐标系

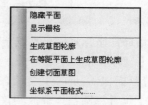

图 5-7　快捷菜单

- 【生成草图轮廓】：选择此项，打开【编辑草图截面】对话框。可使用二维设计工具在选定局部坐标系统栅格上绘图，生成二维截面轮廓。
- 【在等距平面上生成草图轮廓】：选择此项，打开【平面等距】对话框，在【X】、【Y】、【Z】文本框中输入局部坐标系原点相对于全局坐标系原点的位移量，单击【确定】按钮，打开【编辑草图截面】对话框。可使用二维设计工具在等距平面栅格上绘图，生成二维草图轮廓。
- 【创建切面草图】：选择此选项，即可生成实体与所选坐标平面相交的切面草图。
- 【坐标系平面格式】：选择此项，打开【局部坐标系统】对话框，如图 5-8 所示。通过编辑【栅格间距】和【基准面尺寸】中的选项值来调整局部坐标系统的边界和栅格间距。选择【设置】｜【局部坐标系统】菜单命令也可以打开【局部坐标系统】对话框，对局部坐标系的相关参数进行设置。

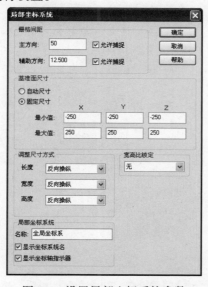

图 5-8　设置局部坐标系统参数

　　背景栅格是两组相互平行直线交叉形成的网格，可以在坐标平面上显示作为定位基准参照。如果设计环境中的图素和零件必须相对于该环境中的某个固定点定位，就可以使用背景栅格。

　　在某一坐标轴上单击鼠标右键，在弹出的快捷菜单中可选择修改坐标轴与局部坐标系统的属性。

技　巧：在 CAXA 实体设计中，要编辑、修改选择对象，右键快捷菜单是非常有用的。主菜单包含了设计所需要的绝大多数命令，这也为实体设计提供了多种操作方法，用户可以根据情况灵活运用，提高工作效率。

利用局部坐标系统可准确定位零件。

在【设计元素库】中单击并将【圆柱体】元素拖到设计环境中，随着鼠标拖动，屏幕上会动态显示出零件定位锚的位置坐标，选取某个位置将圆柱体释放到该工作区，圆柱体及位置坐标将出现在设计环境中。选择【显示】|【位置尺寸】菜单命令，使【位置尺寸】菜单项处于黄色加亮显示的选中状态，单击该圆柱体，位置坐标将出现在设计环境中，如图 5-9 所示

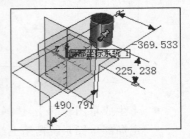

图 5-9　显示位置尺寸

灰色定位尺寸表示长方体相对于局部坐标系统中心的位置坐标。在显示的坐标值上单击鼠标右键，在弹出的快捷菜单中选择【编辑值】菜单命令，弹出【编辑距离】对话框，在该对话框中可以通过输入新的坐标值来重新定位圆柱体的空间位置。

5.1.4　设计环境菜单

三维零件设计中使用的绝大多数工具操作，都可以通过 CAXA 实体设计的默认设计环境菜单操作完成，如图 5-10 所示所有的 CAXA 实体设计菜单都可以根据用户的需要自定义。

1.【文件】菜单

选择【文件】菜单命令，打开【文件】菜单，如图 5-11 所示。各菜单项的具体含义如表 5.1 所示。

新文件…	Ctrl+N
打开文件…	Ctrl+O
关闭	
保存	Ctrl+S
另存为…	
另存为零件/装配…	
保存所有为外部链接	
打印设置…	
打印预览	
打印…	Ctrl+P
插入	▶
输入…	
输出	▶
发送…	
属性	
1 4.9 绘制五角星.ics	
2 设计2.ics	
退出	

文件　编辑　显示　生成　修改　工具　设计工具　装配　设置　设计元素　窗口　帮助　＿ ₈ ×

图 5-10　设计环境菜单　　　　　　　　　　　　　　　　　图 5-11　【文件】菜单

2.【编辑】菜单

选择【编辑】菜单命令，打开【编辑】菜单，如图 5-12 所示，各菜单项的具体含义如表 5.2 所示。

表 5.1 　　　　　　　　　　　　　　　　【文件】菜单项含义

菜单命令名称	功　能
新文件... Ctrl+N	打开新文件，包括设计新文件和绘图新文件
打开文件... Ctrl+O	打开已有的 CAXA 实体设计文件
关闭	关闭当前文件
保存 Ctrl+S	将当前设计环境中的内容保存到文件中
另存为..	将当前设计环境中的内容保存到另一个文件中
另存为零件/装配...	将选中的零件/装配保存到文件中
保存所有为外部链接	保存所有引用的外部链接
打印设置...	对打印机、纸张、方向、网络进行设置
打印预览	预览打印文件
打印... Ctrl+P	设置打印的相关参数
插入 ▶	将"零件/装配"和"OLE 对象"插入到设计环境中
输入...	输入零件或其他格式的模型
输出 ▶	输出动画、图像和零件
发送...	通过电子邮件发送当前文件
属性...	定义当前文件的文件属性
退出	退出 CAXA 实体设计

图 5-12 【编辑】菜单

表 5.2 　　　　　　　　　　　　　　　　【编辑】菜单项含义

菜单命令名称	功　能
取消操作 Alt+Backspace	取消上一步操作
重复操作 Ctrl+Y	恢复用【取消操作】工具取消的操作
剪切 Shift+Delete	剪切所选元素并放入剪贴板中
拷贝 Ctrl+C	把所选的文档复制到剪贴板中
粘贴 Ctrl+V	把剪贴板中内容插入进来
删除 Delete	删除当前选择的造型
全选 Ctrl+A	选择设计环境中的所有造型
取消全选	取消设计环境中已经选择的所有造型
对象	编辑插入设计环境中的 OLE 对象

3.【显示】菜单

选择【显示】菜单命令，打开【显示】菜单，如图 5-13 所示，各菜单项的具体含义如表 5.3
所示。

图 5-13 【显示】菜单

【显示】菜单包括用有关设计环境元素查看操作的一些功能选项，如工具条、状态栏和设计元素库、设计树等。对于设计环境，可以选择【显示】菜单选项来显示其光源、视向、智能动画、附着点和局部坐标系统。同样的，通过【显示】菜单，也可以选择显示智能标注、约束、包围盒尺寸、关联标识和约束标识。

表 5.3 【显示】菜单项含义

菜单命令名称	功　能
工具条　　　　　　▶	显示或隐藏工具条及编辑其属性
状态条	显示或隐藏状态栏
智能动画编辑器	显示或隐藏智能动画编辑器
设计元素库	显示或隐藏设计元素工具
设计树	插入剪贴板中内容
参数表	显示或隐藏参数表
显示...	设置在设计环境中元素的可见性
显示曲率	显示或隐藏三维曲线的曲率
光源	显示或隐藏设计环境中的光源
视向	显示或隐藏设计环境中的视向
智能动画	显示或隐藏设计环境中已有的动画
附着点	显示或隐藏在零件或装配上的附着点
局部坐标系统	显示或隐藏局部坐标系统
绝对坐标轴	显示或隐藏绝对坐标轴
智能标注	显示或隐藏已经加在造型上的标注
约束	显示或隐藏加在装配、零件和造型上的约束
包围盒尺寸	显示或隐藏编辑包围盒的尺寸
位置尺寸	显示或隐藏位置尺寸

续表

菜单命令名称	功　能
关联标识	加亮显示与所选对象的关联标识
约束标识	加亮显示与所选对象的被约束标识
阵列	显示或隐藏装配、零件的所有阵列参数
注释	显示或隐藏注释
开始渲染　　Ctrl+R	开始渲染

4.【生成】菜单

本菜单可以生成自定义智能图素，向设计环境添加文字和生成曲面，也可以添加新的光源或视向。附加选项还能生成智能渲染、智能动画、智能标注、文字注释和附着点。具体应用详见相关章节。

5.【修改】菜单

本菜单中包括图素或零件模型边过渡、边倒角功能，还包括对其表面进行修改操作，如表面移动、拔模斜度、表面匹配、表面等距、删除表面、编辑表面半径。此外，还可以对图素或零件模型实施镜像、抽壳和分裂操作。具体应用详见相关章节。

6.【工具】菜单

通过【工具】菜单可以使用三维球、无约束装配和约束装配工具，还可选择纹理、凸痕、贴图、视向工具，包括分析对象、显示统计信息或检查干涉。对于钣金设计，包括钣金展开、展开复原和切割钣金件的操作。本菜单中的"选项"提供了多种属性表，在这些属性表中可定义设计环境及其组件方面的参数，也包括自定义工具条和自定义菜单选项；还包括添加新的工具和利用【Visual Basic 编辑器】生成自定义宏。

7.【设计工具】菜单

本菜单中的第一个选项可供对选定的图素、零件模型或装配件进行组合操作。其他选项可用来重置包围盒、移动锚点，或者重新生成、压缩和解压缩对象，也可以进行布尔运算。利用本菜单的其他选项可将图素组合成一个零件模型，利用选定的面生成新的设计元素，或将对象转换成实体模型。具体应用详见相关章节。

8.【装配】菜单

本菜单上的选项供将图素/零件/装配件装配成一个新的装配件或拆开已有的装配件。可以在装配件中插入零件/装配、解除外部链接、将零件/装配保存到文件中或访问【装配路径】对话框。具体应用详见相关章节。

9.【设置】菜单

利用本菜单中的选项，可以指定单位、局部坐标系统参数、默认尺寸和密度。也可以用它们来定义渲染、背景、雾化、曝光度、视向的属性。利用【设置】菜单的其他选项，可以访问智能渲染属性和向导。此外，还可以利用【提取效果】和【应用效果】将表面属性从一个对象转换到另一个对象，访问图素的形状属性并生成配置文件。

10.【设计元素】菜单

本菜单提供设计元素的新建、打开和关闭等功能选项，包括激活或禁止设计元素库的【自动隐藏】功能，还包括设计元素保存和设计元素库的访问。具体应用详见相关章节。

11. 【窗口】菜单

详见 4.1.2 小节的相关内容。

12. 【帮助】菜单

详见 4.1.2 小节的相关内容。

5.1.5　设计环境工具条

工具条按钮命令操作是 CAXA 实体设计 2008 除菜单操作外的另一种主要命令操作方式。工具条按钮命令和菜单命令是对应的，工具条按钮操作相对于菜单命令可以提高工作效率。如果初学者对工具条按钮不熟悉的情况，可以先采用菜单命令操作，等熟悉工作环境之后，再尝试采用工具条按钮操作，以提高自己的工作效率。

由于每个工具条按钮命令都有与之对应的菜单命令，所以对于每个工具条按钮命令的功能不再赘述。不熟悉工具条按钮命令功能的读者，可以将鼠标移到该按钮上，此时将显示该按钮的功能及操作提示。工具条介绍详见相关章节。

5.1.6　设计向导

用户完全可以仅通过菜单或工具条来使用 CAXA 实体设计的零件设计功能。CAXA 实体设计提供了另外一种更为方便、快捷、规范的设计方式——设计向导。对于一般的操作过程来说，有必要采用设计向导。"设计向导"由一系列多步骤对话框组成，引导用户按一定步骤完成操作，其中包括用于解释操作过程的技巧提示和示意图。

"设计向导"通常是最简单的操作执行方式。随着用户对 CAXA 实体设计的逐渐熟悉，或者如果用户需要更多的参数配置设计过程，可以利用一些更高级的工具来完成同样的功能，如工具条、菜单、对话框和属性表。

"设计向导"包括视向向导、拉伸设计向导、旋转设计向导、扫描设计向导、放样设计向导、智能渲染向导、光源向导、智能动画向导等，详细的介绍请参考相关章节。

5.1.7　设计元素库

CAXA 实体设计元素的作用在于生成/组织设计项目，目前可用的设计元素有基本/高级图素设计元素、颜色设计元素、纹理设计元素和其他设计元素，设计元素库如图 5-14 所示。此外，用户还可以生成自定义的设计元素库。

通常，用户可以在 CAXA 实体设计的零件设计工作中大量地利用设计元素，可以利用【设计元素库】工具访问 CAXA 实体设计中所包含的各种资源。元素库由导航按钮、设计元素选项、滚动条和一些打开的设计元素构成。

CAXA 实体设计可以设置设计元素库自动隐藏功能，此功能特征能使【设计元素库】在不用的时候自动翻转回设计环境的右侧，并仅显示其设计元素选项。若要显示当前设计元素，可将鼠标光标移动到窗口右侧的【设计元素库】标识区域。当从设计元素中选择了所需的项后，再将鼠标光标移回到设计环境，这样，就可以使【设计元素库】再次从工作区翻转回。

　　单击【设计元素库】窗口右上角的【自动隐藏】按钮 或者 ，可以设置是否自动隐藏设计元素库。

　　如果设计元素所含的项数多于屏幕一次能够显示的项数，可以拖动【设计元素库】窗口右侧的滚动条来滚动显示元素。

　　在设计元素背景上单击右键，弹出如图 5-15 所示的快捷菜单，选择相应的菜单命令，可以对图标和元素进行相应的操作。

　　开始设计零件造型时，可用鼠标从设计元素库中拖出一个形状元素，然后将其释放到三维设计环境中，也可以通过鼠标拖放方法向零件造型上添加颜色、纹理和其他元素。单击【设计元素库】窗口右下角的【打开文件】按钮 ，打开如图 5-16 所示的菜单，可以通过选择菜单命令，显示相应的元素库。

图 5-14　设计元素库

图 5-15　快捷菜单

图 5-16　切换元素库菜单

5.1.8　设计树

　　选择【显示】|【设计树】菜单命令，可以控制【设计树】的显示与隐藏。【设计树】是显示当前设计构成以及进行相关操作的窗口，显示在设计环境的左侧边上，如图 5-17 所示。

　　单击【设计树】右上角的【关闭】按钮 ，可以关闭【设计树】。

　　单击【设计树】右上角的【自动隐藏】按钮 或者 ，可以设置是否自动隐藏【设计树】。

　　如果【设计树】的某个项目左边出现 "+" 或 "−" 号，单击该符号可显示下一级或上一级的项目。

　　通过【设计树】选择设计环境中的选项可按如下步骤操作：

（1）在【设计树】中单击该选项的名称或图标；

（2）被选定项的名称在【设计树】中蓝色加亮显示，而项目本身则在工作区中加亮显示；

（3）选择【设计树】中连续列出的多个选项时，首先选择第一个选项，然后按住 Shift 键并单击最后一个选项，此时，被选中的两个选项之间的所有选项都被选中。如果要选择的项在【设计树】中的排列顺序不连续，可按下 Ctrl 键并依次单击每一个选项。

还可以利用【设计树】对设计环境中的一个选项进行操作。

在【设计树】中的待操作项目上单击鼠标右键，从弹出的菜单中选择相应的操作命令，如图5-18 所示。

图 5-17　【设计树】窗口

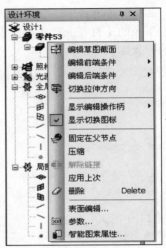

图 5-18　快捷菜单

该弹出式菜单基本上与设计环境中实际项目上单击鼠标右键弹出的菜单一样。例如，在【设计树】中右键单击零件的名称所弹出的菜单与在零件编辑状态右键单击设计环境中的零件时弹出的菜单是一样的。在【设计树】中右键单击图素的名称所显示出的菜单与在智能图素编辑状态右键单击图素弹出的菜单相同。

利用【设计树】为一个项目重命名时，在【设计树】中单击该项的默认名称，暂停一会后再次单击，文件名处于可编辑的激活状态，在文本框中输入新名称，按下"回车"键即可。

5.1.9　设计环境属性设置

设计环境的参数设置可通过【设置】菜单中的各选项进行，或在工作区的空白区域单击鼠标右键，弹出如图 5-19 所示的快捷菜单，通过选择菜单上各选项打开如图 5-20 所示的【设计环境属性】对话框，在该对话框中进行设计环境的参数设置。设计环境的参数设置最好在零件或装配设计完成后再进行，以最佳的效果展示设计作品。

5.2　创建与修改实体特征

实体特征的创建工具提供了从二维草图轮廓延伸到三维实体的功能。CAXA 实体设计提供以下几种实体构造功能：

图 5-19　快捷菜单

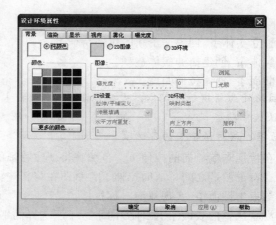

图 5-20　【设计环境属性】对话框

- 由二维草图轮廓生成三维实体，如拉伸、旋转、扫描、放样等；
- 对实体特征的面和边的编辑功能，如圆角过渡、倒角、拔模、抽壳等；
- 对实体特征的变换功能，如拷贝／链接、镜像、陈列等；
- 对不同实体组件间的组合功能，如布尔运算等。

CAXA 实体设计提供了 4 种由二维草图轮廓延伸为三维实体的方法，它们是拉伸、旋转、扫描及放样，使用这 4 种方法既可生成实体特征，也可生成曲面。此外，还提供生成三维文字的功能，如图 5-21 所示。

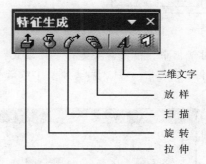

　　　三维文字
　　放　样
　　扫　描
　　旋　转
　　拉　伸

图 5-21　特征生成工具条

5.2.1　创建拉伸特征

　　利用【拉伸特征】工具 ，可以生成一个以封闭二维草绘图形为截面，沿截面法向生长的实体。可以用这种方法将矩形拉伸成长方体，或将圆拉伸成圆柱。

　　CAXA 实体设计可以通过 4 种不同的方法对二维草图轮廓进行拉伸。以下是对拉伸工具的详细介绍。

1．使用拉伸特征向导

（1）进入新设计环境。

（2）在【特征生成】工具条上单击【拉伸特征】工具按钮 ，打开【拉伸特征向导—第 1步/共 4 步】对话框，如图 5-22 所示。该对话框中包含如下选项。

- 【增料】：对已存在实体进行拉伸增料操作。

- 【除料】：对已存在实体进行拉伸除料操作。
- 【独立实体】：创建一个新的拉伸特征。
- 【实体】：创建拉伸实体造型。
- 【曲面】：创建拉伸曲面。

（3）因此处为新建一个实体，所以【增料】、【除料】选项置灰，保持【独立实体】和【实体】选项的默认选中状态，单击【下一步】按钮，打开如图 5-20 所示的【拉伸特征向导—第 2 步/共 4 步】对话框。该对话框中的各选项含义如下。

- 【在特征末端（向前拉伸）】：草图在将新建特征的一端，即实现单向拉伸。
- 【在特征两端之间（双向拉伸）】：草图在将新建特征的中间，即实现双向拉伸。
- 【约束中性面】：实现双向对称拉伸。
- 【沿着选择的表面】：拉伸方向平行于所选择的平面（所选平面垂直于草图平面）。
- 【离开选择的表面】：拉伸方向垂直于所选择的平面（即草图平面在所选定的平面上）。

图 5-22　拉伸特征向导—第 1 步　　　　　图 5-23　拉伸特征向导—第 2 步

（4）在图 5-23 所示的对话框中，根据需要进行参数设置，设置完成后单击【下一步】按钮，打开如图 5-24 所示的【拉伸特征向导—第 3 步/共 4 步】对话框。此对话框中各参数选项的含义如下。

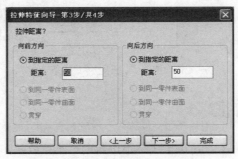

图 5-24　拉伸特征向导—第 3 步

- 【到指定的距离】：指定拉伸的距离。
- 【到同一个零件表面】：拉伸至实体零件的表面（表面可以为曲面或者平面）。
- 【到同一个零件曲面】：拉伸至实体零件的曲面。
- 【贯穿】：除去草图轮廓无限拉伸后与所有实体相交的部分（只有在减料时可用）。

（5）在图 5-24 所示的对话框中，根据需要进行参数设置，设置完成后单击【下一步】按钮，打开如图 5-25 所示的【拉伸特征向导—第 4 步/共 4 步】对话框。在此对话框中，可以设定显示/隐藏绘制栅格以及栅格的间距，具体操作步骤可以参照二维草图中的栅格设置。

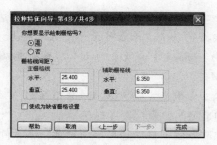

图 5-25　拉伸特征向导—第 4 步

（6）参数设置完成后，单击【完成】按钮，退出向导。此时，CAXA 实体设计工作区中显示二维草图栅格和【编辑草图截面】对话框，利用二维草图所提供的功能绘制所需草图，如图 5-26 所示。

（7）草图绘制完成后，在【编辑草图截面】对话框中单击【完成造型】按钮，完成拉伸特征创建操作，如图 5-27 所示。

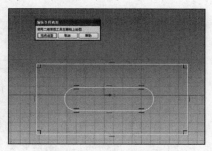

图 5-26　创建二维截面草绘

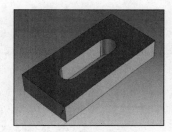

图 5-27　创建拉伸特征

 技　巧：在拉伸实体时，二维草图轮廓必须为封闭曲线；在拉伸曲面时，二维草图轮廓可以为开放曲线。

2. 对已存在的草图轮廓进行拉伸

（1）在设计环境中，单击【特征生成】工具条上的【二维草图】工具按钮，进入草绘环境，并绘制一个封闭的几何图形，如图 5-28 所示。完成后单击【编辑草图截面】对话框中的【完成造型】按钮，退出草图。

（2）在工作区的草图轮廓线上或者在【设计树】的草图项目上单击鼠标右键，在弹出的快捷菜单中选择【生成】|【拉伸】菜单命令，如图 5-29 所示。

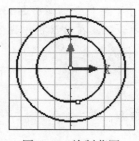

图 5-28　绘制草图

图 5-29　选择拉伸命令

（3）此时打开了【从一个二维轮廓创建拉伸特征创建拉伸】对话框，如图5-30所示。

（4）同时在设计区中以灰白色箭头显示拉伸方向，可以在【方向】选项中选择【拉伸反向】使拉伸方向相对于原方向反向。【拉伸】选项卡页面中其他项可以定义拉伸的各个参数，与【拉伸特征向导】中的各个选型相类似。

（5）单击【轮廓运动方式】选项卡，对话框切换到图5-31所示的界面，各选项的含义如下。

● 【复制轮廓】：在拉伸造型时，复制草图轮廓。

● 【轮廓隐藏】：在拉伸造型后，自动隐藏草图轮廓，在软件中为默认选项。

● 【与轮廓关联】：在设置轮廓关联后，草图轮廓自动复制，并且拉伸实体与草图轮廓相关联。

图 5-30 【从一个二维轮廓创建拉伸特征创建拉伸】对话框　　　图 5-31 【轮廓运动方式】选项卡

 技　巧：通过修改设计树上复制的草图，便可以修改拉伸特征，修改后两者保持关联关系。在修改拉伸实体自身的草图修改零件尺寸后，被拉伸的二维草图轮廓不随之修改，且与实体零件分离，关联关系丢失。

（6）完成各项设置后，单击【确定】按钮，完成操作，效果如图5-32所示。

3. 对草图轮廓分别拉伸

以上两种方法都是对一个草图的整体拉伸，CAXA 实体设计 2008可以将同一视图的多个不相交轮廓一次性输入到草图中，再选择性地利用轮廓构建特征。将一个视图的多个轮廓在同一个草图中完成，并在草图中可选择性地建构特征，可提高设计效率。尤其是习惯在CAXA 实体设计草图中输入 EXB/DWG 文件，并利用输入 EXB/DWG 后生成的轮廓建构特征的用户，这个功能就很实用。

图 5-32　创建拉伸特征

具体步骤如下：

（1）在草图中绘制多个封闭不相交的几何图形；

（2）选择某一个封闭轮廓，单击右键，选择【生成】|【拉伸】菜单命令，如图5-33所示；

（3）此时打开了【从一个二维轮廓创建拉伸特征创建拉伸】对话框，在对话框中设置相关参数后，单击【确定】按钮，完成一次拉伸；

（4）重复步骤（2）和（3）的操作，拉伸其他封闭轮廓。

4. 利用实体表面拉伸

CAXA 实体设计 2008可以把实体表面作为二维轮廓进行拉伸造型，方法如下：

（1）选择要作为轮廓的表面，选中后以绿色显示；

（2）在选取轮廓表面上单击鼠标右键，选择【生成】|【拉伸】菜单命令，如图 5-34 所示；

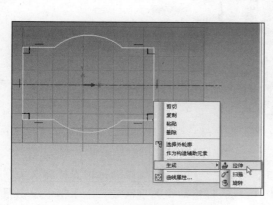

图 5-33 对草图拉伸

图 5-34 面拉伸

（3）此时打开了【从一个二维轮廓创建拉伸特征创建拉伸】对话框，在该对话框中设定各项参数，单击【确定】按钮，完成拉伸操作。

5. 拉伸进阶——拉伸到同一个零件表面

CAXA 实体设计 2008 除了可以按指定的距离拉伸外，还提供了更方便快捷的拉伸方法，以某个实体表面为参照，拉伸到该实体表面。

操作方法如下：

（1）在已经存在实体特征的设计环境中绘制一个草图轮廓几何图形，对其进行拉伸；

（2）在打开的【从一个二维轮廓创建拉伸特征创建拉伸】对话框中进行以下设定，生成类型选择为【实体】，选择【增料】或【除料】选项；

（3）选择【到面】选项，并在设计工作区中选择要拉伸的实体零件，此时会显示拉伸方向，以一个灰白色的箭头显示；

（4）单击【确定】按钮，弹出【编辑结束条件】对话框；

（5）在该对话框中选择要拉伸的零件表面；

（6）单击【完成造型】按钮，结束操作。

5.2.2 编辑拉伸特征

将二维草图拉伸成三维实体后，如果对所生成的三维造型不满意，可以通过编辑其草图轮廓或其他属性来修改三维造型。

1. 利用图素手柄编辑

在工作区中双击已创建的拉伸特征图素，激活该图素的编辑状态，图素上默认显示的是图素手柄。对于由草图创建的图素，图素手柄是唯一可用的手柄。由【设计元素库】创建的拉伸特征图素除图素手柄外还显示包围盒。拉伸特征的图素手柄包括三角形拉伸手柄和四方形轮廓手柄，如图 5-35 所示。

- **三角形拉伸手柄**：用于编辑拉伸特征的前、后表面，以改变拉伸体的长度。
- **四方形轮廓手柄**：用于重新定位拉伸特征的各个表面，以改变草图轮廓的形状尺寸。

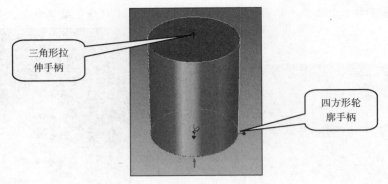

图 5-35　智能手柄

拉伸图素的四方形轮廓手柄在图素编辑状态下并不总是可见的，可以通过把光标移至关联平面的边缘使之显示出来。使用图素手柄进行编辑，可以通过拖动相关手柄或在该手柄上单击鼠标右键，在弹出的快捷菜单中选择相关菜单命令，然后编辑拉伸特征。

> **技　巧：** 要想在由草图创建的拉伸图素上显示包围盒手柄，应在图素编辑状态的图素上单击鼠标右键，选择【智能图素属性】菜单命令，再选择【包围盒】选项卡。从【显示】选项中，选择各个手柄及其包围盒选项，按【确定】按钮。

2．利用鼠标右键弹出菜单编辑拉伸智能图素

除了使用 CAXA 实体设计 2008 特有的拖动控制手柄方法实现拉伸特征编辑外，还支持其他软件的常规编辑方法。方法如下。

（1）在设计树上选择要编辑拉伸特征，单击鼠标右键，弹出如图 5-36 所示菜单。或者在设计环境工作区中，选择拉伸特征，单击鼠标右键。

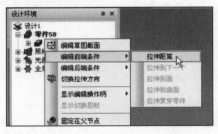

图 5-36　编辑拉伸特征

（2）根据所要编辑的条件，选择不同的菜单选项。各选项功能如下。

● 【编辑草图截面】：通过修改二维草图轮廓来修改三维拉伸特征。

● 【编辑前端条件】：用于规定三维设计的前端面条件选项，具体如下。

➢ 【拉伸距离】：该选项对独立的拉伸设计是有效的，对添加于已存在的实体之上的拉伸特征也是有效的。选择该菜单命令，可以详细定义拉伸设计向前拉伸的距离值。

➢ 【拉伸至下一个图素】：定义拉伸特征的前端面与已经存在实体的最近面相交。该选项仅当把拉伸特征添加于已存在图素时有效。

➢ 【拉伸到面】：把拉伸特征的前端面拉伸至同一个零件中图素或零件的表面。该选项仅当把拉伸特征添加于已存在图素/零件时有效。

➢ 【拉伸到曲面】：把拉伸特征的前端面拉伸至同一模型上的特定曲面。该选项仅当把拉伸特征添加于已存在图素/零件时有效。

➢ 【拉伸贯穿零件】：可引导拉伸特征的前端面延伸并穿过整个造型。该选项仅适用于被添加到已有的除了图素/零件的拉伸设计。

● 【编辑后端面条件】：用于指定拉伸三维造型的后端面条件选项，用法与前文的【编辑前端条件】相同。

● 【切换拉伸方向】：使拉伸方向反向。

3. 利用智能图素属性表编辑

利用智能图素属性表可以编辑拉伸草图和拉伸长度，具体方法如下：

（1）在激活拉伸特征编辑状态时，单击鼠标右键，在弹出菜单中选择【智能图素属性】菜单命令，打开【拉伸特征】对话框；

（2）选择【拉伸】选项卡，如图 5-37 所示；

（3）单击【属性】按钮，在轮廓列表中修改草图轮廓；

（4）在【拉伸深度】文本框中输入拉伸深度，在智能图素属性中还可以设定显示/隐藏拉伸手柄和轮廓手柄。单击【确定】按钮，完成编辑修改操作。

图 5-37　【拉伸】选项卡页面

5.2.3　创建旋转特征

利用【旋转特征】工具 ，可以把一个二维草图轮廓沿着选定的旋转轴旋转生成回转体三维造型。

生成旋转特征的方法和生成拉伸特征的方法相似，可以使用【旋转特征向导】生成旋转特征、由已创建的草图生成旋转特征和利用实体的平面表面生成旋转特征等几种方法，下面以已有草图生成旋转特征方法为例，介绍生成旋转特征的方法，其他方法与拉伸特征操作类似，读者可以自己尝试。

操作方法如下：

（1）在设计环境中，单击【特征生成】工具条上的【二维草图】工具按钮 ，进入草绘环境，并绘制一个封闭的几何图形。完成后单击【编辑草图截面】对话框中的【完成造型】按钮，退出草图；

（2）在工作区的草图轮廓线上或者在【设计树】的草图项目上单击鼠标右键，在弹出的快捷菜单中选择【生成】|【旋转】菜单命令；

（3）打开的【从一个二维轮廓创建旋转特征创建旋转】对话框，如图5-38所示；

图5-38 【从一个二维轮廓创建旋转特征创建旋转】对话框

（4）同时在设计区中以灰白色箭头显示拉伸方向。可以在【方向】选项中选择【旋转反向】使旋转方向相对于原方向反向，在【旋转角度】文本框中输入旋转的角度，并对其他参数选项进行相应的设置。CAXA实体设计的旋转轴为坐标系Y轴；

（5）完成各项设置后，单击【确定】按钮，完成操作，效果如图5-39所示。

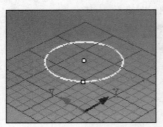 

图5-39 旋转前的草图和旋转后的实体特征

技　巧：在生成旋转特征时，二维草图轮廓需要满足以下条件：

首先，生成旋转特征时，草图轮廓可以为非封闭轮廓，在轮廓开口处，轮廓端点会自动进行水平延伸，生成旋转特征，如图5-40所示。

其次，草图的轮廓曲线不可以与Y轴相交叉，但是轮廓端点可以在Y轴上。

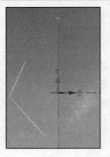 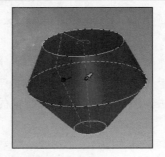

图5-40 旋转前的草图和旋转后生成的实体特征

5.2.4　编辑旋转特征

二维草图旋转成三维实体后，如果对所生成的三维造型不满意，可以通过编辑它的草图轮廓或其他属性来修改三维造型。

1. 使用图素手柄编辑

在工作区中双击已创建的旋转特征图素，激活该图素的编辑状态，图素上默认显示的是图素手柄。对于由草图创建的图素，图素手柄是唯一可用的手柄。由【设计元素库】创建的拉伸特征图素除图素手柄外还显示包围盒。拉伸特征的图素手柄包括：三角形拉伸手柄和四方形轮廓手柄，如图 5-41 所示。

旋转设计手柄包括。

- 旋转设计手柄：用于编辑旋转特征的旋转角度。
- 轮廓设计手柄：用于修改旋转特征的截面轮廓。

旋转设计四方形轮廓手柄并不总出现在图素编辑状态的工作区中，但可以把光标移至关联平面的边缘，使之显示。要用旋转控制手柄来进行编辑，可以通过拖动该手柄或在该手柄上单击鼠标右键，在弹出的菜单中选择相应操作进行编辑。

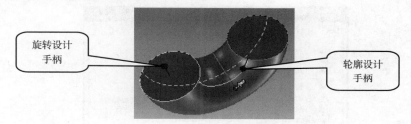

图 5-41　图素编辑控制手柄

2. 利用鼠标右键弹出菜单编辑

在设计树上选择要编辑的旋转特征，单击鼠标右键，或者在设计环境中单击选中旋转特征，并单击鼠标右键，弹出如图 5-42 所示菜单。

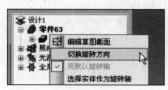

图 5-42　编辑旋转菜单

根据需要，选择不同的菜单选项。

- 【编辑草图截面】：用于修改生成旋转造型的二维草图截面。
- 【切换旋转方向】：用于切换旋转设计的转动方向。

3. 使用智能图素属性编辑

在旋转图素处于激活编辑状态时，在旋转体上单击鼠标右键，在弹出菜单中选择【智能图素属性】菜单命令，在打开的对话框中单击选择【旋转】选项卡，在该选项卡页面中编辑修改旋转参数设置。

5.2.5　创建扫描特征

利用【扫描特征】工具 ，可以以选定的二维草图轮廓为截面，沿着选定的曲线扫描轨迹生成一个扫描实体特征。

在拉伸特征和旋转特征中，CAXA 实体设计把自定义二维草图轮廓沿着预先设定的路径移动，从而生成三维造型。而用扫描特征，除了指定二维草图作为截面轮廓以外，还需指定一条曲线作为扫描轨迹。扫描曲线可以为一条直线、一条连续直线，也可以为一条曲线。

生成扫描特征的方法和生成拉伸特征的方法相似，可以使用扫描特征向导生成扫描特征，可以由已经创建的草图生成扫描特征。利用向导生成扫描特征比较简单，读者可以参考拉伸特征向导自己尝试创建扫描特征。下面由已经创建的草图生成扫描特征为例，介绍生成扫描特征的方法。

（1）在草图平面绘制一个几何轮廓，退出草图。生成扫描特征实体时，草图轮廓必须封闭；生成扫描曲面时，草图轮廓可以不封闭。

（2）在【特征生成】工具条上单击【扫描特征】工具按钮 🖋️。

（3）在工作区中，单击选取草图，弹出【从一个二维轮廓创建导动特征创建导动】对话框，如图 5-43 所示。

图 5-43 【从一个二维轮廓创建导动特征创建导动】对话框

- 【允许沿尖角扫描】：允许扫描特征有尖角。
- 【二维导动线】：扫描轨迹线为二维草图曲线，可以是直线、圆弧、Bezier 曲线等。
- 【三维导动线】：扫描轨迹线为已绘制的三维空间曲线。

（4）选择【二维导动线】和【圆弧】选项，单击【确定】按钮。

（5）随之进入草图工作平面，该草图平面垂直于刚选取的截面所在的平面，绘制和编辑二维扫描轨迹线。单击【视向设置】工具条上的【T.F.L.视图】工具按钮 ▣，如图 5-44 所示，将草绘环境切换到方便观察的方向。

图 5-44 【视向设置】工具条

 技　巧：【视向设置】工具条的作用是调整观察者的视线方向，当默认的视线方向不能满足绘图要求时，用户可以单击该工具条上的按钮来调整视线方向。工具条上的各个按钮工具分别代表了不同的视线方向，读者可以自己尝试每个按钮的具体方向。

（6）绘制或修改扫描轨迹，如图 5-45 所示。

（7）扫描轨迹绘制完成后，单击【完成造型】按钮，结束扫描操作，完成后的效果如图 5-46 所示。

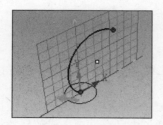

图 5-45 绘制截面轮廓和扫描轨迹

图 5-46 创建扫描特征效果图

5.2.6 编辑扫描特征

二维草图旋转成三维实体后，如果对所生成的三维造型不满意，可以通过编辑它的草图轮廓或其他属性来修改三维造型。

1. 使用图素手柄编辑

在工作区中双击已创建的扫描特征图素，激活该图素的编辑状态，图素上默认显示的是图素手柄，如图 5-47 所示。

四方形轮廓手柄用于加大/减小扫描特征截面的形状尺寸，要用扫描特征手柄来进行编辑，可以通过拖动该手柄，或在该手柄上单击鼠标右键，在弹出的快捷菜单中进行相应的操作。

2. 利用鼠标右键弹出菜单编辑

在设计树上选择要编辑的扫描特征，单击鼠标右键，或者在设计环境中单击选中扫描特征，并单击鼠标右键，弹出如图 5-48 所示菜单。

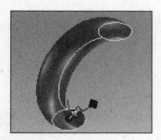

图 5-47 扫描编辑控制手柄

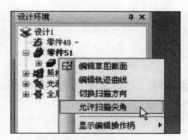

图 5-48 编辑扫描特征

- 【编辑草图截面】：用于修改扫描特征的二维草图。
- 【编辑轨迹曲线】：用于修改扫描特征的导动曲线。
- 【切换扫描方向】：用于切换生成扫描特征所用的导动方向。
- 【允许扫描尖角】：选定/撤销选定这个选项，可以规定扫描图素角是尖的还是光滑过渡的。

技　巧：创建完扫描特征后，可以通过显示【包围盒】来编辑扫描特征。显示【包围盒】的方法是：双击扫描特征激活该特征的可编辑状态，在扫描特征上单击鼠标右键，在弹出的快捷菜单中选择【智能图素属性】菜单命令，打开【扫描特征】对话框，单击【包围盒】选项卡，在【显示】选项组中勾选需要显示的包围盒选项，单击【确定】按钮，完成操作。

5.2.7 创建放样特征

利用【放样特征】工具 ，可以以选定的多个二维草图轮廓为截面，沿着选定的曲线轨迹生成一个实体特征。

生成放样特征可以使用放样特征向导，也可以对已有草图生成放样特征。使用放样特征向导比较简单，读者可以参考拉伸特征向导的使用。下面通过由已有草图生成放样特征为例介绍生成放样的方法。

（1）新建一个新的设计环境。

（2）新建一个草图轮廓，完成后退出草绘环境。单击选中该草图并按住鼠标左键不放，同时按住 Ctrl 键拖动草图，对复制的草图编辑修改尺寸，使其成为 3 个不同大小的几何轮廓，结果如图 5-49 所示。

（3）按住 Shift 键，按排列顺序依次选择 3 个草图轮廓，在选中的草图轮廓上单击鼠标右键，在弹出的快捷菜单中选择【放样】菜单命令，如图 5-50 所示。

图 5-49　绘制 3 个草图

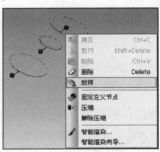

图 5-50　选择草图放样

（4）打开【从一个二维轮廓创建放样特征创建放样】对话框，如图 5-51 所示。在该对话框中用户可以根据实际需要进行参数设置，此处只需保持默认的参数设置不变，单击【确定】按钮，完成放样操作，如图 5-52 所示。

图 5-51　【从一个二维轮廓创建放样特征创建放样】对话框　　图 5-52　放样特征

此时创建的特征实体边线为渐进的曲线，若要沿着自定义的导动线放样，则需要事先定义好导线，在第 4 步中单击【增加曲线】按钮，指定放样的导动曲线。

5.2.8 编辑放样特征

1. 编辑放样轮廓截面

双击工作区中的放样特征，激活放样特征的可编辑状态，放样特征的草图轮廓截面上显示编号按钮，单击放样特征的编号按钮，出现截面操作手柄。拖动手柄，编辑轮廓截面。

当图素处于可编辑状态时，放样特征的草图轮廓截面上显示编号按钮，在放样特征的截面编号按钮上单击鼠标右键，弹出快捷菜单，如图 5-53 所示。

快捷菜单中的各项命令含义如下。

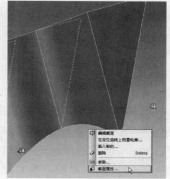

- 【编辑截面】：修改二维草图轮廓截面。
- 【和一面相关联】：该选项仅适用于同一模型另一部件表面放样特征的起始截面和末尾截面。使用这个选项可以引导选中的草图截面与它所依附的平面相匹配。
- 【在定位曲线上放置轮廓】：该选项用于编辑被选草图截面和轮廓定位曲线起点之间的距离。
- 【插入新的截面】：该选项用于给放样特征添加一个或多个截面。选择该选项，在随后出现的【插入截面】对话框中，指定新截面的数目与被选截面的相对位置，可以选择复制被选截面作为插入的新截面。此选项对放样特征末端截面不适用。

图 5-53　编辑放样特征

- 【删除】：用于删除被选中的草图截面。
- 【参数】：用于显示参数表。

2. 编辑轮廓定位曲线及导动曲线

在图素处于可编辑状态时，在放样特征上单击鼠标右键，弹出快捷菜单，如图 5-54 所示。菜单中的各选项含义如下。

- 【编辑轮廓定位曲线】：选中该选项，可在二维草图栅格上显示放样轨迹，即如何连接放样设计截面的轨迹。拖动轮廓定位曲线手柄来修正曲线。
- 【编辑匹配点】：该选项用于编辑放样设计截面的连接点。这些匹配点显现在轮廓定位曲线和每个截面的交点，颜色是红色。如果一个截面含有多重封闭轮廓，其匹配点也只有一个。编辑匹配点就是把匹配点放于截面里的线段或曲线的端点上。本方法可以用来绘制扭曲的图形。
- 【编辑相切操作柄】：该选项用于在每个放样轮廓上编辑放样导动曲线的切线。选择此选项，导动曲线草图轮廓的端点（折点）上会显示编号的按钮。单击编号，在导动线上显示红色的相切操作柄。拖动这些操作柄，手工编辑关联轮廓的切线。

图 5-54　放样右键菜单

- 【编辑切矢】：用于输入精确的参数，定义切线的位置和长度。
- 【截面的法矢】：用于迅速重新定位关联截面的法线。
- 【设置切矢方向】：用于规定切线手柄的对齐方式为【到点】对齐、【与圆心】对齐、【点到点】对齐、【平行于边】对齐、【垂直于面】对齐或【平行于轴】对齐。
- 【重置切向】：用于清除切线的某个被约束值。在导向曲线按钮上单击鼠标，显示选项，删除选定导向曲线的所有切线。
- 【选择导动曲线】：为放样特征设定三维导动曲线。

- 【生成三维导动曲线】：为放样特征绘制并设定三维导动曲线。
- 【编辑轨迹曲线】：编辑放样特征的三维导动曲线。

3. 使用智能图素属性编辑

欲编辑截面属性，在图素处于可编辑状态时，在截面编号上单击鼠标右键，在弹出菜单中选择【截面属性】菜单命令，打开如图 5-55 所示的【截面智能图素】对话框。

单击选中【常规】选项卡，其中各选项含义如下。

- 【应用截面到放样设计】：选中该选项可以把这个截面纳入放样特征中。若未选中该选项，放样特征就会忽略该截面。
- 【与定位曲线起点的相对距离】：该选项用于指定截面与定位曲线起点之间的需求距离。定位曲线是连接放样设计截面的线段或曲线。输入"0"把截面置于定位曲线的起点，输入"1"把截面置于定位曲线的终点，用"0"与"1"之间的数值规定其他位置。
- 【轨迹曲线的方向角】：此选项用于规定截面相对于它原来方位的角度。转动轴垂直于截面所在的平面，转动中心点是截面与轨迹曲线的交点。

图 5-55 【界面智能图素】对话框

智能图素属性表中有更多适用于编辑放样截面的选项，欲显示这些选项，在图素处于可编辑状态时，在放样特征单击鼠标右键，从弹出菜单中选择【智能图素属性】菜单命令，选择【放样】选项卡，如图 5-56 所示。

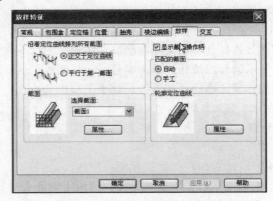

图 5-56 【放样特征】对话框

其中各选项含义如下：

- 【沿着定位曲线排列所有截面】：用这些选项可以规定截面如何沿导动曲线确定实体生长方向。

- ➤ 【正交于定位曲线】：此选项可规定与导动曲线的切线正交的截面，如何在它与切线的交点上确定方向。
- ➤ 【平行于第一个截面】：此选项可以使所有截面都沿导动曲线平行于第一个截面，也就是所有截面相互平行。
- ● 【截面】：这些选项用于修正放样设计单个截面的属性。
  - ➤ 【选择截面】：从下拉列表中挑选想要的截面。
  - ➤ 【属性】：选中此选项，可以编辑被选截面的形状尺寸。
- ● 【显示截面操作柄】：用于显示每个截面的方形编码手柄。
- ● 【匹配的截面】：这些属性确定了 CAXA 实体设计如何使放样特征截面上的点相互匹配。一个截面上的任一匹配点都与相邻截面的对应点相匹配。匹配操作之前，每个截面都必须要有相同数目的点，一一对应。如果截面之间的点数不同，那么，点较少的截面必须细分或分割，使每个截面上的点数等同于拥有最多点的截面的点数。
  - ➤ 【自动】：此选项可使 CAXA 实体设计匹配截面。如有必要，CAXA 实体设计会使用内置算法分割截面。
  - ➤ 【手工】：此选项用于手工匹配截面。
- ● 【属性】：该按钮用于定位曲线定义截面属性。

4. 放样截面与相邻平面关联

此功能是 CAXA 实体设计相对于其他主流三维设计软件具有的独特功能，即在同一个模型上，把放样特征的起始截面或末尾截面与相邻平面相关联。在现有图素或零件上增加材料增料的自定义放样特征可进行编辑，以指定切线系数值，把截面与它所依附的平面相匹配。

5. 修复失败的截面

在生成放样特征时，如果定义的放样参数有问题，可能会在执行放样操作时，弹出如图 5-57 所示的【截面编辑】对话框。选择【生成缺省形状】按钮后，CAXA 实体设计并没有把二维草图轮廓生成三维实体，对话框提示信息中有问题的几何图素在工作区中红色加亮显示。例如，当对放样特征的截面进行轮廓导动曲线上重定位时，CAXA 实体设计可能无法把该截面旋转成三维造型。

图 5-57 【截面编辑】对话框

该对话框中的各按钮命令含义如下。

- ● 【编辑截面】：选择此按钮可编辑截面以修正错误。
- ● 【生成缺省形状】：用于把二维截面拓展成仍需进一步修改的三维形状，可以在这个三维造型上单击鼠标右键，并从弹出菜单上选择【编辑截面】菜单命令，对截面进行编辑修改以完成放样操作。
- ● 【取消编辑】：用于取消编辑截面的最后一次操作，不删除先前保存过的设计操作。
- ● 【帮助】：选择此按钮在处理失败截面过程中提供帮助文档。

5.2.9　创建三维文字

利用【文字】工具，可以创建三维文字。在产品的表面打上产品标号信息，经常会使用该工具。

创建文字最容易的方法就是使用文字向导，方法如下：

（1）新建一个设计环境；

（2）从【特征生成】工具条中单击【文字】工具按钮 **A**，然后在工作区中单击选取要添加文字的位置；

（3）此时打开【文字向导—第 1 页/共 3 页】对话框，在该对话框中键入文字的高度和深度值，如图 5-58 所示；

（4）单击【下一步】按钮，切换到【文字向导—第 2 页/共 3 页】对话框。设置文字的不同倾斜风格，预览窗口中将显示选中的倾斜风格，如图 5-59 所示；

图 5-58 【文字向导—第 1 页/共 3 页】对话框

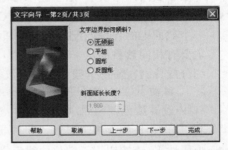

图 5-59 【文字向导—第 2 页/共 3 页】对话框

（5）单击【下一步】按钮，切换到【文字向导—第 3 页/共 3 页】对话框。设置三维文字的定向参数，也就是设定文字包围盒的哪个面与所选定的文字附着表面相贴合，以确定文字的方向。同样的，预览窗口中将显示选中的定向方式，如图 5-60 所示；

（6）单击【完成】按钮，关闭文字向导。同时弹出一个文字编辑窗口，闪烁光标位于默认文字的结尾处，如图 5-61 所示；

图 5-60 【文字向导—第 3 页/共 3 页】对话框图

图 5-61 文本编辑框

（7）按 Backspace 键删除窗口中默认的文字，然后输入要创建的文字；

（8）输入完成后，单击工作区文本编辑框以外的区域，关闭文字编辑窗口，并显示创建的文字，如图 5-62。

5.2.10 编辑三维文字

要编辑三维文字的内容，在工作区中的三维文字上单击鼠标右键，在弹出的快捷菜单中选择【编辑文字】菜单命令，如图 5-63 所示。此时打开文字编辑窗口，在该编辑窗口中对原有的文字进行编辑修改，完毕后，单击工作区文本编辑框以外的区域，关闭文字编辑

图 5-62 创建三维文字

窗口，并显示创建的文字。

在默认状态下，双击工作区中的三维文字也可以显示编辑窗口，以编辑文字内容。如果要在双击文字时不出现编辑窗口，可以改变其【交互】属性。在工作区中的三维文字上单击鼠标右键，在弹出的快捷菜单中选择【文字属性】菜单命令，打开【文字特征】对话框，单击【交互】选项卡，然后在属性列表中选择其他交互方式。

要删除一组同时创建的三维文字，可以在工作区中的三维文字上单击鼠标右键，在弹出的快捷菜单中选择【删除】菜单命令。也可以在工作区中单击选中要删除的文字图素，按 Delete 键，或者在标准菜单中选择【编辑】|【删除】菜单命令。

当使用文字图素的包围盒编辑文字时，单击文字选定它，出现文字包围盒，注意文字图素的包围盒与其他智能图素的稍有不同。

图 5-63　三维文字右键菜单

要重新设定文字的尺寸，拖动包围盒的顶部和底部操作柄。要精确设定某一文字的高度，在包围盒的顶部或底部操作柄上单击鼠标右键，从弹出菜单中选择【编辑包围盒】菜单命令，然后在弹出对话框的【宽度】文本框中输入所需要的数值，如图 5-64 所示。单击【确定】按钮，完成文字大小及形状的修改。

当使用文字属性编辑文字时，在工作区中的三维文字上单击鼠标右键，在弹出的快捷菜单中选择【文字属性】菜单命令，打开【文字特征】对话框，选择【文字】选项卡，如图 5-65 所示。除了【文字特征】对话框中的【文字】选项卡外，其余选项与智能图素属性及零件属性完全相同。

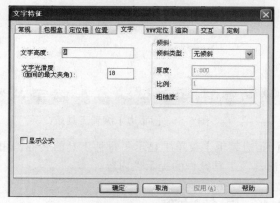

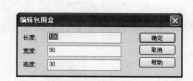

图 5-64　【编辑包围盒】对话框

图 5-65　文字特征

下面介绍【文字】选项卡中各选项的含义及用法。

● 【文字高度】：设置文字的高度。
● 【文字光滑度】：设定文字的最大弯曲角度。在【文字光滑度】文本框中输入的角度越大，倾斜的弯度就越小。CAXA 实体设计是通过网格分割来控制倾斜的。网格分割即是将三维表面分割成较小的面，分割得越细密，表面生成的小面就越多，倾斜的效果就越好。增大弯曲角度，能减少分割后的面数量。
● 【倾斜类型】：设置三维文字的倾斜类型，可供选择的类型包括。
  ➢ 【无倾斜】：表示文字图素的边是直角的。
  ➢ 【圆形】：表示文字图素的边是凸半圆形的。
  ➢ 【平板】：表示文字图素的边是倒角的或凿型的。

> ➢ 【逆向圆角】：表示文字图素的边是内凹圆形的。

● 【厚度】：控制倾斜的幅度，输入的数值越大，倾斜掉的部分就越大。

● 【比例】：表示倾斜的高度与厚度的比例。例如平削的比例是 1.0，表示倾斜掉的边的高度与其厚度是相同的。

● 【粗糙度】：只适用于圆形或内圆形的倾斜类型。

5.3　特征修饰/面和边编辑

在进行基本实体特征设计后，需要对其进行精细设计。CAXA 实体设计提供了面/边编辑功能，可以对实体特征进行圆角过渡、倒角、面匹配、抽壳等操作。

图 5-66 所示为【面/边】编辑工具条，图 5-67 所示为【面/边编辑】菜单，工具条和菜单上的工具一一对应，用户既可以通过菜单也可以通过工具条选择编辑工具。

![图 5-66 【面/边】编辑工具条]

图 5-66　【面/边】编辑工具条　　　　　　　　　　　图 5-67　【面/边编辑】菜单

【面/边编辑】菜单中显示了每种工具的名称，用户将鼠标移到工具条上的每个工具按钮时，也会出现该工具操作的提示性内容。

5.3.1　圆角过渡

利用【圆角过渡】工具 ，可以在实体的棱边上创建圆弧角。

选择【圆角过渡】菜单命令或单击工具条上的【圆角过渡】工具按钮 ，将启动一个【圆角过渡】任务窗格。在该任务窗格中，可对零件的棱边实施凸面过渡或凹面过渡并设置圆角过渡参数值。CAXA 实体设计提供等半径过渡、两点过渡、变半径过渡、等半径面过渡、指定边线面过渡和三面过渡等 6 种过渡方式。

CAXA 实体设计提供 3 种激活圆角过渡命令的方式：

（1）从【面/边编辑】工具条上单击【圆角过渡】工具按钮 ；

（2）从标准下拉菜单栏中选择【修改】|【圆角过渡】菜单命令；

（3）单击选中想创建圆角过渡的边，单击鼠标右键，然后从右键弹出菜单中选择【圆角过渡】菜单命令。

在进行圆角过渡时，需要选取要创建圆角的实体边线。为了方便选取，实体设计提供了选择过滤器，以方便边的选取。它有以下的选项，选项会因过渡类型的不同而不尽相同；

- 面/边/顶点（FEV）；
- 边；
- 面的边；
- 环的边；
- 边的顶点。

图 5-68 设置等半径圆角参数

1. 等半径过渡

等半径过渡可以实现在实体的边线上进行半径相等的圆角过渡，零件加工上的意义就是将尖锐的边线倒圆角，步骤如下：

（1）在设计环境中绘制一个三维实体造型；

（2）单击【圆角过渡】工具按钮，弹出【圆角过渡】任务窗格；

（3）在实体上单击选取需要过渡的边；

（4）在【圆角过渡】任务窗格的【混合类型】下拉列表中单击选择【等半径】类型，设定圆角半径尺寸，如图 5-68 所示。

【圆角过渡】任务窗格中的各选项含义如下。

- 【混合类型】：选取圆角类型，包括【等半径】、【两点】、【变半径】、【等半径面过渡】、【指定边线面过渡】和【三面过渡】6 种类型。
- 【●】：选取或键入数值以设置圆角半径。
- 【清除过渡】：利用此选项可清除选定的待创建圆角的棱边。
- 【选项】：选中该选项，可自动选择与选取的边线光滑连接的所有边线。
- 【确定】：选择此选项将应用操作并退出。
- 【退出】：选择此选项将不应用操作并直接退出。

（5）单击按钮，应用参数设置并创建圆角，如图 5-69 所示。

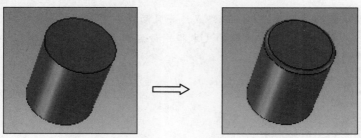
图 5-69 创建等半径圆角前后对比示例

2. 两点圆角过渡

两点圆角过渡是变半径过渡中最简单的形式，过渡后圆角的半径值为所选过渡边的两个端点的半径值。

步骤如下。

（1）在设计环境中绘制一个三维实体造型；

（2）单击【圆角过渡】工具按钮，弹出【圆角过渡】任务窗格；

（3）在实体上单击选取需要过渡的边；

（4）在【圆角过渡】任务窗格的【混合类型】下拉列表中单击选择【两点】类型，设定圆角半径尺寸，如图 5-70 所示。

- 【 ⚫ 】：边线一端的圆角半径 R1。
- 【 ▶ 】：边线另一端的圆角半径 R2。
- 【切换半径值】：利用此选项可交换过渡的半径值 R1 和 R2。

（5）单击 ⚫ 按钮，应用参数设置并创建圆角，如图 5-71 所示。

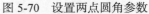

图 5-70　设置两点圆角参数

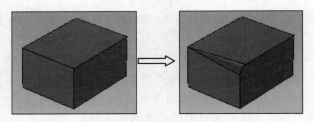

图 5-71　创建两点圆角前后对比示例

3. 变半径过渡

变半径圆角过渡可以使一条棱边上的圆角有不同的半径变化。方法如下：

（1）在设计环境中绘制一个三维实体造型；

（2）单击【圆角过渡】工具按钮 🔷，弹出【圆角过渡】任务窗格；

（3）在实体上单击选取需要过渡的边；

（4）在【圆角过渡】任务窗格的【混合类型】下拉列表中单击选择【变半径】类型，如图 5-72 所示；

（5）边线上默认状态下显示出起点和终点，并且两点半径相同。如要单独设置两端点以外其他点的圆角半径，单击该点，在 ⚫ 右边的文本框中设定圆角半径值，如图 5-73 所示；

图 5-72　设置变半径圆角参数

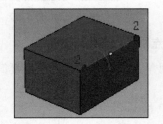

图 5-73　预览变半径圆角参数

（6）如果要精确定位点所在的位置，可以在比例栏中输入变半径点和起始点的距离与长度的比例，如图 5-74 所示；

（7）单击 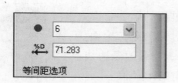 按钮，应用参数设置并创建圆角，如图 5-75 所示。

图 4-74 变半径点的设置

图 5-75 变半径倒角示例

4. 等半径面过渡

生成等半径面过渡的步骤如下。

（1）在设计环境中绘制一个三维实体造型。

（2）单击【圆角过渡】工具按钮 ，弹出【圆角过渡】任务窗格。

（3）在实体上单击选取需要过渡的边。

（4）在【圆角过渡】任务窗格的【混合类型】下拉列表中单击选择【等半径面过渡】类型，切换到【等半径面过渡】任务窗格，如图 5-76 所示。

- 【选择第一或顶部系列面】按钮：选择用来生成等半径面过渡的第一个面。
- 【选择第二或底部系列面】按钮：选择用来生成等半径面过渡的第二个面。
- 【定位辅助点】按钮：当两个面进行圆角过渡时，如果过渡位置比较模糊，可以使用定位辅助点来确定圆角过渡的条件，会在辅助点附近生成一个过渡面。
- 【选择等宽度过渡】按钮：可以在两个面之间生成等宽度的过渡。

图 5-76 【等半径面过渡】任务窗格

（5）单击按钮，选择第一个面。

（6）单击按钮，或者按 Tab 键，选择第二个面。

（7）在任务窗格中输入圆角半径。

（8）单击 按钮，应用参数设置并创建圆角，如图 5-77 所示。

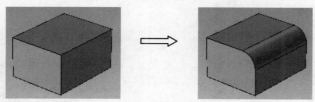

图 5-77 等半径面过渡前后对比示例

5. 指定边线面过渡

指定边线面过渡可以在边线内生成面过渡，步骤如下。

（1）在设计环境中绘制一个三维实体造型。

（2）单击【圆角过渡】工具按钮🔲，弹出【圆角过渡】任务窗格。

（3）在实体上单击选取需要过渡的边。

（4）在【圆角过渡】任务窗格的【混合类型】下拉列表中单击选择【指定边线面过渡】类型，切换到【指定边线面过渡】任务窗格，如图5-78所示。

- 【选择第一或顶部系列面】🔲按钮：选择用来过渡的第一个面。
- 【选择第二或底部系列面】🔲按钮：选择用来过渡的第二个面。
- 【选择面过渡的边线】🔲按钮：选择过渡面的一条或两条边线。
  当选择两条边线后，不需要在工具条中输入圆角的半径值。
- 【设置过渡为曲率连续】🔲按钮：选定此选项后将在边线内生成连续曲率的过渡。

（5）单击按钮🔲，选择第一个面。

（6）单击按钮🔲，或者按Tab键，选择第二个面。

（7）单击按钮🔲，或者按Tab键，选择一条或两条边线。

（8）在工具条上输入圆角半径（当选择两条边线时，不需要输入半径值）。

图5-78 【指定边线面过渡】任务窗格

（9）单击🔲按钮，生成圆角过渡。

6. 三面过渡

三面过渡功能将零件中某一个面，经圆角过渡改变成一个圆曲面。如图5-79所示为三面过渡任务窗格。步骤如下：

（1）新建一个零件如图5-80所示；

（2）单击【圆角过渡】工具按钮🔲，在【圆角过渡】任务窗格的【混合类型】下拉列表中单击选择【指定边线面过渡】类型，切换到【指定边线面过渡】任务窗格（参见图5-78所示）；

（3）依次单击【选择第一或顶部系列面】按钮🔲和【选择第二或底部系列面】按钮🔲，分别选择通过圆角过渡将平面改为圆曲面的相连接两面；

（4）单击【选择中间系列面】按钮🔲，选择通过圆角过渡将平面改为圆曲面的面；

图5-79 【指定边线面过渡】任务窗格

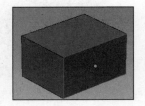

图5-80 新建零件

（5）单击🔲按钮，预览生成的圆角过渡；

（6）单击🔲按钮，生成三面圆角过渡，结束操作，效果如图5-81所示。

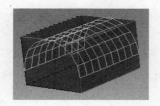

图 5-81　三面过渡示例效果图

7. 圆角过渡的编辑

生成圆角过渡后，如果不符合图纸和其他要求，可以对其进行修改和编辑。每一个圆角过渡都在【设计树】中生成一个单一条目。如果过渡操作成功，就会以着色的图标指示；如果过渡操作失败，其图标就为白色。

在【设计树】中的圆角条目上单击鼠标右键，在弹出的快捷菜单中选择【编辑形状】菜单命令，即可激活圆角的编辑状态，如图 5-82 所示。

图 5-82　编辑圆角右键菜单

5.3.2　倒角

倒角命令可将尖锐的直角边线切削成斜角边线。CAXA 实体设计提供了【两边距离】、【距离】、【距离-角度】等 3 种倒角方式。

CAXA 实体设计倒角操作，其方法与圆角过渡的方法类似，在这里就不作详细地介绍了，读者可参照圆角过渡的创建方法创建倒角。下面介绍【倒角】任务窗格中各选项的功能，如图 5-83 所示。

- 【倒角类型】：选择倒角类型。
- 【 ● 】：代表从棱边开始在一个面上切削掉的距离（D1）。
- 【 ▶ 】：代表从棱边开始在另一个面上切削掉的距离（D2）。
在【距离-角度】方式中，表示的角度值。

图 5-83　【倒角】任务窗格

- 【切换倒角值】：选择此选项可交换倒角在两相邻面上的切削距离值。
- 【清除倒角】按钮：利用此按钮可清除选定的待创建倒角的棱边。
- 【选项】按钮：此按钮可自动选择与选取的边线光滑连接的所有边线。
- 【确定】按钮：选择此选项将应用操作并退出。
- 【退出】按钮：选择此选项将不应用操作并直接退出。

生成倒角后，如果不符合图纸和其他要求，可以对其进行修改和编辑。每一个倒角都在【设计树】中生成一个单一条目。如果倒角操作成功，就会以着色的图标指示；如果倒角操作失败，其图标就为白色。

在【设计树】中的倒角条目上单击鼠标右键，在弹出的快捷菜单中选择【编辑形状】菜单命令，即可激活倒角的编辑状态。

5.3.3 拔模

利用【面拔模】工具 ◀，可以在实体选定面上形成特定的拔模角度，目的是为满足零件开模的工艺要求。

当实体上使用了面拔模后，设计树中将出现一个拔模项目，项目前边有拔模图标 ▨。

激活面拔模命令有两种方式：

（1）在【面/边编辑】工具条上单击【面拔模】工具按钮 ◀。

（2）从标准下拉菜单栏中选择【修改】|【面拔模】菜单命令。

进行面拔模时，为了方便拔模面的选取，实体设计提供了选择过滤器，以方便边的选取，它有以下的选项：

● 面；

● 边所属的面；

● 顶点面；

● 特征面。

中性面拔模的步骤如下：

（1）绘制一个实体模型；

（2）在【面/边编辑】工具条上单击【面拔模】工具按钮 ◀，激活面拔模命令，并打开【拔模特征】任务窗格；

（3）单击【拔模类型】下拉列表，并在展开的下拉列表中选择【中性面】选项，如图 5-84 所示；

（4）在工作区内的实体上单击选取中性面，被选中的面以棕红色显示；

（5）在工作区内的实体上单击选取需要拔模的面，被选中的面以棕蓝色显示，如图 5-85 所示；

（6）在【拔模角度】文本框中，输入拔模角度；

（7）单击 ⟳ 按钮预览拔模操作，如果拔模方向与设想的相反，单击蓝色箭头，则拔模角度方向变反；

（8）单击 ✓ 按钮，完成拔模操作，效果如图 5-86 所示。

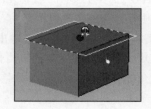

图 5-84 【拔模特征】任务窗格　　图 5-85 拔模特征参照面　　图 5-86 创建拔模特征

若要编辑拔模，在【设计树】中右键单击其图标，然后从随之弹出的菜单上选择【编辑选项】

菜单命令。这将重新打开【拔模特征】对话框，进行拔模特征的编辑修改。

5.3.4 表面移动

图 5-87 【移动面】任务窗格

利用【表面移动】工具，可以让单个零件的面独立于智能图素实体而移动或旋转。

通过移动实体特征的表面可以改变实体的形状，具体方法如下。

（1）绘制一个实体模型。

（2）在【面/边编辑】工具条上单击【表面移动】工具按钮，激活【表面移动】工具，并打开【移动面】任务窗格，如图 5-87 所示。

● 【三维球】按钮：此选项可利用三维球的转换控制沿任意方位对面实施自由重定位。
● 【应用上一次移动】按钮：此选项可将选定表面移动到前一操作采用的同一相对位置。
● 【重建正交】：此选项可通过从零件表面延展新垂直重新生成以移动面为基准的零件。
● 【无延伸移动特征】：利用此选项可移动特征面而不延伸到相交面。
● 【特征拷贝】：利用此选项可复制特征的选定面。

> **技 巧**：激活三维球时，三维球将出现在第一个选定面的锚状图标上，三维球允许在一种操作中转换或旋转面。

（3）在工作区中，单击选择要移动的表面。

（4）单击【三维球】按钮，利用三维球的各项功能实现对表面的移动和旋转，如图 5-88 所示。

（5）单击按钮，弹出如图 5-89 所示的【面编辑通知】对话框。单击【是】按钮，完成表面的移动，如图 5-90 所示。

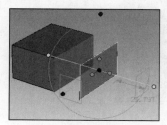

图 5-88 表面移动参数设置

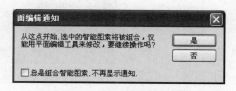

图 5-89 【面编辑通知】对话框

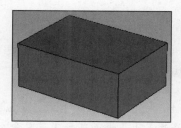

图 5-90 创建表面移动特征示例

5.3.5 拔模斜度

利用【拔模斜度】工具 ，可以在实体选定面上形成特定的拔模角度。

激活表面拔模斜度命令的步骤如下：

（1）在【面/边编辑】工具条上选择【拔模斜度】选项；

（2）从下拉菜单栏中选择【修改】|【拔模斜度】菜单命令；

（3）选择希望拔模的面，单击鼠标右键选择【拔模斜度】菜单命令。

在进行拔模时，为了方便选取，实体设计提供了选择过滤器，以方便边的选取。它有以下的选项：面、边所属的面、顶点面、特征面。

激活表面拔模斜度命令后，将出现一个【面生成拔模角度】任务窗格，如图5-91所示。

图 5-91　设置拔模角度参数

- 【生成拔模基准面】按钮 ：利用此选项可指定一个面作为中性面。
- 【拔模角度】：利用此对话框可定义相对于中性面的锥度。输入正角，将在中性面的正面/反面减料/增料。

生成拔模的操作步骤如下：

（1）在【面/边编辑】工具条上单击【拔模斜度】工具按钮 ，激活【拔模斜度】命令，打开【面生成拔模角度】任务窗格；

（2）单击选择需要拔模的面；

（3）单击【生成拔模基准面】按钮 ，单击选择中性面；

（4）设置【拔模角度】参数值；

（5）单击 按钮，完成拔模操作，如图5-92所示。

图 5-92　拔模斜度示例

5.3.6 表面匹配

利用【表面匹配】工具 ，可以使选定的面同指定面相匹配。匹配方法是修剪或延展需要匹配的面，使其与匹配面的表面相匹配。

激活表面匹配命令的步骤如下：

（1）在【面/边编辑】工具条上单击【表面匹配】工具按钮 ；

（2）从下拉菜单栏中选择【修改】|【表面匹配】菜单命令。

在进行表面移动时，为了方便选取，实体设计提供了选择过滤器，以方便边的选取。它有以下选项：面、边所属的面、顶点的面、特征面。

通过上述方法激活【表面匹配】选项后，将出现【匹配面】任务窗格，如图 5-93 所示。

● 【选择匹配面】按钮 ：指定一个将与选定面匹配的面。

表面匹配的使用方法如下：

（1）在【面/边编辑】工具条上单击【表面匹配】工具按钮，激活表面匹配命令。

（2）选择需要匹配的表面；

（3）单击【选择匹配面】按钮，选择将与选定面匹配的面；

（4）选择按钮，观察结果；

（5）选择 按钮，完成并退出操作。

图 5-93 "面匹配"任务窗格

5.3.7 表面等距

利用【表面等距】工具，在 CAXA 实体设计中，可以使一个面相对于其原来位置，精确地偏离一定距离，而生成新的实体。方法如下：

（1）在工作区中，在需要偏移的面上连续 3 次单击鼠标，选中需要偏移的面；

（2）单击【面/边编辑】工具条上的【表面等距】工具按钮；

（3）在打开的【等距曲面】对话框中输入需要的偏移距离，如图 5-94 所示；

（4）单击【确定】按钮，完成等距操作。

5.3.8 删除表面

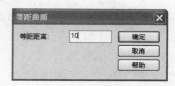

图 5-94 【等距曲面】对话框

利用【删除表面】工具，可以删除一个面，其相邻面将延伸并相交，以弥合形成的开口。如果相邻面的延伸无法弥合开口，则无法实现此操作，并出现错误提示。操作步骤如下：

（1）在工作区中，在需要删除的面上连续 3 次单击鼠标，选中需要删除的面；

（2）单击【面/边编辑】工具条上的【删除表面】工具按钮；

（3）此时打开如图 5-95 所示的【面编辑通知】对话框，单击【是】按钮，完成操作，效果如图 5-96 所示。

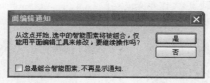

图 5-95 【面编辑通知】对话框

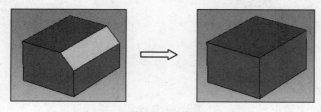

图 5-96 删除表面前后对比示例

5.3.9 抽壳

利用【抽壳】工具，可以挖空一个图素的内部实体，使实体成为一个空壳，这一功能对于制作容器、管道和其他内空的对象十分有用。当对一个图素进行抽壳时，可以设定剩余壳壁的厚度。CAXA 实体设计提供了向里、向外及两侧抽壳 3 种方式。

激活抽壳命令的方法如下：

（1）在【面/边编辑】工具条上单击【抽壳】工具按钮；

（2）在下拉菜单中选择【修改】|【零件抽壳】菜单命令；

（3）右键单击实体造型，并从随之弹出的菜单中选择【抽壳】菜单命令。

在进行抽壳时，为了方便选取，实体设计提供了选择过滤器，以方便边的选取。

通过上述方法激活命令时，将出现【壳零件】任务窗格，如图 5-97 所示。

图 5-97 【壳零件】任务窗格

● 【　】：指定壳体的厚度。

● 【　】：指定壳体某一处的壁厚，实现变壁厚抽壳。

● 【　】：选取抽壳类型，包含如下类型。

　　➤ 【里边】：从表面到实体内部保留壳的厚度。

　　➤ 【外边】：从表面向外增加壳的厚度。

　　➤ 【两侧】：以表面为中心分别向内向外对称增加壳的厚度。

抽壳的操作步骤如下：

（1）选取需要抽壳的实体。

（2）在【面/边编辑】工具条上选择【抽壳】工具，激活零件抽壳命令，打开【壳零件】任务窗格。

（3）选择抽壳类型：【里边】、【外边】或【两侧】。

（4）选择开口面。

（5）在【壳零件】任务窗格上的【　】复合框中选取或输入壳体厚度值。

（6）如果需要，单击　按钮，选择指定面，并确定它的单独厚度。

（7）单击预览按钮　，以预览操作结果。

（8）单击　按钮，结束操作，效果如图 5-98 所示。

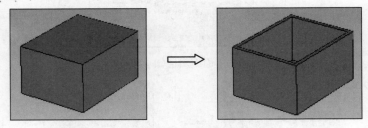

图 5-98 抽壳示例

可以使用智能图素属性完成抽壳，步骤如下。

对于某个由草图创建的三维特征，在设计树中找到该特征所属零件下一级的造型项目，单击鼠标右键，并在弹出的快捷菜单中选择【表面编辑】菜单命令，打开该特征的属性对话框，如图5-99 所示。

以拉伸特征为例，利用【抽壳】选项卡页面上的各个选项，可以在一个智能图素上进行抽壳操作。

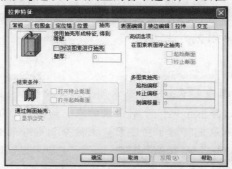

图 5-99　【抽壳】选项卡

以下是对【抽壳】选项卡中各选项的说明。一些选项是针对图素截面的，这种二维截面决定着智能图素的形状。在【抽壳】选项卡页面，三维造型的表面被划分为 3 类截面。

- 【对该图素进行抽壳】：若要抽壳一个图素就选择这一选项。
- 【壁厚】：在该字段中，输入一个大于零的数值，作为图素被抽壳后余下的壳壁的厚度。
- 【结束条件】：该部分的选项规定了抽壳完毕后哪一个截面开口（如果需要开口）。
  - ➢ 【打开终止截面】：该选项表示抽壳操作一直进行到挖穿结束截面，使其开口。
  - ➢ 【打开起始截面】：该选项表示抽壳操作一直进行到挖穿起始截面，使其开口。
- 【通过侧面抽壳】：这一选项表示抽壳操作一直进行到挖穿侧壁，使其开口。
- 【显示公式】：通过这一选项可以查看生成本属性表上的数值的计算公式。
- 【在图素表面停止抽壳】：使用这一选项可以决定 CAXA 实体设计抽壳的深度。例如，可以抽壳至一个图素与另一个图素相连接的地方。
  - ➢ 【起始截面】：若要使壳的起始截面与另一对象的表面相一致，使用这一选项。当被抽壳对象伸入另一对象中时，该选项十分有用，可以控制抽壳操作沿着曲面进行。
  - ➢ 【终止截面】：若要使壳的结束截面与另一对象的表面相一致，使用这一选项。细节参阅上一条。
- 【多图素抽壳】：若抽壳操作一直挖穿了图素的起始和结束截面的常规界限，则选用这里的选项。这一技术对于将两个图素组合成一个单独的中空零件十分有用。例如，设想用两个图素构造一个储藏罐：一个大鼓室连接一根管子。可以对这两个图素进行抽壳，使它们中空。但是，即使让管子的两端都开口，两者相连接后也会被鼓壁堵塞。为了打通接口，可以在对管道进行抽壳时增大几个单位的抽壳深度，使增加量正好等于鼓壁的厚度。例如，如果鼓壁厚度为 5 个单位，可以在下述合适的补偿字段中输入数值 5。
  - ➢ 【起始偏移】：在这一字段中，输入要挖穿起始截面以外增加的深度。
  - ➢ 【结束偏移】：在这一字段中，输入要挖穿结束截面以外增加的深度。
  - ➢ 【侧偏移量】：在这一字段中，输入要挖穿选定侧壁以外增加的深度。

5.3.10　分裂零件

利用【分裂零件】工具，可以通过两种方法分割选定零件。即利用默认分割图素分割零件和利用另外一个零件来分割。在分割操作中，CAXA实体设计提供了下述选择。

● 将一个零件分割成两个独立的部分；
● 隐藏零件或装配件的一部分以增加体系的性能。允许对同一零件的不同独立部分同时操作，从而实现协同设计。CAXA实体设计提供了两种分割零件的方法，每一种激活方法只能用于实现其中一种分割方法。

分割零件操作步骤如下：

（1）选择需要分割的零件；

（2）在【面/边编辑】工具条上单击【分裂零件】工具按钮 📇；

（3）单击鼠标在零件上选择用于定位分割图素的点，如图5-100所示。此时将出现一个带尺寸确定手柄的灰色透明框，用以说明用于包围零件上被分割部分的分割图素；

图5-100　"分裂零件"对话框

（4）利用该尺寸确定手柄、三维球和必要的相机工具重新设置分割框的尺寸或位置，以包围住零件需要分割的部分；

（5）单击【完成造型】按钮，零件的两个分割部分都出现在设计环境中，而在设计树中将出现一个新的零件图标。

当利用菜单分割零件时需要两个零件，一个作为分割零件，一个作被分割零件。操作步骤如下：

（1）在零件编辑状态选择用作分割实体的零件；

（2）激活三维球工具并重定位分割实体，使其嵌入在被分割零件中，若可能，可延伸其上、下表面；

（3）取消对三维球工具的选定；

（4）若有必要，在智能图素编辑状态选择分割实体，并拖动其上、下包围盒手柄，直至分割实体延伸到被分割零件的上、下表面；

（5）单击设计环境的空白处取消对零件的选定；

（6）按住Shift键，先选择被分裂零件，然后选择分割实体；

（7）在菜单栏选择【修改】|【分裂零件】菜单命令。

此时，在设计环境中将出现被分割后生成的两个零件，而一个新的零件图标则出现在设计树中。

　技　巧：分割零件后，原零件已被一分为二。单击该零件的两个部分即可验证这一点。此时，各个被分割部分都将显示出各自的蓝绿色轮廓。

当隐藏被分割零件的一部分时，若要加快系统的处理速度，可在零件编辑状态右击被分割零件的某一部分，然后从随之弹出的菜单中选择【隐藏】菜单命令，被选定部分就会从视图中消失。若要使被选定部分重新显示在设计环境中，可在设计树中右击被隐藏的图标，并从弹出菜单中选择【取消隐藏】菜单命令。

 技　巧：可通过布尔运算把两个被分割部分重新生成一个零件，但采用了布尔运算的部分将保留在设计树的图素结构中。

分割零件的其他操作如下。

（1）共享被分割零件的一部分。被分割零件的一部分可通过零件文件或设计元素库条目的形式为他人共享。

（2）通过零件文件共享。在零件编辑状态，选择被分割零件需要共享的部分。选择【文件】｜【保存零件】菜单命令，选择结果文件并为该文件输入文件名。至此，该文件就可以为其他人检索和编辑了。利用这种方法时，被选定部分将仍然保留当前设计环境中，但在将零件的两个部分重新组合在一起之前就必须将其删除。若要在原设计环境中重新合并零件，则应在设计环境中右键单击共享部分，然后从随之弹出的菜单中选择【删除】菜单命令。选择【文件】｜【插入】菜单命令，然后选择【零件】，查找并选定被分割零件已编辑部分的文件名，然后单击【确定】按钮。这样，被分割的零件就重新组合在设计环境中了。

（3）通过设计元素库条目共享。在零件编辑状态右键单击被分割零件需要共享的部分，并从随　之弹出的菜单选择【剪切】菜单命令，将光标移到相应的设计元素库，单击鼠标右键并从弹出菜单中选择【粘贴】，这样就将选定部分添加到设计元素库中了。保存该设计元素库，其他人就可以对该零件进行检索、编辑并以其被编辑的形式添加回设计元素库中。采用此方法时，被选定部分将从当前设计环境中清除。

若要在原设计环境中将被分割部分重新组合在一起，则应打开包含被分割零件已编辑部分的设计元素库。右击其图标并从随之弹出的菜单中选择【复制】菜单命令，将光标移到设计环境中并选择【编辑】｜【粘贴】菜单命令，被分割零件即重新合并在设计环境中了。

5.3.11　分割面

利用【分割面】工具，可以将图形（二维草图、已存在边或 3D 曲线）投影到表面上，将选择的面分割成多个可以单独选择的小面。分割实体表面命令可以分割实体表面及独立面。

可以使用以下几种线作为分割线，如图 5-101 所示。

图 5-101 【分割特征】任务窗格

- 【投影】：将线投影到表面上，然后沿投影线将此表面分割成多个部分。
- 【轮廓】：可以将实体的轮廓投影到表面上来分割表面。
- 【用零件分割】：类似于分裂零件。选择两个零件，然后选择【分割面】命令，第二个零件将确定分离第一个零件的分模线。

1. 投影分割面

（1）选择【修改】｜【分割面】菜单命令或单击【面/边编辑】工具条上的【分割面】工具按钮。

（2）在分割面类型中选择【投影】类型。

（3）选择要投影分割的实体表面。

（4）单击按钮，选择要投影的曲线（草图轮廓、3D曲面及已存在的实体棱边等）。

（5）可以在投影平面上选择箭头，用来改变投影方向。或者使用三维球工具，来改变投影方向。

（6）单击 ⊘ 按钮，完成操作。

2. 轮廓分割面

（1）选择【修改】|【分割面】菜单命令或单击【面/边编辑】工具条上的【分割面】工具按钮❤️。

（2）在分割面类型中选择【轮廓】类型。

（3）选择要被投影实体分割的曲面。

（4）选择投影平面方位箭头来改变方向，或者使用三维球改变平面位置到投影方向。

（5）单击 ⊘ 按钮，完成操作。

3. 用轮廓分割

（1）选择【修改】|【分割面】菜单命令或单击【面/边编辑】工具条上的【分割面】工具按钮❤️。

（2）在分割面类型中选择【用轮廓分割】菜单命令。

（3）选择要被分割的实体。

（4）选择要用来进行分割的实体。

（5）单击 ⊘ 按钮，完成操作。

> 技　巧：曲面必须为包含有轮廓图像的曲面。

5.3.12　截面

CAXA 实体设计通过【截面】工具📐，为设计者提供了利用剖切平面或长方体为零件或装配体创建剖视的功能，也叫做三维剖切面。对象创建剖视后可以以可视图形模式或精密模式显示在设计环境中，以供参考/测量之用。

按以下步骤可激活【截面】工具：

（1）选择需要剖视的零件/装配件，单击【面/边编辑】工具条上的【截面】工具按钮📐；

（2）选择需要剖视的零件/装配件，在下拉菜单中选择【修改】|【截面】选项。

选择【截面】工具后，在选择设计环境中可激活【生成截面】任务窗格，如图 5-102 所示。

截面工具类型下拉列表包含如下选项。

图 5-102 【生成截面】任务窗格

- 【X-Y 平面】：平行于设计环境的 X-Y 平面生成一个无穷的剖视平面。
- 【X-Z 平面】：平行于设计环境的 X-Z 平面生成一个无穷的剖视平面。
- 【Y-Z 平面】：平行于设计环境的 Y-Z 平面生成一个无穷的剖视平面。
- 【与面平行】：生成与指定面平行的无穷剖视平面。

- 【与视图平行】：生成与当前视图平行的无穷剖视平面。
- 【块】：生成一个可编辑的剖视长方体，利用智能手柄及三维球可对其进行编辑修改。
- 【定义截面工具】按钮⊗：此选项可用于确定放置剖视工具的点、面或零件。
- 【反转曲面方向】按钮：此选项可用于使剖视工具的当前表面方向反向。

利用截面功能剖视零件/装配的操作步骤如下：

（1）选择需要创建三维剖视的零件/装配件；

（2）激活【截面】工具，被选定对象的轮廓提示变成白色，打开【生成截面】任务窗格；

（3）从【截面工具类型】下拉列表中选择选定对象剖视操作需要使用的工具；

（4）单击【定义截面工具】按钮⊗；

（5）根据被选定的截面工具类型，将光标移到该工具放置位置所在的点、面或零件处，在出现绿色提示区时单击鼠标，放置剖面参照，在指定位置将显示剖面工具清晰的黑色剖切面；

（6）如果【块】被指定为截面工具，则可通过拖动其包围盒手柄重新设置其尺寸，此时激活三维球并重定位截面工具；

（7）【反转曲面方向】工具可以切换被选定对象的剪切面。为此，需在对话框中单击【反转曲面方向】按钮，截面工具将保留零件表面上的箭头所指的零件部分；

（8）单击【应用并退出】按钮◉，如果不想应用本操作，可单击【退出】按钮⊗。

【生成截面】任务窗格操作完成后，被选定零件的黑色剖切面都将出现在设计环境中。此外，剖视平面会显示一个蓝绿色的法线方向箭头。默认状态下，剖视工具将以视觉观察最适宜的视图方向显示，以便可以从任意角度快速观察被剖视对象。

5.4　特征变换

通过特征变换，可以对实体零件进行定向定位（移动、旋转及对称）、拷贝、阵列、镜像、缩放等操作，进而修改或产生新的实体。

5.4.1　移动

移动功能可以移动实体零件的位置。

1. 利用定位锚移动

（1）在零件编辑状态下，在定位锚上单击鼠标右键。

（2）在弹出菜单中，选择【在空间自由拖动】或者【沿曲面表面拖动】菜单命令，如图 5-103 所示。

图 5-103　定位锚移动

（3）选择定位锚，按住鼠标左键不放将零件拖动到指定的位置。

2. 利用三维球移动

（1）打开一个设计环境，从设计元素库中拖入一个零件。

（2）在工作区中选定该零件，然后选择【工具】|【三维球】菜单命令。

（3）选择移动方向上的三维球外手柄，按住鼠标右键拖动。

（4）放开鼠标，在弹出菜单中选择【平移】菜单命令，如图 5-104 所示。

（5）在弹出的【编辑距离】对话框中，输入移动的距离，如图 5-105 所示。

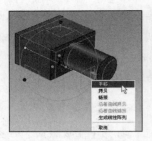

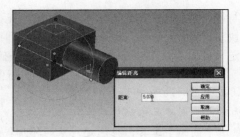

图 5-104　选择菜单命令　　　　　　　图 5-105　编辑移动距离

5.4.2　旋转

利用转动功能可以使零件对某一轴转动，步骤如下：

（1）打开一个设计环境，从设计元素库中拖入一个零件；

（2）在零件编辑状态选定该零件，然后选定三维球工具；

（3）选择三维球的一个内部手柄，手柄所在的轴即为旋转轴被加亮显示；

（4）将鼠标移到旋转轴和三维球各操作手柄以外的其他位置，待鼠标指针变成旋转图标时，按住鼠标右键拖动；

（5）放开鼠标，在弹出菜单中选择【平移】菜单命令。打开【编辑旋转】对话框。输入转动的角度，如图 5-106 所示。

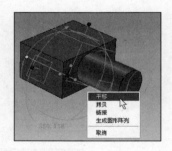

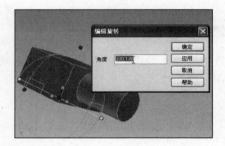

图 5-106　旋转示例

5.4.3　缩放

利用缩放功能可以对原来的对象作等比例缩放，步骤如下：

（1）在零件编辑状态下，单击鼠标右键，选择【零件属性】菜单命令，或者在设计树中右键单击零件，在弹出菜单中选择【零件属性】菜单命令，打开【零件】对话框；

（2）单击【包围盒】选项卡，进入【包围盒】选项卡页面；

（3）在【显示】区域中，单击选中【长度操作柄】、【宽度操作柄】、【高度操作柄】及【包围盒】复选框，如图 5-107 所示；

（4）单击【确定】按钮，退出对话框。单击零件，进入零件编辑状态，拖拉包围盒手柄；

（5）如果要精确编辑数值，则右键单击显示的蓝色数值，在弹出对话框中输入尺寸值；

（6）在第 3 步之后，在【尺寸】区域中，输入尺寸值，并支持数学表达式。

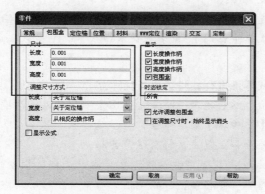

图 5-107 【零件】对话框

5.4.4 对称

利用对称功能能够使零件相对于平面做对称的移动。

1. 利用定位锚对称

（1）在设计环境中绘制一个零件。

（2）在零件编辑状态选定需对称的零件。

（3）在下拉菜单中选择【修改】|【对称】菜单命令，在展开的【对称】子菜单中选择【相对宽度】、【相对长度】或【相对高度】菜单命令，完成对称操作。

2. 利用三维球对称

（1）打开一个设计环境，从设计元素库中拖入一个零件。

（2）在零件编辑状态选定该零件，然后选定三维球工具。

（3）在三维球中选择对称方向上的内手柄，选择的内手柄与对称面垂直。

（4）单击鼠标右键，选择【镜像】|【移动】菜单命令，完成对称操作，如图 5-108 所示。

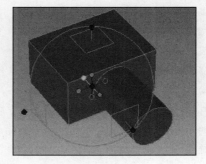

图 5-108 对称示例

5.4.5 拷贝/链接

1. 使用 Windows 方式复制

CAXA 实体设计中提供了 Windows 风格的复制方式，具体方法如下：

（1）在设计环境中或者在设计树上选择要复制的图素；

（2）单击鼠标右键，选择【拷贝】菜单命令，或者在键盘上按【Ctrl+C】组合键；

（3）单击鼠标右键，选择【粘贴】，或者在键盘上按【Ctrl+V】组合键，完成拷贝操作。

2. 线性拷贝/链接

利用三维球可对图素或零件进行线性拷贝/链接操作，只需要经过几个简单的步骤即可。

（1）新建一个设计环境，然后拖入一个多棱体图素并放到设计环境的左侧。

（2）选择【工具】|【三维球】菜单命令，激活三维球工具。

（3）在三维球的某个外手柄上单击鼠标，选定其轴。

（4）在三维球外手柄上按住鼠标右键不放，然后向该手柄所指方向拖动。在拖动鼠标时，注意多棱体的轮廓将随三维球一起移动，当轮廓消失而多棱体移动到右边时，放开鼠标。

（5）在弹出菜单中选择【拷贝】菜单命令，在打开的【重复拷贝/链接】对话框的【数量】字段中输入拷贝的数量。如果需要，可编辑距离字段中的值，以修改各复制操作对象间的间距。

（6）单击【确定】按钮，即可完成多棱体的拷贝，如图5-109所示。

（7）按F10键，取消对三维球工具的选择。

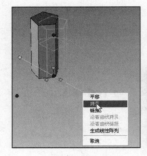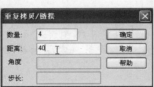

图 5-109　拷贝示例

3. 圆形拷贝/链接

（1）打开一个设计环境，从设计元素库中拖入一个零件。

（2）在零件编辑状态选定该零件，然后选定三维球工具。

（3）选择三维球的一个内手柄，该内手柄所在的轴加亮显示，该加亮显示的轴即为圆型拷贝的旋转中心轴线。

（4）将鼠标移到旋转轴和三维球各操作手柄以外的其他位置，待鼠标指针变成旋转图标时，按住鼠标右键拖动。

（5）放开鼠标，在弹出菜单中选择【拷贝】菜单命令。

（6）在弹出的【重复拷贝/链接】对话框中，输入拷贝的数量及间隔角度，如图5-110所示。

（7）单击【确定】按钮，完成操作。

图 5-110　生成圆形拷贝

技 巧：如果有必要，在【重复拷贝/链接】对话框中输入步长值，可以实现螺旋型拷贝/链接。

4．沿着曲线拷贝/链接

（1）定义一个对象。

（2）定义一条要沿其拷贝的 3D 曲线。

（3）选择要拷贝的对象，激活三维球（按【F10】键）。

（4）沿着曲线右键拖动三维球中心点，松开鼠标后在弹出的右键菜单中选择【沿着曲线拷贝】菜单命令，在弹出的【沿着曲线复制/链接】对话框中输入参数，单击【确定】按钮完成操作，如图 5-111 所示。

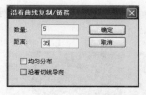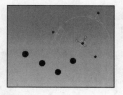

图 5-111　沿着曲线拷贝

 技 巧：如果在弹出的右键菜单中选择【沿着曲线拷贝】菜单命令，则复制生成的图素和被拷贝的图素存在关联关系，改变其中一个图素的特征，其他图素都会随之改变；【沿着曲线复制】则不存在关联关系。

5.4.6　阵列

阵列功能可以选择特征作为参考，以多种数组方式重复应用这些特征，共有线性、圆形和矩形阵列 3 种方式。

1．线性阵列

（1）打开一个设计环境，并拖入一个生成阵列时主控图素的零件。

（2）在零件编辑状态选定该零件，然后选定三维球工具。

（3）在阵列生成方向上的外手柄上单击鼠标右键，并从随之出现的弹出菜单中选择【生成线性阵列】菜单命令。

（4）在【阵列】对话框中，输入相应的图素复制份数（含原图素）和图素之间的距离，然后单击【确定】按钮完成操作，如图 5-112 所示。屏幕上将出现一个链接各个图素的蓝色阵列框，其上显示了各个图素之间的距离。

图 5-112　线性阵列图

打开设计树，查看设计环境中的内容。注意设计环境中出现了一个代表新阵列图素的阵列图标，展开该图标可以查看主控图素和构成阵列图素的各互连图素。

编辑线性阵列，在生成阵列以后，设计环境中会以蓝色线条显示阵列图素之间的关系。这时任意单击某一阵列元素，显示主控图素的绿色轮廓和互连各图素的蓝色轮廓。如果要编辑阵列值，则应在阵列框的绿色距离值上单击鼠标右键，选择【编辑】菜单命令，在随之出现的【编辑线性阵列】对话框中，修改相应的参数值，然后单击【确定】按钮，完成编辑修改操作。

2. 圆形阵列

（1）在要阵列的对象上单击，并按【F10】键激活三维球。

（2）单击选择阵列旋转轴的某一外手柄，指定旋转轴。

（3）在三维球内旋转轴以外的其他位置单击鼠标右键并拖动使其旋转，然后放开鼠标。从随之出现的弹出菜单中选择【生成圆形阵列】菜单命令，在弹出的【阵列】对话框中输入相应的数目和角度值，单击【确定】按钮完成操作，如图 5-113 所示。

图 5-113　圆形阵列

圆形阵列的编辑方式与线性阵列的编辑方式相同，读者可参考线形阵列的编辑方式编辑圆形阵列。

3. 矩形阵列

（1）在要阵列的对象上单击，并按【F10】键激活三维球。

（2）选择三维球外手柄附近的某个二维平面，并按住鼠标右键拖动该平面，放开鼠标后在弹出的快捷菜单中选择【生成矩形阵列】菜单命令，打开【矩形阵列】对话框，如图 5-114 所示。

（3）输入相应的阵列数目和距离值，单击【确定】按钮完成操作，如图 5-115 所示。

图 5-114　【矩形阵列】对话框

图 5-115　矩形阵列

矩形阵列的编辑方式与线性阵列的编辑方式相同，读者可参考线形阵列的编辑方式编辑矩形阵列。

技　巧：（1）默认状态下，主控图素定位功能选项处于禁止状态。若要激活它，可选择【工具】|【选项】菜单命令，然后在打开的【选项】对话框中单击选择【交互】选项卡，单击选中【激活主控图素定位】选项，使系统能够相对于阵列框对主控图素进行重定位。

（2）不能利用阵列图素生成阵列图素。

（3）智能图素不能包含多个主控阵列。

（4）主控图素及其阵列图素都可以隐藏。

（5）主控图素可从阵列图素中删除。

（6）适用于链接图素的限制同样适用于阵列图素。

5.5　布尔运算

　　在某些情况下，将独立的零件组合成一个零件或从某个零件中减掉一个零件可以达到快速构建模型的目的。组合零件和从其他零件减掉一个零件的操作被称为布尔运算。在 CAXA 实体设计中，提供了简单的逻辑运算，包括布尔加运算、布尔交运算、布尔减运算等，如图 5-116 所示。

　　布尔运算分为【增料】和【减料】两种方式，单击【布尔操作】工具条上的【布尔运算设置】按钮，可以打开如图 5-117 所示的【集合操作】对话框，在该对话框中可以设置【增料】或【减料】的方式。

图 5-116　布尔操作工具条

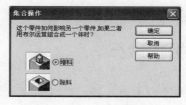

图 5-117　集合操作

5.5.1　合并运算

　　利用【布尔加】工具，可以将多个零件通过布尔运算生成一个单独的零件，操作步骤如下：

　　（1）打开一个新设计环境；

　　（2）选择【显示】|【设计树】菜单命令，选中【设计树】菜单项，在工作环境中显示出设计树；

　　（3）从【图素】设计元素库中将长方体、圆柱和球体依次拖到设计环境中。应将它们作为独立的图素拖移，不应将它们叠放在一起。在设计树中会显示出与放置到设计环境中的 3 个图素相对应的 3 个零件图标，如图 5-118 所示；

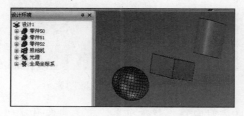

图 5-118　添加布尔运算元素

（4）分别选择各个零件，并按【F10】键激活三维球工具，拖动三维球中心点将这些零件重新定位，以使它们相互交叉；

（5）再次按【F10】键取消对三维球工具的选定；

（6）按住【Shift】键，从球体开始依次选择这3个零件，此时布尔操作工具条被激活；

（7）在布尔操作工具条上，单击【布尔加】工具按钮，这时被选定的零件组合成一个零件，第一个选定零件球体的图标和文本框仍然显示在设计树中，表明其为新零件；

（8）单击设计树上的球体零件图标左面的【+】号，展开设计树，并显示出作为新零件的次级零件的3个原有零件。球体次级零件现在的标签为【球体】，而其他两个次级零件仍然保留它们特有的零件标签。尽管设计环境中并没有明显可见的提示指出结构上的变化，但零件编辑状态中对任何一个单独零件的选择都将选中整个组合零件，如图5-119所示。

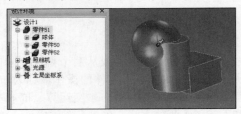

图 5-119　加运算示例

在设计环境背景中单击鼠标，以取消对新零件的选择，然后在零件编辑状态选择原始零件中任何一个，新零件的3个组件上将显示出一条蓝绿色的轮廓，表明其为一个零件。

5.5.2　相减运算

利用【布尔减】工具，可以将一个零件与其他零件的相交部分裁减掉，步骤如下：

（1）打开一个新设计环境；

（2）选择【显示】|【设计树】菜单命令，选中【设计树】菜单项，在工作环境中显示出设计树；

（3）绘制一个曲面，并从【图素】设计元素库中将长方体拖到设计环境中；

（4）按【F10】键激活三维球工具，拖动三维球中心点将这些零件重新定位，以使它们相互交叉；

（5）再次按【F10】键取消对三维球工具的选定；

（6）选择长方体作为被裁减的对象，如图5-120所示；

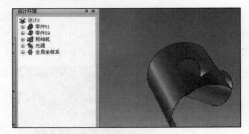

图 5-120　选择被裁减图素

（7）按住【Shift】键，选择曲面作为裁减对象。由于曲面有方向，所以在布尔减运算前，应确定曲面方向是否正确，否则应使曲面的方向反向；

（8）在布尔操作工具条上，单击【布尔减】工具按钮，完成布尔减运算操作，如图 5-121 所示。

图 5-121　布尔减运算

5.5.3　相交运算

利用【布尔交】运算工具，可以保留多个零件的相交部分，并裁减掉相交部分以外的其余部分。操作步骤如下：

（1）打开一个新设计环境；

（2）选择【显示】|【设计树】菜单命令，选中【设计树】菜单项，在工作环境中显示出设计树；

（3）从【图素】设计元素库中将长方体、圆柱体依次拖到设计环境中。应将它们作为独立的图素拖移，不应将它们叠放在一起。在设计树中会显示出与放置到设计环境中的两个图素相对应的两个零件图标，如图 5-122 所示；

（4）分别选择各个零件，按【F10】键激活三维球工具，拖动三维球中心点将这些零件重新定位，以使它们相互交叉；

（5）再次按【F10】键取消对三维球工具的选定；

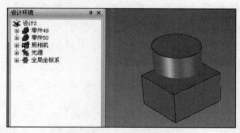

图 5-122　布尔交之前

（6）按住【Shift】键，先选择圆柱体，后选择长方体，此时布尔操作工具条被激活；

（7）在布尔操作工具条上，单击【布尔交】运算工具按钮，完成布尔交运算，如图 5-123 所示。

图 5-123　布尔交之后

5.6 学以致用——创建三通管道接头

随书附带光盘：\视频文件\第 5 章\5.6 创建三通管道接头.avi。

对于该实际问题，读者应具备如何应用所学的知识解决问题的能力。在本章中，我们学习了实体特征、面/边的编辑、特征变换、布尔运算等知识点，在实际问题中任何一个三维实体零件，均由上述操作组合叠加而成，读者应学会将一个待创建的目标实体零件分解为上述操作过程的集合，然后逐一运用上述操作完成实体零件的创建。

分析具体问题的方法。

第一步：分析将要绘制的实体零件由哪些特征元素构成，运用特征工具创建这些特征。

第二步：分析各种典型元素的位置关系、逻辑关系、尺寸关系，灵活运用特征变换、布尔运算等操作。

第三步：分析实体零件包含哪些特征修饰，如拔模、倒角、圆角、抽壳等，应用相应工具对实体零件进行编辑修改操作。

下面以创建三通管道接头为例，讲述如何进行实体零件的创建。

创建三通管道接头

（1）启动 CAXA 实体设计 2008 软件，新建设计环境。

（2）拖入圆柱体。从【图素】设计元素库中拖入圆柱体项目，双击圆柱体激活编辑状态，在操作手柄上单击鼠标右键，在弹出的菜单中选择【编辑包围盒】菜单命令，在打开的对话框中设置长宽高尺寸参数。通过编辑包围盒操作将圆柱体尺寸设置为长度：50（宽度自动为 50），高度：100，如图 5-124 所示。

（3）拖入第二个圆柱体。从【图素】设计元素库中拖入【圆柱体】，置于步骤 2 拖入的圆柱体圆柱面的左侧，如图 5-125 所示。双击圆柱体激活编辑状态，如图 5-126 所示。在操作手柄上单击鼠标右键，在弹出的菜单中选择【编辑包围盒】菜单命令，在打开的对话框中设置长宽高尺寸参数。将第二个圆柱体尺寸设置为长度：50，高度：50，结果如图 5-127 所示。

图 5-124　圆柱体

图 5-125　定位点

图 5-126　编辑圆柱体

（4）向右移动第二个圆柱体。双击第二个圆柱体，激活它的编辑状态，选择【工具】|【三维球】菜单命令，激活三维球。在三维球右端的操作手柄上单击鼠标右键，在弹出的菜单中选择【编辑距离】菜单命令，在弹出的对话框中将距离值设置为"50"，向右移动结果如图 5-128 所示。

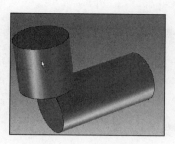

图 5-127   圆柱体 2

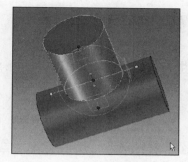

图 5-128   向右移圆柱体

（5）向上移动第 2 个圆柱体。在三维球上端的操作手柄上单击鼠标右键，在弹出的快捷菜单中选择【编辑距离】菜单命令，在弹出的对话框中将距离值设置为"25"，向上移动结果如图 5-129 所示。

（6）拖入圆柱体。从【图素】设计元素库中拖入【圆柱体】，置于步骤 2 拖入的圆柱体左端面圆心点，通过编辑包围盒操作将尺寸设置为长度：70，高度：20。

（7）重复步骤 6，分别向圆柱体右端面圆心点和圆柱体 2 的上端面圆心点位置放置长度为 70，高度为 20 的圆柱体，结果如图 5-130 所示。

图 5-129   向下移圆柱体

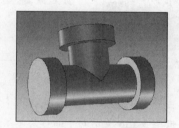

图 5-130   3 个圆柱体

（8）拖入孔类圆柱体。从【图素】设计元素库拖入【孔类圆柱体】项目，置于步骤 2 拖入的圆柱体左端面圆心点，通过编辑包围盒操作将尺寸设置为长度：40，高度：140，结果如图 5-131 所示。

（9）拖入第二个孔类圆柱体。从【图素】设计元素库中拖入【孔类圆柱体】，置于步骤 3 拖入的圆柱体 2 的上端面圆心点，通过编辑包围盒操作将尺寸设置为长度：40，高度：70。利用倒角工具对边缘进行倒角操作，效果如图 5-132 所示。

图 5-131   开圆柱孔

图 5-132   完成后的效果

5.7 典型实例

5.7.1 典型实例一 ——导轨支架

随书附带光盘：\视频文件\第5章\5.7.1 导轨支架.avi。

本案例是通过创建一个导轨支架零件来演示 CAXA 实体设计 2008 的实体建模方法。

导轨支架

（1）新建一个设计文件，并进入设计环境。

（2）从【图素】设计元素库中拖入厚板项目，如图 5-133 所示。

（3）修改厚板尺寸。双击该厚板，激活包围盒编辑手柄，在某个手柄上单击鼠标右键，在弹出的快捷菜单中选择【编辑包围盒】菜单命令，打开【编辑包围盒】对话框。按照图 5-134 所示将长宽高分别设置为 80、25、8，完成后的效果如图 5-135 所示。

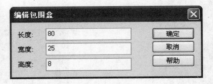

图 5-133　拖入厚板　　　图 5-134　设置包围盒尺寸　　　图 5-135　修改厚板尺寸

（4）单击【特征生成】工具栏上的【二维草绘】按钮 ，激活【2D 草图】任务窗格。

（5）单击图 5-136 所示的平面作为草绘平面，打开【编辑草图截面】对话框并进入草绘环境。

（6）单击【视向】工具条上的【指定面】按钮 ，单击图 5-136 所示地平面，将视图方向调整到草绘平面的正向。

（7）在草绘平面上绘制如图 5-137 所示的草绘图元，详细尺寸请参照随书附带光盘中的案例文件。

图 5-136　选取草绘截面

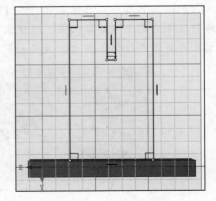

图 5-137　草绘图元

（8）单击【编辑草图截面】对话框中的【完成造型】按钮，退出草绘环境。

（9）在草绘图元上单击鼠标右键，在弹出的快捷菜单中选择【生成】|【拉伸】菜单命令，如图 5-138 所示。

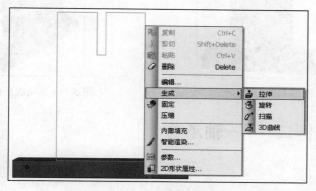

图 5-138 【拉伸】菜单命令

（10）此时打开了【从一个二维轮廓创建拉伸特征创建拉伸】对话框，单击勾选【拉伸反向】选项，在【距离】文本框中输入"25"，如图 5-139 所示。设置完成后，单击【确定】按钮，完成拉伸特征的创建，效果如图 5-140 所示。

图 5-139 拉伸参数设置

图 5-140 拉伸特征创建效果图

（11）从【图素】设计元素库中将【孔类圆柱体】项目拖到拉伸特征的面上，该面绿色加亮显示，将光标移到该面的绿色加亮中心点上，如图 5-141 所示。

（12）释放鼠标，在该实体上创建了一个孔，如图 5-142 所示。在该孔的某个操作柄上单击鼠标右键，在弹出的快捷菜单中选择【编辑包围盒】菜单命令，在打开的对话框中将宽度设置为"8"，高度设置为"30"，单击【确定】按钮后完成孔的创建，效果如图 5-143 所示。

图 5-141 智能捕捉孔中心点

图 5-142 创建孔

（13）重复步骤 11～12，创建其余的孔，完成后的效果如图 5-144 所示。

图 5-143　编辑孔

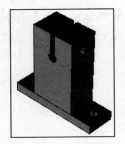

图 5-144　完成后的效果

5.7.2　典型实例二 ——轴承盖

随书附带光盘：\视频文件\第 5 章\5.7.2 轴承盖.avi。

本案例是通过创建一个轴承盖零件来演示 CAXA 实体设计 2008 的实体建模方法。

轴承盖

（1）新建一个设计文件，并进入设计环境。

（2）从【图素】设计元素库中拖入一个【圆柱体】项目，如图 5-145 所示。

（3）双击该圆柱体，激活编辑手柄，在任意一个手柄上单击鼠标右键，在弹出的快捷菜单中选择【编辑包围盒】菜单命令。在打开的对话框中将长度和宽度设置为"160"，将高度设置为"3"，单击【确定】按钮，结果如图 5-146 所示。

图 5-145　拖入圆柱体

图 5-146　修改圆柱体

（4）重复步骤 2～3，创建一个高度为"12"，宽度和长度为"118"的圆柱体，如图 5-147 所示。

（5）从【图素】设计元素库中拖入一个【孔类圆柱体】项目，将该项目放置于圆柱体的中心处，如图 5-148 所示。释放鼠标后，圆柱体上出现了一个孔，如图 5-149 所示。

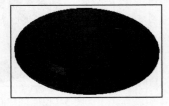

图 5-147　创建圆柱体

图 5-148　捕捉圆柱体中心

（6）在该孔的任意一个操作柄上单击鼠标右键，在弹出的快捷菜单中选择【编辑包围盒】菜单命令。在打开的对话框中将长度和宽度设置为"108"，高度设置为"12"，单击【确定】按钮后完成的效果如图 5-150 所示。

图 5-149　创建孔

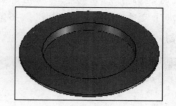

图 5-150　编辑孔

（7）创建拔模。单击【面/边编辑】工具条上的【面拔模】工具按钮，打开【拔模特征】任务窗格。在【拔模角度】复合框中将拔模角度值设置为"20"，依次单击选取圆柱体端面和圆孔面，工作区中预览了拔模效果，如图 5-151 所示。

（8）单击【拔模特征】任务窗格中的【应用并退出】按钮，完成拔模操作，完成后的效果如图 5-152 所示。

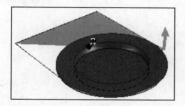

图 5-151　选取拔模参照和拔模面

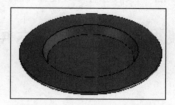

图 5-152　创建拔模

（9）重复步骤 8～9，创建外圆柱面的拔模，完成前后的对比效果如图 5-153 所示。

图 5-153　外圆柱面拔模前后对比

（10）单击【特征生成】工具栏上的【二维草绘】按钮，激活【2D 草图】任务窗格。

（11）单击拾取图 5-154 所示的大圆柱体的端面作为草绘平面，打开【编辑草图截面】对话框并进入草绘环境。

（12）单击【视向】工具条上的【指定面】按钮，单击图 5-154 所示的平面，将视图方向调整到草绘平面的正向。

（13）在草绘平面上绘制如图 5-155 所示的草绘图元，4 个圆直径全部为 5，以 90° 周向均布。

图 5-154　草绘平面

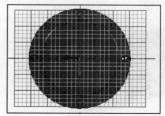

图 5-155　绘制连接孔

（14）单击【编辑草图截面】对话框中的【完成造型】按钮，退出草绘环境。

（15）在草绘图元上单击鼠标右键，在弹出的快捷菜单中选择【生成】|【拉伸】菜单命令。

（16）此时打开了【从一个二维轮廓创建拉伸特征创建拉伸】对话框，单击选中【除料】选项，在【距离】文本框中输入"20"，如图 5-156 所示。设置完成后，单击【确定】按钮，完成拉伸特征的创建，效果如图 5-157 所示。

图 5-156　拉伸参数设置界面

图 5-157　创建连接孔效果图

5.7.3　典型实例三 ——六角螺栓

随书附带光盘：\视频文件\第 5 章\5.7.3 六角螺栓.avi。

本案例是通过创建一个六角螺栓零件来演示 CAXA 实体设计 2008 的实体建模方法。

六角螺栓

（1）新建一个设计文件，并进入设计环境。

（2）从【图素】设计元素库中拖入一个【多棱体】项目，如图 5-158 所示。

（3）双击该多棱体，激活编辑状态。在该多棱体上单击鼠标右键，在弹出的快捷菜单中选择【智能图素属性】菜单命令，打开【拉伸特征】对话框。单击【变量】选项卡，将边数设置为"6"，如图 5-159 所示。单击【确定】按钮，完成棱边的设置，如图 5-160 所示。

图 5-158　拖入多棱体

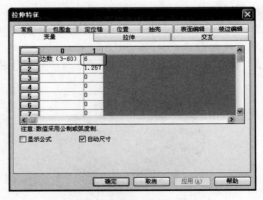

图 5-159　设置棱边数量

（4）双击该六棱体，激活编辑手柄。在任意一个编辑手柄上单击鼠标右键，在弹出的快捷菜单中选择【编辑包围盒】菜单命令，在打开的对话框中将长度和宽度设置为"22"，将高度设置为"8"，单击【确定】按钮完成尺寸修改操作，如图5-161所示。

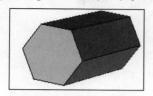

图 5-160　创建六棱体

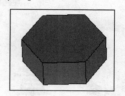

图 5-161　修改尺寸

（5）从【图素】设计元素库中拖入【圆柱体】图标，利用智能捕捉功能，捕捉六边形的中心，如图5-162所示。

（6）释放鼠标后，双击圆柱体，激活编辑手柄。在任意一个编辑手柄上单击鼠标右键，在弹出的快捷菜单中选择【编辑包围盒】菜单命令，在弹出的对话框中将长度和宽度设置为"12"，将高度设置为"2"，单击【确定】按钮，完成操作，如图5-163所示。

图 5-162　捕捉中心点

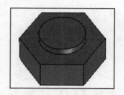

图 5-163　创建圆柱体

（7）单击设计元素库中的【工具】选项卡，展开【工具】设计元素库。在【工具】设计元素库中拖出【自定义螺纹】工具，并使用智能捕捉功能释放到圆柱体的中心位置，打开【自定义螺纹】对话框，如图5-164所示。

（8）在该对话框中设置螺纹的参数，完成后单击【确定】按钮，最终效果如图5-165所示。

图 5-164　【自定义螺纹】对话框

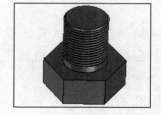

图 5-165　添加螺纹

5.8　小结

本章讲述了实体零件的创建工具及方法，主要包括实体特征、面/边编辑工具、特征变换操作、布尔运算等。

在实际操作中任何一个三维实体零件，均由上述操作组合叠加而成，读者应学会将一个待创建的目标实体零件分解为上述操作过程的集合，然后逐一运用上述操作完成实体零件的创建。

本章内容是 CAXA 实体设计的核心，是实体设计的必要环节，也是虚拟装配、渲染、仿真、工程图等的必要前提准备，读者应务必仔细研究，熟练掌握每个工具的功能及使用方法。

第6章

曲线曲面造型设计

学习目标

- 空间点的创建、编辑、捕捉；
- 空间曲线的创建、编辑、变换；
- 曲面的创建、编辑、变换。

内容概要

本章将详细讲述CAXA实体设计2008的曲面曲线造型功能。曲面曲线功能在零件设计中会经常用到，尤其是在汽车、航天、玩具、电子产品等对外观要求较高的行业中。

主要包括空间点相关的创建、编辑、交换、捕捉；空间曲线相关的创建、编辑、变换以及曲面相关的创建、编辑、变换等操作，以由点到线、由线到面的顺序安排内容架构。

通过本章内容的学习，读者对曲面曲线设计应很好地掌握，加深对曲面曲线设计的印象，在头脑中编织一个曲面曲线的知识网络，并把曲面曲线设计灵活应用到实体设计、钣金设计的环节中，拓展零件设计的思路，丰富零件设计的方法，增强零件设计的能力。

CAXA 实体设计提供了丰富的曲面造型手段，构造曲面的关键是搭建线架构，在线架构的基础上选用各种曲面的生成方法，构造所需定义的曲面来描述零件的外表面。在 CAXA 实体设计中构造曲面的基础是线架构，搭建线架构的基础是 3D 曲线，而生成 3D 曲线的基础是构建 3D 空间点，所以在介绍曲线曲面之前，先介绍一下 3D 空间点。

6.1 3D 空间点

在 CAXA 实体设计中 3D 空间点是造型中最小的单元，通常在造型时可将 3D 空间点作为参考来搭建线架，在造型设计中起到重要的作用。

6.1.1 生成点

CAXA 实体设计 3D 空间点是作为 3D 曲线的一种几何单元，提供了以下几种生成点的方式。

1. 读入点数据文件

点数据文件是指按照一定格式输入点的文本文件。文件的格式为每行是 X、Y、Z 3 个坐标值的 *.txt 文件，坐标值用逗号、Tab 键或空格分隔。

2. 坐标点

根据输入的 3D 坐标值约束点的精确位置。输入坐标值的格式为："X 坐标、Y 坐标、Z 坐标"，如 30 40 50 或 30,40,50，坐标值之间用空格或逗号隔开，不可加入其他字符，坐标值不可省略。

（1）选择【显示】|【工具条】|【3D 曲线】菜单命令，可以控制【3D 曲线】工具条的显示与隐藏。

（2）单击【3D 曲线】工具条上的【三维曲线】工具按钮 ，如图 6-1 所示。

（3）此时打开【三维曲线】任务窗格，如图 6-2 所示。在该任务窗格中单击【插入参考点】按钮 ，然后在【坐标输入位置】文本框中输入插入点的坐标值。

图 6-1 【3D 曲线】工具条　　　　　　　图 6-2 【三维曲线】任务窗格

（4）单击【应用并退出】按钮 ，完成空间点的创建。

3. 任意点及相关点

CAXA 实体设计提供了在 3D 空间任意绘制点的方式，加上其强大的智能捕捉及三维球变换功能可绘制出通常 3D 软件所提供的曲线上点、平面上点、曲面上点、圆心点、交点、中点、等分点等生成点的方式。

6.1.2 编辑点

当绘制完成的几何元素需要更改时，希望通过编辑方式进行修改后重新生成，CAXA 实体设计提供了 3 种编辑点的方式。

1. 右键菜单编辑

在曲线编辑状态下，在需要编辑位置的空间点上单击鼠标右键，在弹出的右键菜单中选择【编辑】菜单命令，如图 6-3 所示。在打开的【编辑绝对点位置】对话框中，可修改点的坐标值。

2. 利用三维球编辑

选中 3D 点，按【F10】键或单击【三维球】按钮 ，激活三维球工具。鼠标右键单击三维球中心点，在弹出的菜单中选择【编辑位置】菜单命令，可修改点的坐标值，如图 6-4 所示。

图 6-3 右键菜单编辑点　　　　　　　　　　图 6-4 三维球编辑点

3. 3D 曲线属性表编辑

CAXA 实体设计的 3D 点属于 3D 曲线中的几何元素，可通过 3D 曲线属性表对其进行位置的编辑。

鼠标右键单击空间点所在的曲线，在弹出的快捷菜单中选择【3D 曲线属性】菜单命令，打开【3D 曲线】对话框，单击【位置】选项卡，切换到编辑 3D 点坐标的界面，如图 6-5 所示。

图 6-5 【3D 曲线】对话框

6.1.3 交换点

CAXA 实体设计的 3D 点可利用三维球对其进行移动、复制、链接、线性阵列、矩形阵列、圆周阵列、沿 3D 曲线阵列（沿曲线拷贝/链接）等变换特征。由于在前面的章节中着重介绍过三维球，这里只介绍沿 3D 点阵列的功能，方法如下。

（1）定义一个 3D 空间点。

（2）定义一条要沿其阵列的 3D 曲线。

（3）选中要阵列的 3D 点。

（4）激活三维球（按【F10】键）。

（5）沿 3D 曲线右键拖动三维球中心点。

（6）选择沿 3D 曲线拷贝或链接。

（7）在弹出的对话框中输入参数后单击"确定"按钮。

6.1.4　捕捉点

前面提到 CAXA 实体设计的智能捕捉功能非常强大，不仅提供了通常的捕捉点功能（如曲线上点、平面上点、曲面上点、中心点、交点、中点等），而且还提供了点捕捉选项工具，在几何元素比较复杂的情况下，智能捕捉不能很好地捕捉时，可使用捕捉工具强行对几何元素进行正确地捕捉，如图 6-6 所示。

图 6-6　点捕捉工具

6.2　绘制 3D 曲线

在 CAXA 实体设计中曲线的设计分为两大类：二维曲线和 3D 曲线。二维曲线的绘制在第 4 章草绘部分中已经做了介绍。在上节中讲过"构造曲面的基础是线架构，搭建线架构的基础是 3D 曲线"，所以在介绍曲面之前，先介绍一下 3D 曲线。

6.2.1　3D 曲线绘制工具简介

在 CAXA 实体设计中可以通过两种途径来进入 3D 曲线的设计。

【3D 曲线】工具条上有 5 种生成 3D 曲线的方法供选择：三维曲线、等参数线、曲面交线、投影线、公式曲线。如果在屏幕上看不到【3D 曲线】工具条，选择【显示】|【工具条】|【3D 曲线】菜单命令，可以控制【3D 曲线】工具条的显示与隐藏，如图 6-7 所示。

3D 曲线工具条从左向右分别为：三维曲线、等参数线、曲面交线、投影线、公式曲线、拟合曲线、裁剪曲线、组合投影曲线、包裹曲线。

选择【生成】|【曲线】菜单命令，可以展开【曲线】子菜单，该子菜单同样包含上述 3D 曲线的选项，如图 6-8 所示。

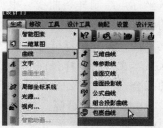

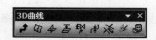

图 6-7　【3D 曲线】工具条　　　　　　　　图 6-8　3D 曲线工具子菜单

6.2.2　创建 3D 样条曲线

在【3D 曲线】工具条上，单击【三维曲线】按钮 ，打开如图 6-9 所示的【三维曲线】任务窗格，并且在菜单栏中出现【三维曲线】菜单，单击【三维曲线】菜单展开如图 6-10 所示的子菜单。用户可以采用任务窗格中的各种三维曲线按钮或者图 6-10 所示的子菜单命令创建三维曲线。

图 6-9　【三维曲线】任务窗格

图 6-10　【三维曲线】菜单

> **技　巧**：将鼠标移到任务窗格中的按钮上，会出现该按钮工具的提示信息，初次使用这些工具的用户可以根据提示信息进行操作。

单击任务窗格中的【插入样条曲线】按钮 进入样条曲线输入状态。插入样条曲线有 4 种方法可以选择。

- 捕捉 3D 空间点绘制样条曲线。利用 3D 空间点作为参考点，以捕捉参考点的方式生成样条曲线。3D 空间点可以是绘制的 3D 点、实体和曲面上能捕捉到的点、曲线上的点等。
- 借助三维球绘制样条曲线。利用三维球在三维空间可以灵活、方便并直观的连续绘制三维曲线，且提供了任意绘制及精确绘制两种方式，成为实体设计独有的一种绘制样条曲线的方式。这里只做简单的介绍，后面将涉及这种绘制的方式。
- 输入坐标点绘制样条曲线。根据输入的三维坐标点自动生成一条光滑的曲线。输入坐标值的格式为："X 坐标，Y 坐标，Z 坐标"，如 30 40 50，坐标值之间用空格隔开，不可加入其字符，坐标值不可省略。
- 读入文本文件绘制样条曲线，读入样条数据文件。样条数据文件是指包含形成三维 B 样条的拟合点的文件，文件的格式为每行是 X、Y、Z3 个坐标值的文本文件，坐标值用逗号、Tab 键或空格分隔。使用时选择左上角三维曲线下拉菜单中的"输入样条曲线"，在弹出的"输入 3D 样条曲线"对话框中输入样条数据文件所在的路径，即可读入样条数据文件并生成样条曲线。

6.2.3　插入两点直线/连续直线/圆/圆弧

1. 插入直线

单击【三维曲线】工具条上的【插入直线】按钮，输入空间直线的两个端点。这两个点可以输入精确的坐标值，可以拾取绘制的 3D 点、实体和其他曲线上的点。

通常情况下，当绘制管道时，需要先将其导动曲线绘制出来，通过扫描的方式完成管道的绘制。为了灵活、方便、直观并精确地绘制管道的空间导动曲线，可以借助三维球在空间连续绘制。

> **技　巧**：当借助三维球在空间连续绘制 3D 曲线时，必须配合使用【用三维球插入点】按钮。该按钮在借助三维球绘制曲线的状态下能够被激活。例如，选择插入直线命令，激活三维球，这时按钮处于激活状态，拖动三维球中心点选择插入点位置。确认三维球所处的点是将要插入的点时，可通过双击该按钮确认插入点，这样就可以实现空间曲线的连续绘制。当绘制完成后注意单击绿色圆点按钮确认完成。同样的，上面提到的样条曲线也可通过这样的方式来实现，并可应用于布线设计中。
>
> 单击【插入直线】按钮，按住【Shift】键选择曲面上任意一点或曲面上线的交点，即可做出曲面上该点的法线。

2. 插入连续直线

单击【三维曲线】工具条上的【插入多义线】按钮，进入插入连续直线状态。依次输入各段直线端点的坐标值，当一点坐标值输入完成后，按【Enter】键进入下一点的输入。这些点可以输入精确的坐标值，也可以拾取绘制的 3D 点、实体和其他曲线上的点。

3. 插入圆弧

单击【三维曲线】工具条上的【插入圆弧】按钮，进入插入圆弧状态。首先输入圆的两个端点，再输入圆弧上的任意一点来建立一个空间圆弧。圆弧半径的大小是由输入的两点来确定的。这两个点可以输入精确的坐标值，当一点的坐标值输入完成后，按【Enter】键进入下一点的输入。也可以拾取绘制的 3D 点、实体和其他曲线上的点。

4. 插入圆

单击【三维曲线】工具条上的【插入圆】按钮，进入插入圆状态。通过输入圆上三点坐标值创建圆，当一点坐标值输入完成后，按【Enter】键进入下一点的输入。

6.2.4　插入过渡

利用【三维曲线】任务窗格中的【插入圆角过渡】按钮，可以在两条具有公共点的空间相交直线的交点处创建一个圆角过渡。创建方法如下。

（1）单击【3D 曲线】工具条上的【插入圆角过渡】按钮，进入插入圆角过渡状态。

（2）插入过渡时要求两条曲线是具有公共端点的两条直线，选择两条直线的公共端点拖动即可生成两条直线的过渡。

（3）如要对过渡的半径值进行精确地控制，在完成圆角过渡的创建后，用鼠标选中过渡圆弧，当圆变为黄色后，单击鼠标右键并在右键菜单中选择【编辑半径】菜单命令，在弹出的【编辑半径】对话框中输入正确的值，单击【确定】按钮即可完成，如图 6-11 所示。

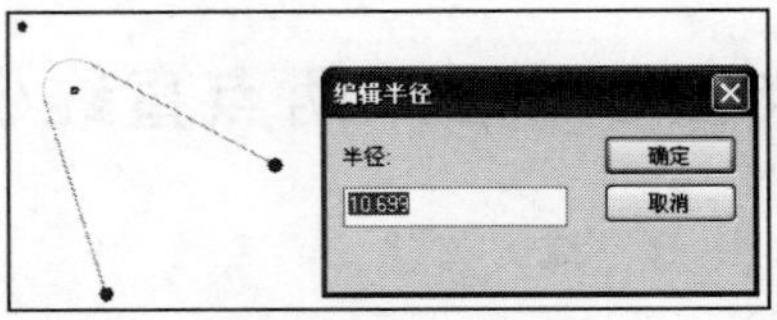

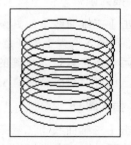

图 6-11 输入圆角半径

6.2.5 插入螺旋线

利用【三维曲线】任务窗格中的【插入螺旋线】工具按钮 ⑧，可以创建一个空间螺旋曲线，创建方法如下。

（1）单击【三维曲线】任务窗格中的【插入螺旋线】按钮 ⑧，在设计环境中选择一点作为螺旋线的中心。

（2）在弹出的【螺旋线】对话框中设置螺旋线的参数，设置完成后单击【确定】按钮，即可生成螺旋线。

（3）拖动螺旋线的中心可以改变螺旋线的位置，拖动起始处的方向手柄可以改变螺旋线旋转方向。

（4）选择螺旋线并在中心点的手柄上右键单击鼠标右键，可以根据右键弹出菜单编辑螺旋线的方向。

（5）选中状态下在螺旋线上单击鼠标右键或双击左键，可以进入生成螺旋线的编辑对话框，如图 6-12 所示。在该对话框中可以对已生成的螺旋线进行修改，完成后的螺旋线效果如图 6-13 所示。

图 6-12 【螺旋线】对话框

图 6-13 螺旋线示例

6.2.6 生成拟合曲线

利用【3D 曲线】工具条中的【拟合曲线】工具按钮 ，如图 6-14 所示，可以在多条首尾相接的直线或曲线上创建一条光滑的空间曲线。

图 6-14 【拟合曲线】工具

创建方法如下。

（1）单击【3D 曲线】工具条中的【拟合曲线】按钮 ，激活拟合曲线工具，打开【2D 捕捉加亮】任务窗格，如图 6-15 所示。

（2）在工作区中依次单击选取待拟合的多条首尾相接的曲线，单击【应用并退出】按钮 ，完成拟合曲线的创建，如图 6-16 所示。

图 6-15　【2D 捕捉加亮】任务窗格

图 6-16　拟合曲线示例

> 技　巧：创建拟合曲线时，单击选中如图 6-15 所示【2D 捕捉加亮】任务窗格中的【删除原来的曲线】复选框，在创建拟合曲线后将删除原来的曲线，如图 6-17 所示。

图 6-17　拟合曲线前后对比

6.2.7　生成等参数线

在【3D 曲线】工具条上提供了等参数线的功能。

曲面都是以 U、V 两个方向的形式建立的，对于 U、V 方向上每一个确定的参数都有一条曲面上确定的曲线与之对应。生成曲面等参数线的方式有过点和指定参数两种。在生成指定参数值的等参数线时，给定参数值后只需选取曲面即可；在生成曲面上给定点的等参数线时，先选取曲面再输入点即可。

单击【3D 曲线】工具条上的【等参数线】按钮 ，出现如图 6-18 所示的【等参数线】任务窗格。图中所示状态为输入点状态，在这种状态下可以输入曲面上的坐标点，也可以直接拾取曲面上的点。操作时注意左下方提示区的提示，先拾取曲面，再拾取曲面上一点。作出的曲线是 U 向还是 V 向查看曲面角点处的红色箭头，可以通过 U、V 方向按钮来切换方向。完成后，单击【应用并退出】按钮 ，完成等参数线的创建，如图 6-19 所示。

图 6-18　【等参数线】任务窗格

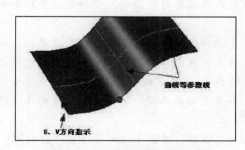

图 6-19　生成等参数线示例

如需要输入曲面参数值，可直接在输入框中输入比例参数值。曲面的参数值是以百分数的形式来输入，输入时百分号可以省略。

6.2.8　生成曲面交线

两曲面相交，存在一条交线。单击【3D曲线】工具条上的【曲面交线】按钮，出现如图6-20所示的【曲面交线】任务窗格。在工作区中分别单击选取两曲面或实体的表面，单击【应用并退出】按钮，即可创建出如图6-21所示的曲面交线。

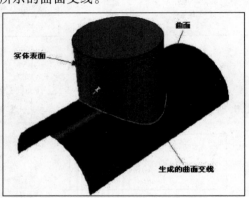

图6-20　【曲面交线】任务窗格　　　　图6-21　生面曲面交线示例

6.2.9　生成投影线

一条或多条空间曲线按给定的方向向曲面投影，投影的结果就是曲线在曲面上的投影线。利用【3D曲线】工具条上的【投影线】按钮，可以创建投影线。

创建方法如下。

（1）单击【3D曲线】工具条上的【投影线】按钮，打开如图6-22所示的【曲面投影线】任务窗格。

（2）在工作区中单击拾取要投影的曲线。如果要投影的曲线是多条光滑连接的曲线，那么选中【拾取光滑连接的边】复选框，多条光滑连接的曲线将会被一次拾取。也可以通过拾取某个曲面的边界曲线作为投影曲线。

（3）在【拾取投影到的面】列表框中单击鼠标，然后在工作区中单击拾取要投影到的曲面，该曲面边界以加亮的方式显示。

（4）在【选择投影方向】列表框中单击鼠标，接下来拾取一条直线来确定曲线向曲面投影的方向（直线可以是实体的棱边或曲线的边界）。拾取直线后，在直线的端点上会自动显示红色的箭头，如果方向不正确，选中【反转方向】复选框改变投影的方向。

（5）拾取完成后，单击【应用并退出】按钮，即可创建

图6-22　【曲面投影线】任务窗格

如图 6-23 所示的投影线。

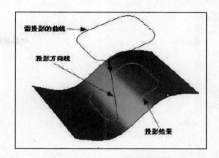

图 6-23 生成投影线示例

6.2.10 由公式创建曲线

公式曲线是用数学表达式表示的曲线图形，也就是根据数学公式绘制出相应的曲线，可以是直角坐标形式的，也可以是极坐标形式的。公式曲线提供了一种更方便、更精确的作图手段，以适应某些精确的形状、轨迹线形的绘图。只要交互输入数学公式，并给定参数，系统便会自动绘制出该公式描述的曲线。

利用【3D 曲线】工具条上的【公式曲线】按钮 **fx**，可以生成一条由数学表达式定义的空间曲线。

创建方法如下。

（1）单击【3D 曲线】工具条上的【公式曲线】按钮 **fx**，弹出【公式曲线】对话框，如图 6-24 所示。

（2）在对话框的【坐标系】选项区中，可以选择是在【直角坐标】下还是在【极坐标】下输入公式。

图 6-24 【公式曲线】对话框

在对话框的【变量单位】选项区，可选择角度的单位是【角度】还是【弧度】，可根据公式的需要来选择。

（3）填写需要设置的参数：【变量名】、【精度】、【起始值】、【终止值】（指变量的起终值，即给定自变量的取值范围）。

（4）在表达式输入框中输入公式的参数表达式，然后单击【预显】按钮，在预览框中可以预显公式曲线的图形。在输入公式时 CAXA 实体设计支持 Windows 系统提供的拷贝、粘贴功能，当输入已有文本文件中的公式时，采用拷贝、粘贴命令更加简便。

（5）对话框中还有【保存】、【调入】、【删除】3 个按钮。【保存】是针对当前公式而言，如果公式输入完成并且预显正确，那么可以单击【保存】按钮，根据提示输入公式名称并单击【确定】按钮将该公式保存到计算机中，供以后再次使用。【调入】和【删除】都是对已存在的公式进行操作。调入公式时可以在设置窗口中进行选择，选定公式后单击【调入】按钮，公式就会出现在表达式的输入框中。如果删除公式，那么在选中公式后单击【删除】按钮即可。

（6）输入公式并且预显正确后，单击【确定】按钮，按照系统的提示"输入一点定位曲线"，在【公式曲线】任务窗格中输入定位点的空间坐标，3 个坐标值用空格隔开，如图 6-25 所示。输入完成后按【Enter】键确认输入，此时在工作区中显示出创建的空间曲线，如图 6-26 所示。

（7）单击【应用并退出】按钮 ✓，即可完成空间曲线的创建。

图 6-25　输入定位点坐标

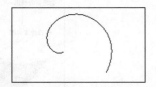

图 6-26　由公式创建曲线示例

说　明：元素定义时函数的使用格式与 C 语言中的用法相同，所有函数的参数须用括号括起来，且参数本身也可以是表达式。公式曲线可用的数学函数有"sin"、"cos"、"tan"、"asin"、"acos"、"atan"、"sinh"、"cosh"、"tanh"、"sqrt"、"fabs"、"ceil"、"floor"、"exp"、"log"、"log10"、"sign" 共 17 个函数。

- 三角函数 sin、cos、tan 的参数单位采用角度，如 sin(30) = 0.5，cos(45) = 0.707。
- 反三角函数 asin、acos、atan 的返回值单位为角度，如 acos(0.5) = 60，atan(1) = 45。
- sinh、cosh、tanh 为双曲函数。
- sqrt(x)表示 x 的平方根，如 sqrt(36) = 6。
- fabs(x)表示 x 的绝对值，如 fabs(−18) = 18。
- ceil(x)表示大于等于 x 的最小整数，如 ceil(5.4) = 6。
- floor(x)表示小于等于 x 的最大整数，如 floor(3.7) = 3。
- exp(x)表示 e 的 x 次方。
- log(x)表示 lnx(自然对数)。
- log10(x)表示以 10 为底的对数。
- sign(x)在 x 大于 0 时返回 x，在 x 小于等于 0 时返回 0。如 sign(2.6) = 2.6，sign(−3.5) = 0。

幂用^表示，如 x^5 表示 x 的 5 次方。

求余运算用%表示，如 18%4 = 2，2 为 18 除以 4 后的余数。

在表达式中，乘号用"*"表示，除号用"/"表示；表达式中没有中括号和大括号，只能用小括号。

如下表达式是合法的表达式：　5*h*sin(30)-2*d^2/sqrt(fabs(3*t^2-x*u*cos(2*alpha)))。

6.3　编辑 3D 曲线

6.3.1　分割曲线

利用【三维曲线】任务窗格中的【分割曲线】工具 ✕，可以将空间曲线在指定点处打断，从而将一条完整的曲线分割成多条首尾相接的曲线。

可以使用其他三维曲线和几何图形（实体表面、曲面）作为打断参照打断三维曲线。这样可以延伸曲线或者利用输入的曲线，然后利用分割曲线等功能进行修改。分割曲线后可以删除不需要的曲线段。

　　操作方法：单击【3D 曲线】工具条上的【三维曲线】按钮 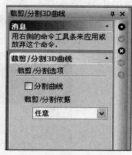，进入三维曲线编辑状态，在【三维曲线】任务窗格中单击【分割曲线】按钮 ✗，在工作区选择要修剪的曲线，然后选择作为剪刀的曲线或几何图形，这样就可以将曲线分成几段。

6.3.2　曲线裁剪/分割

　　利用【3D 曲线】工具条上的【裁剪/分割 3D 曲线】工具 ✗，可以对空间 3D 线架进行修剪。

　　单击【3D 曲线】工具条上的【裁剪/分割 3D 曲线】按钮 ✗，打开如图 6-27 所示的【裁剪/分割 3D 曲线】任务窗格。

　　该任务窗格中提供了 3 种裁剪/分割的方式，具体可见【裁剪/分割依据】下拉列表。

- 【任意】：可利用与被裁剪曲线相交的实体表面、曲面、曲线来进行曲线的修剪。此功能支持多条曲线同时进行修剪。
- 【点】：可以通过在曲线上选取任意点进行裁剪/分割。
- 【投影】：可利用并不相交空间曲线将其以投影到基准平面的方式对曲线进行修剪，投影基准面可以是创建的坐标系的基准面和实体表平面。

图 6-27　【裁剪/分割
3D 曲线】任务窗格

6.3.3　编辑样条曲线控制点

　　双击样条曲线进入样条曲线编辑状态，在打开的【三维曲线】任务窗格中，可以对样条曲线的控制点和端点的切矢量的长度和方向进行编辑。

　　编辑样条曲线控制点的方法有以下 3 种。

　　（1）将鼠标移到样条曲线的控制点处（小圆点处），这时光标变为小手形状，按下鼠标左键不放拖动鼠标到需要的位置，或捕捉实体和曲线上的点。

　　（2）将鼠标移到样条曲线的控制点处（小圆点处），当光标变为小手形状时，单击鼠标右键，在弹出的右键菜单中选择【编辑】菜单命令，弹出【编辑绝对点位置】对话框，输入该点修改后的坐标值，单击【确定】按钮完成这一点的编辑，如图 6-28 所示。

　　（3）在生成三维曲线后，可以使用三维球精确移动点，确定三维曲线控制点的位置。单击选中曲线控制点，按【F10】键激活三维球，在三维球中心点上单击鼠标右键，在弹出的菜单中选择【到点】、【到中心点】、【到中点】|【边】、【到中点】|【点到点】或【到中点】|【两面间】命令，然后单击选择其他曲线或实体中的某个参照，如图 6-29 所示。

图 6-28　【编辑绝对点位置】对话框

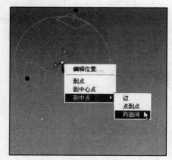

图 6-29　使用三维球确定点的精确位置

编辑样条曲线端点切矢量的方法是，双击样条曲线进入样条曲线编辑状态，用鼠标再次单击样条曲线，这时在样条的端点处出现带箭头的矢量。把鼠标移动到箭头上，单击鼠标右键，弹出右键菜单，菜单中提供了多种方式用来编辑曲线端点切矢张力和方向。

6.3.4　曲线属性表的编辑与查询

利用曲线属性表能够对曲线进行位置及方向的编辑，并且能够通过曲线属性查询曲线的长度，曲线长度的查询在布线设计中是必须的功能。单击选中曲线后，在曲线上单击鼠标右键，在弹出的快捷菜单中选择【3D 曲线属性】菜单命令，如图 6-30 所示；打开【3D 曲线】对话框，如图 6-31 所示。可以通过修改对话框的参数值对曲线进行编辑修改，也可以通过对话框的选项查看曲线长度等曲线参，如图 6-32 所示。

　　　　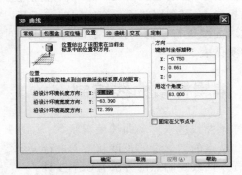

图 6-30　【3D 曲线属性】菜单命令　　　　图 6-31　【3D 曲线】对话框

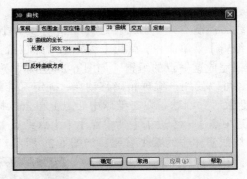

图 6-32　编辑曲线参数

6.4　3D 曲线变换

6.4.1　曲线移动

利用三维球在 3D 空间可将已有曲线任意或精确的移动到需要的位置上。

（1）单击选中曲线，按【F10】键激活三维球，将鼠标移动到三维球中心附近，待鼠标变成形状时，按下鼠标右键不放，拖动鼠标至其他位置，释放鼠标，在弹出的快捷菜单中选择【平移】菜单命令，如图 6-33 所示。

（2）此时打开如图 6-34 所示的【重复拷贝/链接】对话框，在对话框中输入图 6-33 中"距离1"和"距离 2"所示方向上的移动距离，单击【确定】按钮，完成曲线的移动。

图 6-33 曲线移动

图 6-34 【重复拷贝/链接】对话框

 技　巧：当图 6-33 所示的移动方向不能满足要求时，可以先调整三维球手柄的方向，然后再执行平移操作。

6.4.2 曲线旋转

利用三维球在 3D 空间可将已有曲线任意或精确的旋转角度。

（1）单击选中空间曲线，然后按【F10】键激活三维球工具。

（2）选择三维球的一个内手柄，手柄所在的轴即为旋转轴并被加亮显示。

（3）将鼠标移到旋转轴和三维球各操作手柄以外的其他位置，待鼠标指针变成旋转图标时，按住鼠标右键拖动。

（4）放开鼠标，在弹出菜单中选择【平移】菜单命令，如图 6-35 所示。

（5）在弹出的【编辑旋转】对话框中，输入转动的角度，如图 6-36 所示。

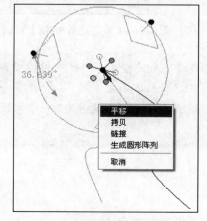

图 6-35 【平移】菜单命令

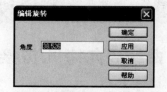

图 6-36 【编辑旋转】对话框

技　巧：当旋转的方向不能满足要求时，可以先调整三维球手柄的方向，使三维球某个内手柄所在的轴与期望的旋转轴平行，然后再执行旋转操作。

6.4.3　线性曲线拷贝/链接

利用三维球在 3D 空间可将已有曲线任意或精确地链接拷贝到需要的位置上，并能够实现一次多份链接拷贝方式。曲线链接存在曲线之间的关联，当其中一个曲线进行修改时，其余曲线零件则相应更改。这种链接也可通过选中零件后单击鼠标右键选择打断链接，体现了 CAXA 实体设计灵活的一面。

线性拷贝/链接可以将曲线沿某条直线进行复制排列。

（1）单击选中要创建链接的空间曲线。

（2）选择【工具】|【三维球】菜单命令，激活三维球工具。

（3）在三维球的某个外手柄上单击鼠标，选定其轴。

（4）在三维球外手柄上单击鼠标右键不放，然后向该手柄所指方向拖动。在拖动鼠标时，注意曲线的轮廓将随三维球一起移动，当轮廓消失而曲线移动到其他位置时，放开鼠标。

（5）在弹出菜单中选择【拷贝】菜单命令，如图 6-37 所示。在打开的【重复拷贝/链接】对话框的【数量】字段中输入拷贝的数量。如果需要，可编辑间距字段中的值，以修改各复制操作对象间的间距。单击【确定】按钮，即可完成曲线的拷贝，如图 6-38 所示。

（6）按【F10】键，取消对三维球工具的选择。

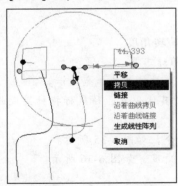

图 6-37　【拷贝】菜单命令　　　　　　　　图 6-38　【重复拷贝/链接】对话框

 技　巧：在图 6-37 所示的快捷菜单中选择【链接】命令，可进行链接操作。链接操作与拷贝操作的区别是：链接操作生成的各曲线具有关联性，当修改某个曲线的参数时，其他曲线也会随着自动修改。而拷贝操作不具备这种关联性，修改单个曲线的参数时，其他曲线不会自动随着修改。

6.4.4　曲线周向拷贝/链接

周向拷贝/链接可以将曲线绕某个旋转中心周向复制排列。

（1）单击选中要创建链接的空间曲线。

（2）选择【工具】|【三维球】菜单命令，激活三维球工具。

（3）在三维球的某个内手柄上单击鼠标，选定其轴。该内手柄所在的轴加亮显示。

（4）将鼠标移到旋转轴和三维球各操作手柄以外的其他位置，待鼠标指针变成旋转图标 时，按住鼠标右键拖动。

（5）释放鼠标后，在弹出菜单中选择【拷贝】菜单命令，如图 6-39 所示。在打开的【重复拷贝/链接】对话框的【数量】文本框中输入拷贝的数量。如果需要，可编辑间距字段中的值，以修改各复制操作对象间的间距。单击【确定】按钮，即可完成曲线的拷贝，如图 6-40 所示。

（6）按【F10】键，取消对三维球工具的选择。

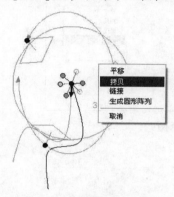

图 6-39　【拷贝】菜单命令

图 6-40　【重复拷贝/链接】对话框

> 技　巧：如果有必要，在【重复拷贝/链接】对话框中输入步长值，可以实现螺旋型拷贝/链接。

6.4.5　曲线镜像

利用三维球可将复杂的对称线架通过镜像功能来实现，并能够镜像移动/拷贝/链接。选中空间曲线后，按【F10】键激活三维球工具，在三维球的某个内手柄上单击鼠标右键，然后选择相应的菜单命令，如图 6-41 所示。

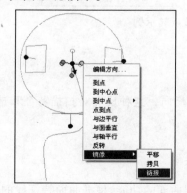 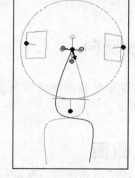

图 6-41　曲线镜像示例

6.4.6　曲线阵列

　　CAXA 实体设计三维球提供了 4 种阵列的方式：线性阵列、矩形阵列、圆周阵列、沿 3D 曲线阵列。可根据具体的情况选中不同的阵列方式，如图 6-42 所示。各种阵列方式的具体操作方法可参考 5.4.6 小节中实体特征的阵列方法。

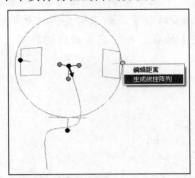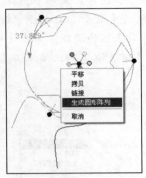

图 6-42　曲线阵列示例

6.4.7　曲线反转

　　将鼠标移动到三维球的某个内手柄上，单击鼠标右键，在快捷菜单中选择【反转】菜单命令，可以实现曲线的反转，如图 6-43 所示。

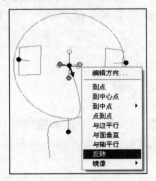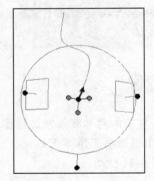

图 6-43　曲线反转示例

6.4.8　曲线反向

　　可以通过右键菜单和曲线属性项对曲线进行反向，这种反向对扫描特征和选取方向线时有用，如图 6-44 所示。

6.5　创建曲面

　　前面章节介绍了搭建线架的基础，本节将介绍曲面的功能。根据曲面特征线的不同组合方式，可以采用不同的曲面生成方式。在 CAXA 实体设计中提供了多种曲面生成、编辑及变换功能，在本节中将进行介绍。

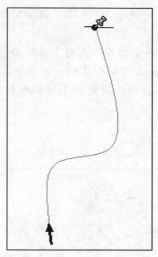

图 6-44　曲线反向

6.5.1　创建曲面工具

曲面工具条上各个按钮的名称如图 6-45 所示。如果在 CAXA 实体设计工作界面中看不到【曲面】工具条，选择【显示】|【工具条】|【曲面】菜单命令，即可在工作界面中显示【曲面】工具条。【曲面】工具条上共有 13 个按扭，其中前 6 个按钮是系统提供的生成曲面的 6 种方式：网格面、放样面、直纹面、旋转面、边界面和导动面，其他按钮可用于对已有的曲面进行不同的编辑操作。例如，在两相交曲面间做"曲面过渡"操作，可对单个曲面进行延伸等。

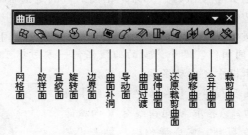

图 6-45　【曲面】工具条

6.5.2　网格面

以网格曲线为骨架，蒙上自由曲面生成的曲面称之为网格曲面。网格曲线是由特征线组成横竖相交线，网格面的生成思路是首先构造曲面的特征网格线确定曲面的初始骨架形状，然后用自由曲面插值特征生成曲面。

由于一组截面线只能反应一个方向的变化趋势，所以可以引入另一组截面线来限定另一个方向的变化，这样就形成了一个网格骨架，控制两方向（U 和 V 两个方向）的变化趋势，使特征网格线能反映出设计者想要的曲面形状，然后在此基础上插值网格骨架生成曲面，如图 6-46 所示。

操作步骤如下。

（1）首先使用草图或3D曲线功能绘制好U向和V向网格曲线，注意U向和V向曲线必须有交点。

（2）单击【曲面】工具条上的【网格面】按钮，屏幕上会出现如图6-47所示的【网格面】任务窗格。如果屏幕上已经存在一个曲面并且需要把将要做的网格面与这个面作为一个零件来使用，那么选择这个曲面的同时把【增加智能图素】按钮按下，系统会把这两个曲面作为一个零件来处理。

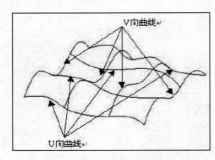

图6-46 网格骨架

图6-47 【网格面】任务窗格

- 【拾取U向曲线】按钮：可以把两个方向的曲线中的任何一方作为U向曲线。拾取时要求依次拾取，并且拾取的位置要靠近曲线的同一端。
- 【拾取V向曲线】按钮：U向曲线拾取完成后，按下此按钮开始拾取V向曲线。拾取的原则同上。
- 【拾取光滑连接的边界】按钮：如果网格面的截面是由若干条光滑连接的两个以上的曲线组成，按下此按钮，将成为链拾取状态，使多个光滑连接曲线同时被拾取。
- 【增加智能图素】按钮：当把两个曲面合为一个零件时选用此项。

（3）依次拾取U向空间曲线。两个方向的曲线任何一方向都可以首先作为U向曲线来拾取。拾取时U向截面数显示框中会自动显示U向线数。

（4）U向曲线拾取完成后，单击【拾取V向曲线】按钮，依次拾取V向空间曲线。拾取V向曲线时V向截面数显示框中会自动显示V向线数。完成操作后，单击"完成"按钮，生成如图6-48所示的曲面。

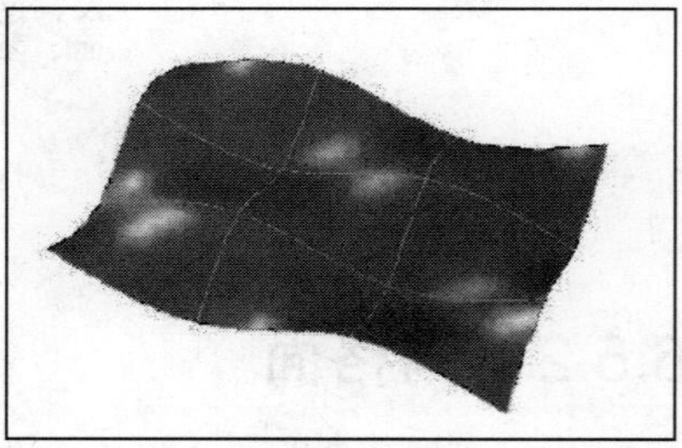

6.5.3 放样面

以一组互不相交、方向相同、形状相似的特征线（或截面线）为骨架进行形状控制，通过这些曲线生成的曲面称之为放样曲面。

图6-48 生成网格面示例

操作步骤如下。

（1）首先使用草图或3D曲线功能绘制好放样面的各个截面曲线，如图6-49所示。

（2）单击【曲面】工具条上的【放样面】按钮，屏幕上会出现如图6-50所示的【放样面】任务窗格。如果屏幕上已经存在一个曲面并且需要把将要做的放样面与这个面作为一个零件来使用，那么选择这个曲面的同时把【增加智能图素】按钮按下，系统会把这两个曲面作为一个零件来处理。

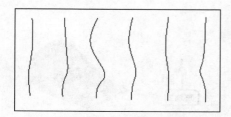

图 6-49　放样面的各个截面曲线

图 6-50　【放样面】任务窗格

【放样面】任务窗格上的按钮工具变化和网格面差不多，就不一一介绍了。

- 【封闭放样面】按钮：把形成环状的若干截面生成一个封闭的放样面。如不按下此按钮，生成的放样面是不封闭的。
- 【选择导动线】按钮：选中该按钮可以选取一条放样导动线。不选择该按钮，CAXA 实体设计将自动生成放样面。

（3）依次拾取各截面曲线。注意每条曲线拾取的位置要位于曲线的同一端，否则不能生成正确的曲面。

（4）拾取完成后，单击【应用并退出】按钮，生成如图 6-51 所示的放样曲面。

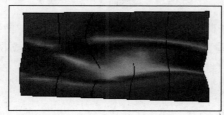

图 6-51　生成的放样曲面

6.5.4　直纹面

直纹面是由一根直线两端点分别在两曲线上匀速运动而形成的轨迹曲面。直纹面生成有 3 种方式：曲线-曲线、曲线-点和曲线-曲面。

操作方法如下。

（1）单击【曲面】工具条上的【直纹面】按钮，屏幕上会出现如图 6-52 所示的【直纹面】任务窗格。

（2）可根据直纹面的生成条件，曲线-曲线、曲线-点和曲线-曲面，选择其中一种来生成直纹面。

● 【曲线-曲线】：在两条自由曲线之间生成直纹面，分别拾取两条曲线。拾取时注意要拾取两条曲线的对应点，否则生成的曲面会发生扭曲。完成拾取后单击【应用并退出】按钮 ，效果如图 6-53 所示。

图 6-52 【直纹面】任务窗格

图 6-53 直纹面（两线）

● 【曲线-点】：在一个点和一条曲线之间生成直纹面，依次拾取空间曲线和空间点，完成拾取后单击【应用并退出】按钮 ，效果如图 6-54 所示。

图 6-54 直纹面（一点一线）

● 【曲线-曲面】：在一条曲线和一个曲面之间生成直纹面。曲线沿着一个方向向曲面投影，同时曲线与这个方向垂直的平面上能以一定的锥度扩张或收缩，生成另外一条曲线，在这两条曲线之间生成直纹面。

6.5.5 旋转面

按给定起始角度、终止角度，将曲线绕一旋转轴旋转而生成的轨迹曲面。

操作步骤如下。

（1）首先使用草图或 3D 曲线功能绘制出直线作为旋转轴，并绘制出将形成旋转面的曲线，如图 6-55 所示。

（2）在【曲面】工具条上单击【旋转面】按钮 ，屏幕上会出现如图 6-56 所示的【旋转面】任务窗格。

● 【起始角】：是指生成曲面的起始位置与母线和旋转轴构成平面的夹角。

● 【终止角】：是指生成曲面的终止位置与母线和旋转轴构成平面的夹角。

● 【切换旋转方向】按钮 ：当给定旋转的起始角和终止角后，确定旋转的方向是顺时针还是逆时针。如不合要求，选择此按钮。

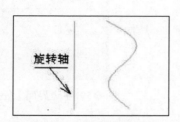

图 6-55　旋转轴及曲线　　　　　图 6-56　【旋转面】任务窗格

- 【拾取光滑边境的边界】按钮 ：如果旋转面的截面是由若干条光滑连接的两个以上的曲线组成，按下此钮，将成为链拾取状态，使多个光滑连接曲线将被同时拾取。
- 【增加智能图素】按钮 ：当把两个曲面合为一个零件时选用此项。

（3）输入起始角和终止角角度值。

（4）拾取空间直线为旋转轴，并选择方向。

（5）拾取空间曲线为母线，拾取完毕单击【应用并退出】按钮 ，即可生成旋转面。如图 6-57 所示为起始角为 60°，终止角为 270°的旋转面。

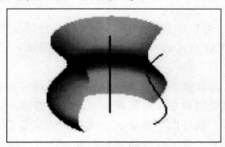

图 6-57　生成旋转面

6.5.6　边界面

利用【边界面】工具 ，可以在已知曲线围成的边界区域上生成曲面。边界的曲线数目为 4，所以也称为四边面，4 条边界曲线要求首尾相接围成一个封闭的区域。

操作步骤如下。

（1）首先使用草图或 3D 曲线功能作出首尾相接的 4 条边界曲线，如图 6-58 所示。

（2）在【曲面】工具条上单击【边界面】按钮 ，屏幕上会出现如图 6-59 所示的【边界面】任务窗格。如果屏幕上已经存在一个曲面并且需要把将要做的边界面与这个面作为一个零件来使用，那么选择这个曲面的同时把【增加智能图素】按钮 按下，系统会把这两个曲面作为一个零件来处理。

（3）依次拾取 4 条边界曲线，拾取完成后单击【应用并退出】按钮 ，完成曲面的创建，如图 6-60 所示。

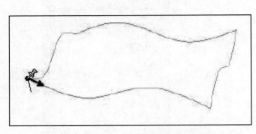

图 6-58 边界曲线

图 6-59 【边界面】任务窗格

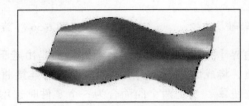

图 6-60 边界面示例

6.5.7 导动面

利用【边界面】工具 ，可以创建导动面。导动面是让特征截面线沿着特征轨迹线的某一方向扫动生成曲面。导动面生成方式有：平行导动、固接导动、导动线与边界线、双导动线等方式。

生成导动曲面的思想是：选取截面曲线或轮廓线沿着另外一条轨迹线扫动生成曲面。为了满足不同形状的要求，可以在扫动过程中，对截面线和轨迹线施加不同的几何约束，让截面线和轨迹线之间保持不同的位置关系，就可以生成形状变化多样的导动曲面。如截面线沿轨迹线运动过程中，可以让截面线绕自身旋转，也可以绕轨迹线扭转，还可以进行变形处理，这样就能产生各种方式的导动曲面。【导动面】任务窗格如图 6-61 所示。

图 6-61 【导动面】任务窗格

- 【导动类型】：共分为 4 种，分别是【平行】导动、【固接】导动、【导动线+边界】和【双导动线】。
- 【导动方向类型】：在导动方式【导动线+边界】和【双导动线】中，又分为【固接】和【变半径】两种形式。
- 【截面数】：在导动方式【导动线+边界】和【双导动线】中，又分为【固接】和【变半径】两种形式，在每一种形式中又分为单截面线和双截面线两种。
- 【拾取光滑连接的边界】按钮：如果旋转面的截面是由若干条光滑连接的两个以上的曲线组成，按下此按钮，将成为链拾取状态，使多个光滑连接曲线将被同时拾取。
- 【切换第一条导动线方向】按钮：当拾取第一导动线时会自动有一个方向指示，当方向不正确时选择此按钮。
- 【切换第二条导动线方向】按钮：当拾取第二导动线时会自动有一个方向指示，当方向不正确时选择此按钮。
- 【增加智能图素】按钮：当把两个曲面合为一个零件时选用此项。

6.5.8　偏移曲面

　　【偏移曲面】工具，可以将已有曲面或实体表面按照偏移一定距离的方式生成新的曲面。【偏移曲面】任务窗格如图 6-62 所示。

　　偏移曲面的操作非常简单，单击【曲面】工具条上的【偏移曲面】按钮，然后在工作区中单击选取要偏移的曲面，在【偏移曲面】任务窗格中设置偏移距离，单击【应用并退出】按钮，完成曲面的创建。

图 6-62　【偏移曲面】任务窗格

6.6　编辑曲面

6.6.1　曲面补洞

　　利用【曲面补洞】工具，可以创建由多条曲线生成的曲面。曲面补洞生成方法类似于边界面，但是它能由几乎任意数目的边界线构成的封闭区域创建曲面。另外，曲面补洞作为曲面智能图素，当选择一个现有曲面的边缘作为它的边界时，可以设置曲面补洞与已有曲面相切或相连。

操作方法如下：

在【曲面】工具条中单击【曲面补洞】按钮，打开【曲面补洞】任务窗格，如图 6-63 所示。选择边界线，边界线必须是封闭连接的曲线。在【曲面补洞】任务窗格上通过选项确定边缘是否与现有的曲面相接或接触（如果是增加智能图素），单击【应用并退出】按钮，完成操作。

图 6-63 【曲面补洞】任务窗格

- 【增加智能图素】按钮：当把两个曲面合为一个零件时选用此项。

- 【与相邻曲面相接或接触】按钮：使用该选项，可以让当前编辑的曲面与相邻的曲面相连接。

- 【应用到所有】按钮：选择此项，应用当前的操作。

6.6.2　曲面过渡

操作方法如下。

（1）在【曲面】工具条上单击【曲面过渡】按钮，这时在屏幕上会出现【曲面过渡】任务窗格，如图 6-64 所示。

（2）根据屏幕左下方提示区的提示："拾取第一张曲面"和"拾取第二张曲面"，在工作区中依次单击拾取两个相交曲面，并在【半径】输入框中输入半径值。完成后单击【应用并退出】按钮，完成操作。

图 6-64 【曲面过渡】任务窗格

（3）两面生成变半径过渡。过渡类型选半径，拾取第一张曲面和第二张曲面。根据左下部提示区的提示"选取一条线作为参考线确定过渡半径"，并且在这条线不同位置给出不同的半径，完成后单击"完成"按钮。

还有另外几种过渡方式这里就不一一介绍了，可以参照 5.3.1 小节有关圆角过渡的内容。

6.6.3　曲面延伸

利用【曲面延伸】工具，可以对已经创建的曲面进行延伸。CAXA 实体设计提供了两种延伸的方式：按比例延伸和按给定长度延伸。

操作方法如下。

（1）单击【曲面】工具条上的【曲面延伸】按钮，屏幕上会出现如图 6-65 所示的【曲面延伸】任务窗格。

（2）根据屏幕左下方提示区的提示："拾取曲面的一个边"，在工作区中单击拾取曲面要延伸的边。

（3）选延伸类型，如【长度】。设置【延伸值】，如设置【长度】值为 10。

（4）单击【应用并退出】按钮，完成操作。

图 6-65　【曲面延伸】任务窗格

6.6.4　曲面裁剪/还原

利用【裁剪曲面】工具，可以对生成的曲面进行修剪，去掉不需要的部分。在曲面裁剪功能中，可以在曲面间进行修剪，获得所需要的曲面部分。

操作步骤如下。

（1）单击【曲面】工具条的【裁剪曲面】按钮，屏幕上会出现如图 6-66 所示的【裁剪曲面】任务窗格。

● 【裁剪第一曲面】按钮：先选择的曲面将被裁剪。

● 【裁剪第二曲面】按钮：后选择的曲面将被裁剪。

● 【保存正在裁剪的曲面】按钮：将保留剪刀曲面。

（2）依次单击选取两个相交曲面，并调整裁剪方向，如图 6-67 所示。

图 6-66　【裁剪曲面】任务窗格

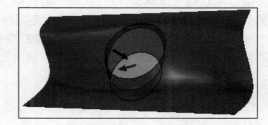

图 6-67　选择裁剪参照曲面并设置裁剪方向

（3）通过选择【裁剪第一曲面】按钮、【裁剪第二曲面】按钮、【保存正在裁剪的曲面】按钮来设置裁剪的除料方式，可根据需要选择想要裁剪或保留的曲面。

（4）按下【裁剪第一曲面】按钮，先选择的曲面将被裁剪；按下【裁剪第二曲面】按钮，后选择的曲面将被裁剪；按下【保存正在裁剪的曲面】按钮，将保留剪刀曲面。用户能够以单击曲面上显示的箭头来切换箭头方向的方式，选择要裁剪曲面的方向。

（5）单击 【应用并退出】按钮，完成操作，效果如图 6-68 所示。

图 6-68　裁剪曲面效果图

6.6.5　曲面合并

利用【合并曲面】工具 ，可将多张连接曲面光滑地合并为一张曲面，该功能可实现两种方式的曲面拟合。

为【保持第一个曲面的定义】按钮，当选择该按钮后，进行合并曲面操作时，首先选择的曲面合并后会保持原有的曲面形状。

操作步骤如下。

（1）单击【曲面】工具条上的【合并曲面】按钮，打开【合并曲面】任务窗格，并激活【合并曲面】工具，如图 6-69 所示。

（2）依次单击选择要合并的多张相接曲面，单击【应用并退出】按钮 ，完成曲面的合并。

图 6-69 【合并曲面】任务窗格

> 说　明：当多张相接曲面是光滑连续的情况下，利用该功能只将多张曲面合并为一张曲面，不改变曲面的形状。
>
> 当多张相接曲面不是光滑连续的情况下，利用该功能将自动调整曲面间的切失方向，并合并为一张光滑曲面。

6.7　曲面变换

前面介绍过在 CAXA 实体设计中，大部分的变换功能都是通过三维球来完成的，这是 CAXA 实体设计的一大特点。而曲面的变换功能同样也是通过三维球来实现，下面将介绍曲面变换的操作。由于在 5.4 节和 6.4 节中分别对实体特征和曲线变换进行了讲述，曲面的变换与实体特征和曲线变换非常相似，读者可参考上述章节相关对应的变换操作。

6.7.1　曲面移动/旋转/拷贝/链接

具体请参考 5.4 节和 6.4 节的内容。

6.7.2　曲面镜像

具体请参考 5.4 节和 6.4 节的内容。

6.7.3　曲面阵列

具体请参考 5.4 节和 6.4 节的内容。

6.7.4　曲面反向

具体请参考 6.4 节的内容。

6.7.5　曲面缝合

在 CAXA 实体设计 2008 中，可以选择多张封闭的曲面，选中的曲面构成一个封闭的框体，将这些选中的曲面合并成一个曲面，并在合并的新曲面内生成实体。

操作步骤如下。

（1）按住【Ctrl】键，在工作区选取多个构成封闭区域的曲面，如图 6-70 所示。

（2）单击鼠标右键，在弹出的菜单中选择【生成】|【曲面】菜单命令，在弹出的对话框中单击【是】按钮，可将封闭的曲面缝合在一个曲面零件中并在封闭曲面内生成实体，如图 6-71 所示。

图 6-70　选取曲面

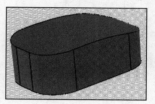

图 6-71　曲面缝合示例

6.8　学以致用——蒜锤设计

随书附带光盘：\视频文件\第 6 章\6.8 蒜锤设计.avi。

对于实际问题，读者应具备如何应用所学的知识解决该实际问题的能力。在本章中，我们学习了曲线设计、曲面设计、编辑曲线曲面、曲线曲面变换等内容，任何一个三维曲面造型，均由上述操作组合叠加而成，读者应学会将一个待创建的目标三维曲面造型分解为上述操作过程的集合，然后逐一运用上述知识完成曲面造型的创建。

分析具体问题的方法。

第一步：分析将要绘制的曲面造型由哪些特征元素构成，运用特征工具创建这些特征。

第二步：分析各种典型元素的位置关系、逻辑关系、尺寸关系，灵活运用特征变换、布尔运算等操作。

第三步：分析曲面造型包含哪些特征修饰，如拔模、倒角、圆角、抽壳等，运用相应工具对曲面造型进行编辑修改操作。

下面以蒜锤设计为例，讲述如何进行曲面造型的创建。

蒜锤设计

（1）启动 CAXA 实体设计 2008 软件，新建设计环境。

（2）单击【特征生成】工具条上的【旋转特征】按钮，打开【旋转特征向导】对话框。

（3）单击选中【曲面】选项，在弹出的对话框中设置曲面类型，如图 6-72 所示。单击【完成】按钮，进入草绘环境。

图 6-72　设置【曲面】类型

（4）利用【二维绘图】工具条上的【两点线】工具、【Bezier曲线】工具和【圆弧过渡】工具，在草绘平面上绘制如图6-73所示的草图。

（5）绘制完成后，单击【编辑草图截面】工具条上的【完成造型】按钮，完成曲面造型的创建，完成后的效果如图6-74所示。

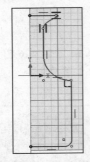

图6-73　截面草绘

图6-74　曲面造型

6.9　典型实例——方向盘设计

随书附带光盘：\视频文件\第6章\6.9方向盘设计.avi。

本案例以方向盘设计为例，讲述如何进行曲面造型的创建。

方向盘设计

（1）启动CAXA实体设计2008软件，新建设计环境。

（2）单击【特征生成】工具条上的【旋转特征】按钮，打开【2D草图】任务窗格。在工作区中的任意位置单击鼠标，打开【旋转特征向导】对话框。单击选中【曲面】选项，如图6-75所示。单击【完成】按钮，进入草绘环境。

（3）利用【二维绘图】工具条上的【两点线】工具和【椭圆：3点】工具在草图平面上绘制如图6-76所示的草图。

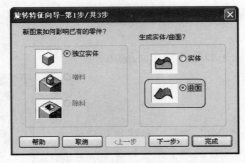

图6-75　【旋转特征向导】对话框

（4）单击【编辑草图截面】对话框中的【完成造型】按钮，完成旋转曲面的创建，如图6-77所示。

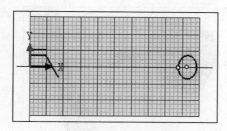

图 6-76　绘制界面草图

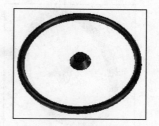

图 6-77　创建旋转曲面

（5）选择【显示】|【设计树】菜单命令，在工作界面上显示设计树。在设计树中依次单击全局坐标系中的各个基准平面，找到一个与旋转曲面垂直的基准平面，如图 6-78 所示。在设计树中的垂直于旋转曲面的基准曲面项目上单击鼠标右键，在弹出的快捷菜单中选择【生成草图轮廓】菜单命令，进入草绘环境，如图 6-79 所示。

（6）利用【二维绘图】工具条上的【两点线】工具 绘制如图 6-80 所示的草图作为扫描的轨迹线。单击【编辑草图截面】对话框中的【完成造型】按钮。

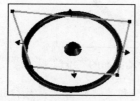

图 6-78　选取草绘基准平面

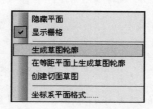

图 6-79　选择菜单命令

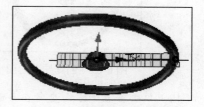

图 6-80　绘制扫描轨迹

（7）在设计树中找到一个与旋转曲面和扫描轨迹线均垂直的基准平面，在该平面上单击鼠标右键，在弹出的快捷菜单中选择【生成草图轮廓】菜单命令，进入草绘环境。

（8）利用【二维绘图】工具条上的【椭圆：3 点】工具 在草图平面上绘制如图 6-81 所示的草图。单击【编辑草图截面】对话框中的【完成造型】按钮。

（9）单击【曲面】工具条上的【导动面】按钮 ，打开【导动面】任务窗格。在工作区中依次单击拾取扫描轨迹和扫描截面，完成后在工作区中预览扫描方案，如图 6-82 所示。

（10）单击【导动面】任务窗格中的【应用并退出】按钮 ，完成扫描曲面（又称导动面）的创建，如图 6-83 所示。

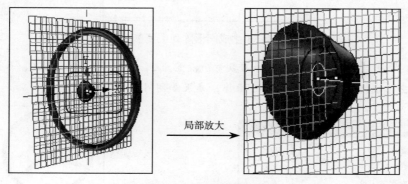

局部放大 →

图 6-81　绘制扫描截面

（11）单击选中创建的导动曲面，按【F10】键激活三维球工具，如图 6-84 所示。

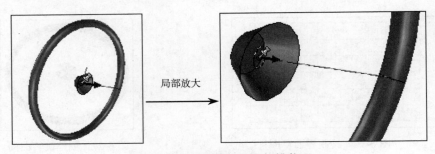

图 6-82　拾取扫描轨迹和扫描截面

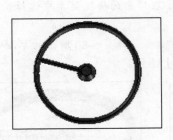

图 6-83　创建导动曲面

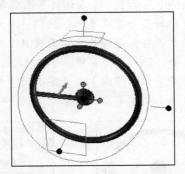

图 6-84　激活导动曲面的三维球

（12）单击垂直于方向盘所在平面的三维球内手柄，然后将鼠标移到其他位置，待鼠标指针变成 形状时，按下鼠标右键拖动，三维球伴随鼠标动态旋转，释放鼠标并在弹出的菜单中选择【生成圆形阵列】菜单命令，如图 6-85 所示。

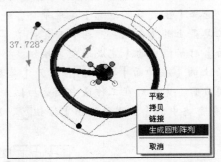

图 6-85　【生成圆形阵列】菜单命令

（13）此时打开【阵列】对话框，将"数量"设置为 3，"角度"设置为 120，如图 6-86 所示。

（14）单击【确定】按钮，完成阵列操作，效果如图 6-87 所示。

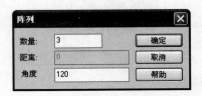

图 6-86　设置阵列参数

图 6-87　阵列导动面

6.10　小结

　　本章讲述了 CAXA 实体设计 2008 的曲线曲面功能，具备独特的 3D 曲线搭建方式及工程数据读入接口。提供了创建 3D 参考点、3D 曲线、2D 曲线类型，生成曲面交线、投影线、实体与曲面边线，3D 曲线打断、曲线裁剪、曲线组合、曲线拟和、曲线延伸等的编辑以及借助三维球的曲线变换、绘制功能。利用.txt/.dat 工程数据文件读入并直接生成空间 3D 曲线，为复杂高阶连续曲面的设计提供了强大支持。

　　多样的曲面造型及处理方式。提供了包括封闭网格面、多导动线放样面、高阶连续补洞面、边界面、扫描导动面、直纹面、拉伸面、旋转面、偏移面等强大的曲面生成功能，以及曲面延伸、曲面搭接、曲面过渡、曲面裁剪、曲面补洞、还原裁剪面、曲面加厚、曲面缝合、曲面裁剪等强大曲面编辑功能，能够实现各种高品质复杂曲面及实体曲面混合造型的设计要求。

第 **7** 章

钣金设计

学习目标

- CAXA钣金工具及操作手柄；
- CAXA钣金设计方法。

内容概要

本章主要讲述CAXA实体设计的钣金设计功能，钣金设计中包含钣金专用工具条、操作手柄以及钣金的设计方法等内容。通过本章的学习可以创建通常的钣金零件，满足在产品设计中的需要。

CAXA 实体设计具有生成标准钣金件和自定义钣金件的功能。创建过程始于【钣金】设计元素库中的智能几何图素（下文中简称为图素），如钣金板料图素、折弯图素、成型图素和型孔图素。

零件可单独设计，也可在一个已有零件的空间中创建。初始零件生成后，就可以利用各种可视化编辑方法和精确编辑方法，按需要进行自定义。尽管 CAXA 实体设计提供了大量的设计元素，仍然可修改或补充设计中要用到的材料，以及添加自定义设计元素。

当对钣金件设计感到满意时，就可以利用 CAXA 实体设计的绘图功能生成已展开、未展开钣金件的详细二维工程图。

为了便于钣金件设计文件的查找和访问，可利用 CAXA 实体设计的零件属性定义和保存相关信息。

7.1 钣金工具及操作手柄

钣金件的设计同 CAXA 实体设计中的其他设计一样，是从基本智能图素库开始的，而且也同任何其他智能图素一样，通过同样的方式在同样的设计环境中应用。定义了钣金零件的基本属性之后，就可以用钣金坯料开始设计，其他的智能设计元素可以添加到初始坯料之上。然后对零件及其组成图素进行各种方式的编辑，编辑方式包括菜单选项、属性表、编辑手柄和按钮等方式。

7.1.1 钣金件设计的参数配置

在开始钣金件设计之前，必须定义某些钣金件默认参数，如默认板料、折弯类型和尺寸单位等。

定义钣金件默认参数的步骤如下。

（1）选择【工具】|【选项】菜单命令，打开【选项】对话框。单击【板料】选项卡，在【板料】选项卡页面中会显示板料属性表，如图 7-1 所示。

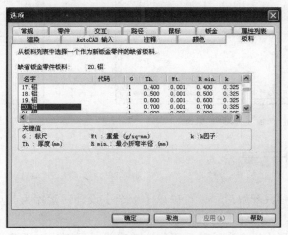

图 7-1 【板料】选项卡页面

（2）设定默认板料。板料属性表包含 CAXA 实体设计中所有可用钣金毛坯的型号，其中当前默认类型呈加亮显示状态。板料型号定义了特定的属性，例如：板料厚度和板料统一的最小折弯半径。利用滚动条可浏览该列表并从其中选择适合于设计的板料型号。

技　巧：钣金件生成后，可在零件上单击鼠标右键，在弹出的右键菜单中选择【零件属性】菜单命令，在弹出的对话框中单击【钣金】选项卡，在该选项卡页面中修改板料类型。

（3）单击【钣金】选项卡，对相关参数进行设置，如图7-2所示。

说　明：在【钣金】选项卡页面中，可以设定折弯切口类型、矩形切口的宽度和深度以及圆形切口半径，这些设定值将作为以后添加的切口图素的默认值。此外，可指定建立成型及型孔的约束条件。在设定了成型和型孔约束条件后，新加入成型或型孔图素时系统自动显示约束对话框，而且成型或型孔图素对折弯图素与板料图素、顶点图素、倒角图素之间的约束会自动建立。折弯切口的作用类似于车削加工中的空刀槽，是钣金加工工艺上的要求。

（4）在图 7-2 所示的对话框中，指定钣金件新添折弯图素的默认矩形切口或圆形切口半径的数值，然后单击【确定】按钮。

（5）选择【设置】|【单位】菜单命令，打开【单位】对话框，如图 7-3 所示。该对话框中包含下述选项：【长度】、【角度】、【质量】。单击下拉列表查看各种选项，在下拉列表中单击选定相应的选项，单击【确定】按钮完成参数设置。

图 7-2　【钣金】选项卡页面

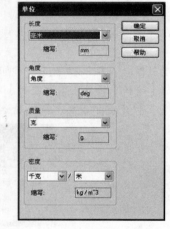

图 7-3　单位

7.1.2　钣金设计元素

在对钣金设计进行参数配置后，就可以以【钣金】设计元素库为起点，开始 CAXA 实体设计的钣金件设计功能了。

如果屏幕上无法看到【钣金】设计元素库，单击设计元素库右下角的【打开文件】按钮，展开如图 7-4 所示的菜单。在该菜单中单击选择【钣金】菜单命令，打开【钣金】设计元素库，如图 7-5 所示。

拖动【钣金】设计元素库右侧的滚动条，可以滚动显示各个可用的钣金件图标，这些图标对应于 CAXA 实体设计中包含的钣金件智能图素。

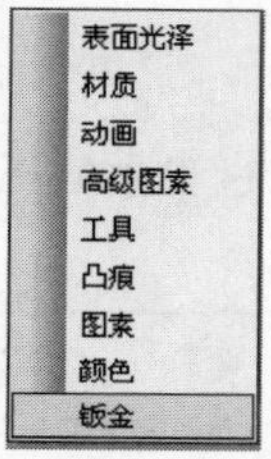

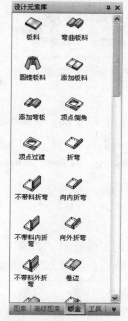

图 7-5　【钣金】设计元素库

图 7-4　设计元素库菜单

1. 板料图素

这个选项组中有两个子项：【板料】和【折弯板料】，以灰色图标显示，如图 7-6 所示。以灰色图标显示的板料图素提供了通过添加其他钣金件图素形成钣金设计的基础。

- 【板料】图素用于生成一块平板，可以在该平板上添加其他钣金特征创建钣金件。
- 【折弯板料】图素用于生成具有平滑连接拉伸边的钣金件。

【板料】和【折弯板料】之间的主要区别在于拉伸方向的不同，【板料】在厚度方向拉伸，【折弯板料】则垂直于厚度的方向拉伸。

2. 圆锥板料图素

【圆锥板料】用于创建能够展开的圆柱或圆锥钣金零件，如图 7-7 所示。目前，圆锥板料除了能进行切割操作外，暂时无法进行其他操作（比如：增加板料、冲压孔尚且不能应用）。

图 7-6　板料图素

图 7-7　圆锥板料图素

3. 添加板料图素

这个选项组中也有两个子项：【添加板料】和【添加弯板】，如图 7-8 所示。这些图素同样以灰色图标显示，可根据需要组合添加到板料图素上，或在添加板料中增加其他图素并使图素折弯延展。【添加弯板】图素用于生成具有平滑连接拉伸边的钣金件。

4. 顶点图素

顶点图素以三色图标显示，如图 7-9 所示。用于在平面板料的直角上生成倒圆角或倒角，以满足加工、装配的工艺要求或使用要求。

图 7-8　添加板料图素

图 7-9　顶点图素

5. 折弯图素

折弯图素以黄色图标显示，如图 7-10 所示。用于添加到平面板料上需要圆弧面折弯之处。

图 7-10　折弯图素

6. 成型图素

这些图素以绿色图标显示，如图 7-11 所示。它们是通过生产过程中的压力成型加工方法产生的典型板料变形特征，可以添加到板料上创建相应的钣金特征。

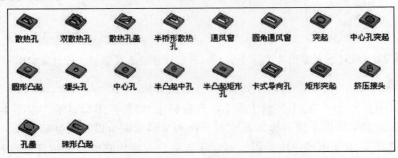

图 7-11　成型图素

7. 型孔图素

这些图素以蓝色图标显示，如图 7-12 所示。它们是通过冲孔、线切割、激光切割等方式在板料上创建的型孔。

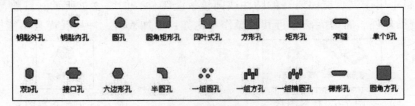

图 7-12　型孔图素

8. 自定义轮廓图素

这个选项组中只有一个子项，显示为一个深蓝色图标。拖动自定义轮廓图素到某个零件或板料图素上后松开，可编辑其轮廓，如图 7-13 所示。

图 7-13　自定义轮廓图素

【钣金】设计元素库中的基本智能图素的操作方式与 CAXA 实体

设计中其他设计元素的操作方式相同：将鼠标移到某个图素上，按下鼠标左键不放，拖动鼠标把图素拖至设计环境中后在合适的位置松开鼠标。

7.1.3 钣金操作工具条

CAXA 实体设计为方便操作，提供了钣金操作的【钣金】工具条，如图 7-14 所示。

图 7-14 【钣金】工具条

【钣金】工具条上从左向右依次为【钣金展开】按钮、【展开复原】按钮、【切割钣金件】按钮、【增加钣金封闭角】按钮、【添加斜接法兰】按钮，对于每个按钮的功能及操作方法将在后续章节中详细讲述。

选择【显示】|【工具条】|【钣金】菜单命令，可以切换【钣金】工具条的显示或隐藏。

7.1.4 钣金编辑

CAXA 实体设计的包围盒编辑手柄及手柄开关适用于钣金件智能图素和零件，尽管它们的可用性和功能不同于实体零件设计的相关功能及操作。

在钣金件设计中。

- 编辑手柄可在零件编辑状态使用。
- 包围盒手柄的操作方式与其他智能图素相同，但仅适用于板料图素。顶点图素形状手柄可用于平面板料、顶点和折弯图素。但对折弯图素的操作方法由于其独特要求而不同于对其他图素。
- CAXA 实体设计为编辑折弯图素引入了折弯切口手柄或按钮。
- CAXA 实体设计为编辑型孔图素和冲压模变形设计提供了尺寸设定按钮而不是编辑手柄。

由于这些编辑工具的专用性，所以对设计者而言，在开始设计工作之前，理解这些工具的功能及这些工具在钣金设计中的应用方法是非常重要的。

1. 零件编辑状态的编辑手柄

零件编辑手柄仅可用于包含折弯图素的零件。单击零件，激活零件编辑状态。它们仅在零件编辑状态并且光标定位在折弯图素上时显示，如图 7-15 所示。

- 方形手柄的作用是调整手柄折弯角度。
- 球形手柄的作用是调整钣金壁的高度尺寸。

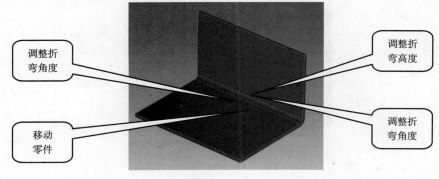

图 7-15 零件编辑状态下折弯编辑手柄

（1）角度编辑手柄。

这些方形标记手柄用于对折弯角度进行可视化编辑，其方法是：把光标移动到相应的手柄附近，直至光标变成带双向圆弧的小手形状，然后单击并拖动鼠标，以得到大致符合要求的角度处。拖拉方形编辑手柄，使折弯的关联边和与该边相连的无约束图素一起重新定位，从而改变角度。

CAXA 实体设计还可以通过在方形编辑手柄上单击鼠标右键，弹出快捷菜单，通过菜单命令修改折弯角度，如图 7-16 所示。

图 7-16　右键菜单

- 【编辑角度】：选择此选项可精确地编辑折弯图素与承载它扁平板料之间的角度。选择该菜单命令后，打开【编辑角度】对话框，在该对话框中输入想要的角度值，然后单击【确定】按钮。
- 【切换编辑的侧边】：利用此选项可把编辑手柄重新定位到折弯图素另一表面上。
- 【平行于边】：选择此选项可使 CAXA 实体设计修改折弯的角度，使折弯与零件上的选定边平行对齐。

（2）移动折弯编辑手柄。

球形标记编辑手柄可用于折弯图素相对于选定手柄的轴作可视化移动。在移动手柄编辑层移动光标，直至光标变成带双向箭头的小手形状，然后沿着手柄轴方向拖动光标，以移动折弯图素。与折弯图素相邻的平面板料随同调整到折弯图素所在的位置，同时与折弯图素另一边连接的无约束图素也会相应的重新定位。

CAXA 实体设计还提供访问通过移动手柄快捷菜单编辑钣金特征的方式，具体方法是在球形标记移动折弯编辑手柄上单击鼠标右键，弹出如图 7-17 所示的菜单。

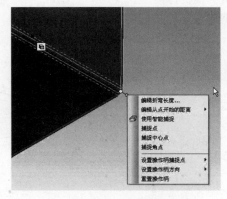

图 7-17　移动手柄操作菜单

- 【编辑折弯长度】：选择此选项后可弹出【编辑折弯长度】对话框；利用其中的可用选项，可确定折弯对齐是否以外径或内径为基准、是否平滑、是否基于自定义曲面板料长度或是否重置折弯对齐。
- 【编辑从点开始的距离】：利用下述选项可指定拖移选定手柄时距离测量的始点。默认状态下，距离测量的始点采用手柄相关边的当前位置。
  - ➤ 【点】：选用此选项后选择选定对象或其他对象上的一点，即可指定拖移选定手柄时的距离测量始点。在出现【编辑距离】对话框时，就可以按需要输入精确的距离值。
  - ➤ 【中心点】：选择此选项，然后选择圆柱形对象的一个端面或侧面，即可把它的中心指定为拖移选定手柄时的距离测量始点。【编辑距离】对话框出现时，就可以按需要在其中输入精确的距离值。
- 【使用智能捕捉】：选择此选项可激活相对于选定手柄与同一零件上的点、边和面之间共享面的智能捕捉反馈显示。选定此选项时，包围盒手柄的颜色加亮。智能捕捉在选定手柄上仍然保持激活状态，直至在弹出菜单上取消对其选项的选定。
- 【捕捉点】：选中此选项，然后在选定钣金件对象或其他对象上选定一个点，即可立即使选定手柄的关联边与指定点对齐。
- 【捕捉中心点】：选定此选项，然后选定圆柱形对象的一端或侧面，即可立即使选定手柄的关联边与圆柱形对象选定曲面的中心点对齐。
- 【设置操作柄捕捉点】：利用这些选项可设置选定手柄的对齐点。
  - ➤ 【到点】：选择此选项，然后选择其他钣金件对象上的一点，可把该点指定为选定手柄的对齐点。在拖动手柄时，距离反馈信息会以指定对齐点为基准显示。
  - ➤ 【到中心点】：选择此选项，然后选择圆柱形对象一端或侧面上的一个点，即可把其中心点指定为选定手柄的对齐点。在拖动手柄时，距离反馈信息会以指定对齐点为基准显示。
- 【设置操作柄方向】：利用下面这些选项可选定手柄的方位。
  - ➤ 【到点】：选择此选项可使选定手柄与从手柄根部延伸到其他对象选定点的一条虚线平行对齐。
  - ➤ 【到中心点】：选择此选项可使选定手柄与从手柄位置延伸到圆柱形对象一端或侧面中心的一条虚线平行对齐。
  - ➤ 【点到点】：选择此选项可使选定手柄与其他对象上两个选定点之间虚线平行对齐。
  - ➤ 【与边平行】：选择此选项可使选定手柄与其他钣金件对象上的选定边平行对齐。
  - ➤ 【与面垂直】：选择此选项可使选定手柄与其他钣金件对象的选定面垂直对齐。
  - ➤ 【与轴平行】：选择此选项可使选定手柄与圆柱形对象的轴平行对齐。
- 【重置操作柄】：选择此选项可把选定手柄重置到其默认位置和方位。

2. 智能图素编辑状态的编辑工具

（1）板料图素的编辑手柄。

【形状】手柄和【包围盒】手柄都可用于编辑板料图素，通常可用于板料图素的可视化编辑和精确编辑，其操作方式等同于其他标准智能图素。对于钣金件设计而言，唯一的不同是：因已有钣金件厚度（高度）固定而导致高度包围盒手柄禁止，如图 7-18 所示。

在板料图素移动手柄上单击鼠标右键弹出快捷菜单，该菜单中与前面介绍的移动折弯编辑手柄快捷菜单中具有相同的选项，实现的功能和操作方法相同，可参考前面的介绍进行编辑操作。

图 7-18 【形状】手柄和【包围盒】手柄

在板料移动手柄快捷菜单中增加的选项为【与边关联】选项，选择此选项后在其他钣金件对象上选定一条边，即可立即使选定手柄的关联面与指定边对齐。

（2）圆锥板料编辑手柄。

圆锥板料图素手柄用于编辑锥形钣金板料图素，和其他的标准智能图素一样可以可视化或精确化地编辑图素。可利用智能图素手柄调整高度、上下部的半径以及旋转半径。同样的，在圆锥板料编辑手柄上单击鼠标右键，弹出快捷菜单，菜单中与零件编辑手柄菜单相同的选项在此不再赘述，请参考本节前面部分内容，不同选项介绍如下：

- 【可视化编辑】：左键单击并拖动手柄。
- 【精确化编辑】：右击手柄，在编辑对话框中任何手柄输入精确的值，或者利用手柄单击参考其他精确的几何图形，如图 7-19 所示。

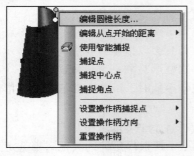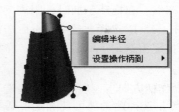

图 7-19 锥形元素手柄

（3）顶点图素的编辑手柄。

与板料图素一样，形状和包围盒的手柄可用于编辑顶点钣金件图素。这两种类型的手柄都可用于对顶点图素进行可视化编辑和精确编辑，其方式与板料图素一样，如图 7-20 和图 7-21 所示。

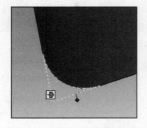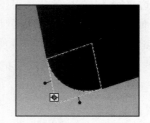

图 7-20 【形状】编辑手柄　　　　图 7-21 【包围盒】编辑手柄

（4）折弯图素的编辑工具。

尽管图素编辑手柄可用于折弯钣金件设计，但它们的设计目的则是用于满足钣金件上折弯的特殊修改需求。

折弯图素编辑手柄允许编辑折弯角度、其半径及其曲面板料的长度。除图素工具外，CAXA

实体设计还引入了用于修改折弯展开的展开工具，从而使用户可选择是否显示折弯展开和是否增加或减少折弯的角展开。

（5）折弯图素编辑手柄。

默认状态下，折弯的图素手柄在智能图素编辑状态出现。如果图素视图在折弯图素中尚未激活，双击折弯图素即可显示出编辑手柄，如图 7-22 所示。

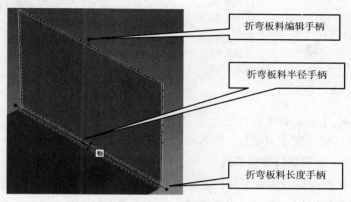

图 7-22　折弯图素编辑手柄

（6）角度编辑手柄。

智能图素编辑状态的折弯角度编辑方形手柄在功能上与零件编辑状态显示的那些手柄相同。

（7）半径编辑手柄。

这个球形的半径编辑手柄可用于对折弯半径进行可视化编辑。把光标移向球形半径编辑手柄，直至光标变成带双向圆弧的小手形状 。用双向圆小手把球形手柄拖向圆弧表面或拖离折弯表面，可减小或增大折弯半径并对齐某条曲线。通过在半径编辑手柄上单击鼠标右键以显示出其唯一的菜单项，同样可以编辑折弯的半径，如图 7-23 所示。

图 7-23　编辑半径

- 【编辑半径】：选择此选项可指定是否应把零件的最小折弯半径用作折弯的内半径，或者确定是否为半径指定一个精确的内径或外径值。

（8）折弯长度编辑手柄。

这些球形手柄显示在折弯图素的两端，可用于对折弯图素的长度进行可视化编辑。把光标移动到相应的手柄，直至光标变成带双向箭头的小手形状，然后拖动鼠标即可增加或缩短折弯图素的长度。在某个折弯伸缩编辑手柄上单击鼠标右键，可显示与移动折弯可用的选项相同的弹出菜单选项；【编辑折弯对齐】选项除外，取而代之的是【编辑折弯长度】选项，选择此选项可精确地编辑折弯的长度，在【编辑折弯长度】对话框中输入对应的值后单击【确定】按钮。

（9）折弯板料编辑手柄。

同样也是一个球形手柄，显示在折弯板料的上表面，可用于折弯板料长度的可视化编辑。其操作过程与上面介绍的伸缩编辑手柄的操作过程相同。同样可以进行精确编辑，方法是：把光标移到折弯板料编辑球形手柄附近，光标变为带双向箭头的小手形状时单击鼠标右键，显示移动折弯手柄可用选项相同的弹出选项，编辑折弯对齐选项除外，取而代之的是图 7-24 所示的快捷菜单。

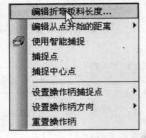

图 7-24　折弯手柄右键菜单

- 【编辑折弯板料长度】：选择此选项可对折弯板料的长度进行精确编辑。在【编辑折弯板料长度】对话框中输入对应值并单击【确定】按钮即可。

3. 折弯切口编辑工具

若折弯切口编辑工具在智能图素编辑状态中未被激活，则可通过单击【手柄切换开关】按钮 切换到【切口】视图，或者通过在实体折弯部分上单击鼠标右键，在弹出的快捷菜单中选择【显示编辑操作手柄】|【切口】菜单命令来显示切口编辑工具，如图 7-25 所示。此时，CAXA 实体设计就会显示切口显示按钮和折弯角切口编辑手柄。

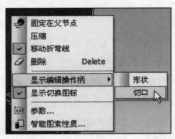

图 7-25　切口编辑

4. 冲压模变形和型孔图素编辑按钮

CAXA 实体设计用上、下箭头键作为尺寸设置按钮来修改冲压模变形设计和冲压模钣金设计。利用这些按钮，可以为选定图素选择 CAXA 实体设计中包含的默认尺寸。相应的图素定位后，选择【应用】按钮就可以应用到指定图素上。如果默认图素中没有符合要求的图素，可以利用本章随后讨论的方法生成自定义图素，如图 7-26 所示。

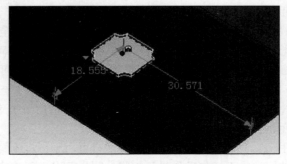

图 7-26　冲压变形特征编辑

在智能图素编辑状态选择冲压模变形或型孔图素时，会显示出上、下箭头键选择按钮。这些按钮在选定图素的相关工具表标记之间循环。红色箭头按钮表示该按钮处于激活状态，而图素的其他尺寸则可通过单击该按钮切换各选项来进行访问。呈灰色的箭头按钮表示该按钮处于禁止状态，单击该按钮不能访问任何选项。

若要为新选定的图素切换 CAXA 实体设计默认的尺寸，可把光标移到红色向上箭头键按钮上，直至光标变成一个指向手指而箭头变成黄色（表示其被选中），然后单击鼠标。此时，会发生如下改变。

- 选定图素上的黄色显示区发生变化而显示新的选择，从而使得可以在应用到图素之前进行预览。
- 一个圆形的绿色【应用】按钮出现在箭头按钮的右边。如果查找到一个尺寸合适的图素，按住此按钮就可以应用该图素。
- 置灰的向下箭头按钮变成红色，表示它已被激活并可以用它来滚动选择。
- 可以利用箭头按钮在默认尺寸中查找合适的图素，并利用【应用】按钮选择该图素并添加到钣金件中。

7.2 钣金设计技术

对于 CAXA 实体设计中可用于钣金件设计的智能图素和编辑工具在上一节中已进行了介绍，本节开始讲述钣金件设计。开始设计时，应先把标准的智能图素拖放到钣金件的设计环境中，生成最初的设计。基本零件定义完成后，可以利用可视化编辑方法和精确编辑方法对零件进行自定义和精制。

7.2.1 选择设计技术

利用 CAXA 实体设计，可以把钣金件作为一个独立零件进行设计，也可以把钣金件设计在已有零件的适当位置上（包裹零件钣金设计）。尽管总可以在以后把一个独立零件添加到现有零件上，但是有时在适当位置设计往往更容易、更快，可利用相对于现有零件上参考点的智能捕捉反馈进行精确尺寸设定。若要对独立零件进行精确编辑，就必须进入编辑对话框并输入合适的值，选择最能满足钣金件设计的特殊需求方法，如图 7-27 所示。

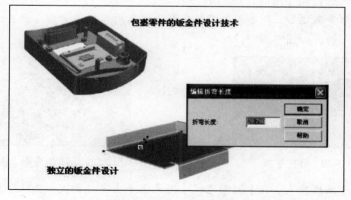

图 7-27 钣金设计技术

7.2.2　生成钣金件

如前所述，第一步是把一个板料图素拖放到设计环境中作为设计的基础，然后按需要添加其他图素，从而生成需要的基本零件。本小节将以板料图素开始，介绍利用【钣金】设计元素库中的板料、折弯、冲压模和冲压模变形等生成最初零件的各个阶段。

1. 板料图素

CAXA 实体设计中包含两种板料图素，基础板料图素和增加板料图素，这两种图素都有平直型和折弯型两类。

基础板料图素是生成钣金件的第一个图素。

2. 钣金件设计

（1）从【钣金】设计元素库中单击灰色【板料】图标，然后把它拖到工作区中并释放鼠标。基础平面板料图素将出现在设计环境中并成为钣金件设计的基础图素，如图 7-28 所示（本例中采用的是平面板料图素）。

图 7-28　基本图素

（2）如果必须重新设定图素的尺寸，则应在智能图素编辑状态选定该图素。默认状态下，板料图素的图素轮廓手柄处于激活状态。记住，在把光标移动到某条边的中心之前，图素轮廓手柄不会显示在图素上。若要显示板料图素的包围盒手柄，可单击【手柄开关】按钮 ✪，或在图素上单击鼠标右键，从弹出菜单中选择【显示编辑手柄】|【包围盒】菜单命令。

（3）按需要编辑修改平面板料图素，操作方法详见上一节。

拖动包围盒或图素手柄对图素进行可视化尺寸重设。若要精确地重新设置图素的尺寸，可在编辑手柄上单击鼠标右键并分别从弹出菜单选择【编辑包围盒】和【编辑距离】菜单命令，在弹出的对话框中编辑板料的尺寸值，然后单击【确定】按钮，完成编辑操作。

CAXA 实体设计的【添加板料】图素允许把扁平板料添加到已有钣金件设计中。【添加板料】将自动设定尺寸，使图素在添加载体边沿的宽度或长度匹配。只需从【钣金】设计元素库中选择【添加板料】图素，并把它拖到添加表面的一条边上，直至该边上显示出一个绿色的智能捕捉显示区。该显示区一旦出现，即可松开鼠标。图素到位后，就可以按照上面所述的基础扁平面板料图素的尺寸设定方式进行尺寸重设，如图 7-29 所示。

（4）继上述操作步骤之后，把【添加弯板】图素添加到基础图素的其他边上。注意，在松开鼠标之前图素是扁平的，如图 7-30 所示。

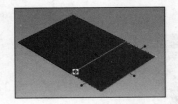

图 7-29　外接平板

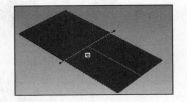

图 7-30　【添加弯板】图素

（5）在智能图素编辑状态，在【添加弯板】图素上单击鼠标右键，并从弹出菜单中选择【编辑草图截面】菜单命令，打开【编辑草图截面】对话框并在工作区中出现了网格，如图 7-31 所示（如【添加弯板】图素没有处于编辑状态，双击该图素就可以激活它的编辑状态）。

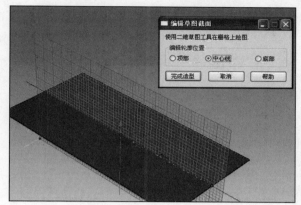

图 7-31　编辑【添加弯板】图素草图截面

（6）从【二维绘图】工具条上单击【连续圆弧】按钮，并编辑【添加弯板】图素的轮廓，如图 7-32 所示。

（7）待折弯截面完成后，在【编辑草图截面】对话框中选择【顶部】、【中心线】或【底部】选项指定【编辑轮廓位置】，从而确保得到平滑连接的相切截面。单击【完成造型】按钮，完成操作，效果如图 7-33 所示。

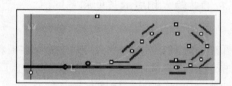

图 7-32　编辑【添加弯板】图素轮廓

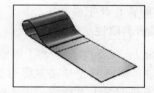

图 7-33　添加【添加弯板】图素示例

3. 折弯板料属性

双击图 7-33 中的【添加弯板】图素，在弹出的快捷菜单中选择【智能图素性质】菜单命令，打开【钣金折弯毛坯特征】对话框，单击【弯曲板料】选项卡，可以查看【添加弯板】图素的属性，如图 7-34 所示。

【弯曲板料】选项卡中各属性选项的含义如下。

- 【弯曲容限】：提供折弯图素折弯容限确定办法的选项。
- 【使用 k 系数公式】：选择此选项可在折弯容限的计算过程中采用 k 系数公式。
- 【显示规则】：选择此选项可显示【折弯容限计算】对话框。
- 【使用零件 k 系数】：选择此选项可在确定折弯容限时采用为零件指定的 k 系数。
- 【k 系数】：只有在前一选项未被选中时，此字段才处于激活状态。利用它，可以为折弯容限指定一个精确的 k 系数。
- 【指定自定义值】：选择此选项可指定折弯图素的展开长度，用于确定折弯容限。
- 【展开的长度】：此字段仅在选定前一选项时激活，其中应输入折弯图素展开长度的精确值。
- 【宽度】：利用其中两个选项可定义折弯图素相对于板料上放置图素的点的宽度。
- 【点以上】：在本字段输入的值用于指定放置图素的板料上基准点以上的选定曲线宽度。

● 【点以下】：在本字段输入的值用于指定放置图素的板料上基准点以下的选定曲线宽度。

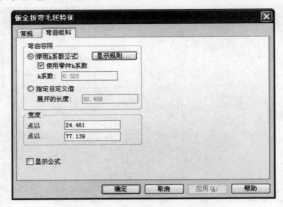

图 7-34 【添加弯板】图素属性

在 CAXA 实体设计【钣金】设计元素库中有两种处于可用状态的顶点智能图素：【顶点过渡】和【顶点倒角】，这些图素用于添加到扁平板料的直角上，以生成倒圆角或倒角，它可智能地在角的内侧作增料处理而在角的外侧则作除料处理。

两种类型的顶点图素都按照适用于标准智能图素的下述方式之一编辑。

● 可视化编辑：利用鼠标拖动图素的包围盒或形状手柄，以得到满意的尺寸。

● 精确编辑：在距离编辑手柄上单击鼠标右键并输入相应的长度和宽度值。

4. 圆锥板料属性

在【钣金】设计元素库中将【圆锥板料】图素拖放到工作区中后，双击该圆锥板料激活它的编辑状态。在圆锥板料上单击鼠标右键，在弹出的快捷菜单中选择【智能图素性质】菜单命令，打开【圆锥板料图素】对话框，单击选择【圆锥属性】选项卡，如图 7-35 所示。

图 7-35 【圆锥属性】选项卡页面

对话框中部分选项的含义如下。

● 【顶部半径】：用这些选项，可以指定顶部锥形相关的内部、外部及中间的半径。

● 【底部半径】：用这些选项，可以指定底部锥形相关的内部、外部及中间的半径。

● 【延长量】：可在图素的中间指定锥形图素的高度。

● 【角度】：可以指定锥形钣金的旋转角度。

5. 折弯图素及类型

CAXA 实体设计的钣金折弯图素最适合于特定的设计要求,这在很大程度上是因为它们特殊的编辑手柄和按钮以及【钣金】设计元素库中的各种折弯类型,如图 7-36 所示。

图 7-36　折弯类型

在【钣金】设计元素库中的折弯图素中包括 3 种类型。

- **卷边**:选择这种类型可添加一个 180°、内侧折弯半径为 0 的折弯。
- **弯边连接**:选择这种类型可添加一个 180°、半径为板厚度一半的折弯。
- **无补偿折弯**:选择这种类型可添加一个 90° 的折弯,并为零件采用指定的折弯半径。

7.2.3　切割工具

CAXA 实体设计具有修剪展开状态下的钣金件的功能,并支持展开钣金件的精确自定义设计。

这一过程在实施时采用标准实体或钣金件图素作切割工具,为了实现这一过程,当前设计环境必须包含需要修剪的钣金件和其他用作切割图素的钣金件或标准图素。切割图素必须放置在钣金件中,完全延伸到需要切割的所有曲面上,如图 7-37 所示。

操作步骤如下。

(1)单击选定需要修剪的钣金件,然后按住 Shift 键,单击选择切割图素。

(2)选择【工具】|【切割钣金件】菜单命令,或从【钣金】工具条中单击【切割钣金件】按钮　。

(3)选定切割图素,然后按 Delete 键即可删除切割图素,如图 7-38 所示。

图 7-37　切割示例

图 7-38　切割结果

7.2.4　钣金属性

在钣金件上单击鼠标右键,在弹出的快捷菜单中选择【零件属性】菜单命令,可以打开【钣金件】对话框。单击【钣金】选项卡,可以查看钣金件的属性,如图 7-39 所示。

对话框中各选项的含义如下。

- **【板料属性】**:利用下面的选项可定义选定钣金件的板料属性。
  - ➤ **【名称】**:这是一个不可编辑的字段,其中显示的是当前默认板料类型。
  - ➤ **【重量】**:在本字段中可输入选定钣金件需要的重量。

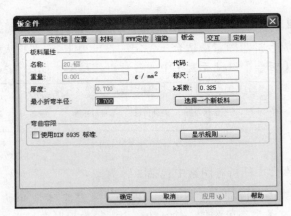

图 7-39　查看钣金件的属性

> 【厚度】：该字段显示的是与当前默认板料类型相关的厚度。尽管在该字段中插入其他值并不改变设计环境中的板料厚度，但是在进行零件分析时是有必要插入其他值的。
> 【最小折弯半径】：该字段中输入的数值为当前钣金件需要采用的最小折弯半径。它只适用于已指定采用最小折弯半径作为半径定义方法的折弯。
> 【代码】：这个不可编辑的字段显示的是当前默认板料类型的代码。
> 【标尺】：这个不可编辑的字段显示的是当前默认板料类型的相关标尺。
> 【k 系数】：该字段中输入希望用于选定钣金件的板料的 k 系数。
> 【选择一个新板料】：选择此选项可显示出【选择板料】对话框，以浏览并指定选定钣金件的替代板料类型。
● 【折弯容限】：设定折弯的容限。
> 【采用 DIN 6935 标准】：选择此选项可指定选定钣金件采用 DIN 6935 折弯容限标准。
> 【显示规则】：选择此选项可显示 CAXA 实体设计用以计算折弯容限的公式。

7.2.5　展开/复原

钣金件设计完成后，按照设计流程，下一步操作应是生成零件的二维工程图。由于三维钣金件需要创建用于制造目的的展开工程图视图，为此 CAXA 实体设计提供了一个简单过程来展开已完成钣金件，并且能够把展平的钣金件折弯返回到它的折弯状态。【钣金】工具条上对应的【钣金展开】、【展开复原】工具，如图 7-40 所示。

图 7-40　【钣金展开】/【展开复原】工具

展开和复原钣金件操作步骤如下。

（1）在零件编辑状态选定创建完成的钣金件，如图 7-41 所示。

（2）从钣金工具条上单击【钣金展开】按钮 ，或选择【工具】|【钣金展开】菜单命令，零件将在设计环境中以展开状态显示，如图 7-42 所示。

（3）展开钣金件后，选择【工具】|【钣金复原】菜单命令，就可返回到零件的未展开状态。

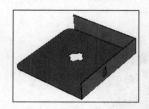

图 7-41 创建完成的钣金件

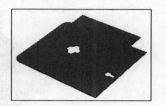

图 7-42 展平的钣金件

7.2.6 封闭角工具

钣金设计过程中经常要处理一些细节的部位。比如钣金封闭角的处理，如果用手工的方式去处理比较繁琐。而在 CAXA 实体设计 2008 中提供了一个自动封闭角的工具，以提高钣金设计的效率，如图 7-43 所示。

操作步骤如下。

（1）在【钣金】工具条上单击【添加钣金封闭角】按钮，打开【在两个折弯间添加封闭角】任务窗格，如图 7-44 所示。

（2）选择将要封闭的两个折弯特征。

（3）选择将要封闭的类型分别为：【对接封闭】、【正向交迭封闭】、【反向交迭封闭】。

（4）单击【应用并退出】按钮，完成钣金封闭角的创建，创建前后对比效果如图 7-45 所示。

图 7-43 【添加钣金封闭角】工具

图 7-44 【在两个折弯间添加封闭角】任务窗格

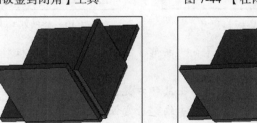

图 7-45 创建封闭角前后对比示例

7.3 学以致用——硬盘支架设计

随书附带光盘：\视频文件\第 7 章\7.3 硬盘支架设计.avi。

本案例是设计一个硬盘支架，如图 7-46 所示。

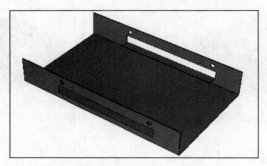

图 7-46　硬盘支架

硬盘支架设计

（1）启动 CAXA 实体设计 2008 软件，新建设计环境。

（2）单击设计元素库下方的【钣金】选项卡，打开【钣金】
设计元素库，从中拖动【板料】图标到设计环境中，如图 7-47
所示。

图 7-47　拖入【板料】图标

（3）双击上图中的板料，激活编辑操作手柄。默认状态下打
开的是形状手柄，单击手柄切换开关 ，切换到包围盒手柄。
在任意一个包围盒手柄上单击鼠标右键，在弹出的快捷菜单中
选择【编辑包围盒】菜单命令，打开【编辑包围盒】对话框。在该对话框中将【长度】设置为
200，【宽度】设置为 120，如图 7-48 所示。单击【确定】按钮完成设置，如图 7-49 所示。

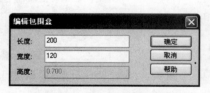

图 7-48　设置板料尺寸

图 7-49　修改板料尺寸

（4）从【钣金】设计元素库中拖动【向内折弯】图标到设计环境中板料的长度方向的一条棱
边上，如图 7-50 所示。

（5）在图 7-50 最下方的红色手柄上单击鼠标右键，在弹出的快捷菜单中选择【编辑折弯板
料长度】菜单命令，如图 7-51 所示。打开【编辑折弯板料长度】对话框，将【折弯板料长度】
设置为 30，如图 7-52 所示。

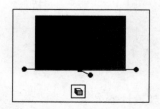

图 7-50　添加折弯

图 7-51　菜单命令

（6）单击【确定】按钮，完成折弯的设置，如图 7-53 所示。

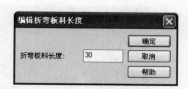

图 7-52　设置折弯板料长度

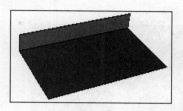

图 7-53　创建折弯

（7）重复步骤 4～6，创建另一侧同样的折弯，完成后的效果如图 7-54 所示。

（8）从【钣金】设计元素库中拖动【散热孔盖】图标到一个折弯侧板的内侧表面上，如图 7-55 所示。

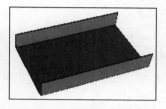

图 7-54　创建另一侧折弯

图 7-55　拖入【散热孔盖】图标

（9）默认状态下散热孔盖结构的方向不合适，需要使用三维球工具进行调整。按【F10】键，激活散热孔盖结构的三维球，如图 7-56 所示。

（10）单击三维球中所在轴线垂直于折弯侧板的内手柄，所在的轴线黄色加亮显示。移动鼠标，待鼠标变成 形状时，按下鼠标右键拖动鼠标，三维球随鼠标动态旋转，释放鼠标后在弹出的快捷菜单中选择【平移】菜单命令，如图 7-57 所示。

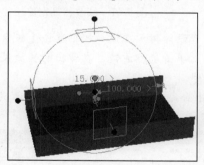

图 7-56　激活三维球

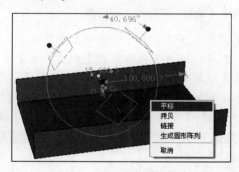

图 7-57　"平移"菜单命令

（11）此时打开了【编辑旋转】对话框，将旋转角度设置为 90，如图 7-58 所示。

图 7-58　【编辑旋转】对话框

（12）单击【确定】按钮，完成旋转操作，旋转前后的对比效果如图7-59所示。按【F10】键，取消三维球。

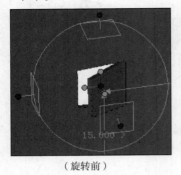

（旋转前）　　　　　　　　　　　　　　　　　　（旋转后）

图7-59　旋转前后对比

（13）在图7-55中，散热孔盖结构有两个定位尺寸，分别为15和100，只要散热孔盖处于选中状态，这两个尺寸就显示出来。在100的长度向定位尺寸值上单击鼠标右键，在弹出的快捷菜单中选择【编辑智能尺寸】菜单命令，打开【编辑智能标注】对话框，将尺寸值设置为90，如图7-60所示。

（14）重复步骤13，将值为15的高度向尺寸修改为12，完成后的效果如图7-61所示。

图7-60　【编辑智能标注】对话框

图7-61　修改特征定位尺寸

（15）选择【显示】|【设计树】菜单命令，打开设计树。在设计树中单击【钣金件】项目左侧的"+"号，展开子项目。在【散热孔盖】项目上单击鼠标右键，在弹出的快捷菜单中选择【加工属性】菜单命令，如图7-62所示。

（16）此时打开【形状属性】对话框，单击选中【自定义】选项，将【长度】设置为10、【宽度】设置为120、【角度1】设置为0、【角度2】设置为90，如图7-63所示。

图7-62　【加工属性】菜单命令

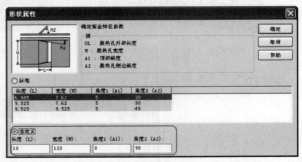

图7-63　设置散热孔盖形状尺寸参数

（17）设置完成后，单击【确定】按钮，完成散热孔盖结构的创建，完成后的效果如图7-64所示。

（18）采用同样的方法和形状、位置尺寸，创建另一侧板上的散热孔盖结构，完成后的效果如图 7-65 所示。

图 7-64　创建散热孔盖结构

图 7-65　另一侧板创建散热孔盖结构

（19）从【钣金】设计元素库中拖动【圆孔】图标到一个折弯侧板的外侧表面上，如图 7-66 所示。

（20）在图 7-66 中，圆孔结构有两个定位尺寸，只要圆孔处于选中状态，这两个尺寸就显示出来。在长度向定位尺寸值上单击鼠标右键，在弹出的快捷菜单中选择【编辑智能尺寸】菜单命令，打开【编辑智能标注】对话框，将尺寸值设置为 35，如图 7-67 所示。

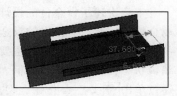

图 7-66　拖入【圆孔】图标

（21）重复步骤 13，将高度向尺寸修改为 7，完成后的效果如图 7-68 所示。

图 7-67　【编辑智能标注】对话框

图 7-68　修改特征定位尺寸

（22）在设计树中单击【钣金件】项目左侧的"+"号，展开子项目。在【圆孔】项目上单击鼠标右键，在弹出的快捷菜单中选择【加工属性】菜单命令。

（23）此时打开【冲孔属性】对话框，拖动【标准】列表右侧的滚动条，单击选中【5.13】项，如图 7-69 所示。

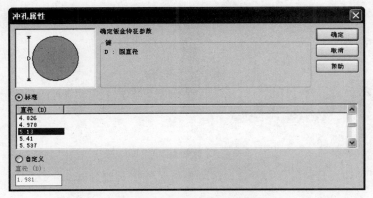

图 7-69　设置圆孔尺寸参数

（24）设置完成后，单击【确定】按钮，完成圆孔结构的创建，完成后的效果如图 7-70 所示。

（25）用同样的方法，创建其余的圆孔结构，完成后的效果如图 7-71 所示。

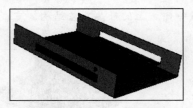

图 7-70　创建散热孔盖结构

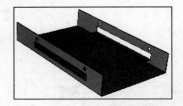

图 7-71　创建其他圆孔

7.4　小结

本章讲述了钣金件的设计方法，钣金件的设计流程是先从【钣金】设计与元素库中拖出各种钣金特征，然后对拖出的钣金特征进行编辑修改。

钣金特征的修改方式主要是通过编辑手柄实现的，双击工作区中的钣金件可以激活钣金件的编辑状态，并显示编辑手柄。编辑手柄包括两种，【形状】编辑手柄和【包围盒】编辑手柄，可通过单击 ⬛ 或者 ⬛ 按钮，切换两种编辑手柄的显示。

【钣金】设计元素库提供了丰富的直板、弯板、锥板、内折弯、外折弯、带料折弯、不带料折弯、工艺孔/切口、包边、倒圆角、倒角等钣金图素；丰富的通风孔、导向孔、压槽、凸起等行业标准的参数化压形和冲裁图素等设计图素。提供了对折弯尺寸、角度、位置、半径和工艺切口进行灵活控制的功能，以及强大的草图编辑、钣金裁剪、封闭角处理、用户板材设定和钣金自动展开计算等功能。

第 8 章

CAXA装配体设计

学习目标

- 插入零/组件（也可统称为装配元件）；
- 装配定位；
- 装配设计；
- 装配检验；
- 自底向上及自顶向下设计。

内容概要

本章主要讲述CAXA实体设计的装配知识，学习装配过程的应用，熟悉装配设计的流程，如插入组件、约束定位、装配检验等。

在装配实体设计的每个流程环节中，将对该环节的目的、功能、操作方法详细讲述，包括插入组件的各种方法、装配定位的各种方法、各种约束方式、装配检验的各项内容，等等。

另外，还对自底向上的设计方法和自顶向下的设计方法进行了介绍。

8.1 插入零/组件

利用 CAXA 实体设计 2008，可以生成装配体、在装配体中添加或删除图素或零件以及对装配件中的全部构件进行尺寸重设或移动。

首先选定装配需要的多个图素或零件，然后选择【装配】|【装配】菜单命令，或者在【装配】工具条（如图 8-1 所示）中单击【装配】按钮，就可以将零件组合成一个装配件。

图 8-1 【装配】工具条

选择【显示】|【工具条】|【装配】菜单命令，可以控制【装配】工具条的显示或隐藏。

8.1.1 插入零/组件

利用【装配】工具条上的【插入零件/装配】按钮，可以插入已有的零部件作为装配元件。操作步骤如下。

（1）单击【装配】工具条上的【插入零件/装配】按钮，打开【插入零件】对话框，如图 8-2 所示。

（2）单击【文件类型】下拉列表框，展开图 8-3 所示的下拉列表，在列表中单击选择要插入的零件的文件类型。

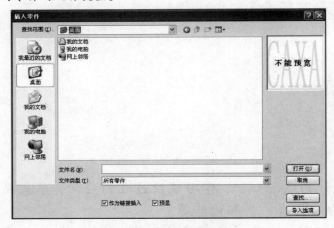

图 8-2 【插入零件】对话框

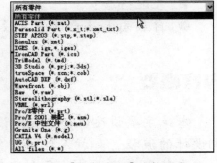

图 8-3 【文件类型】下拉列表

（3）在【查找范围】下拉列表框中选择零部件所在文件夹的磁盘路径，在文件列表中单击选取要插入的零件，然后单击【打开】按钮，则零部件插入到当前设计环境中。

8.1.2 外部插入

【插入零件】对话框的底部还有【作为链接插入】选项，如图 8-4 所示。

【作为链接插入】选项处于勾选状态时，插入的零件只记录零件的地址。这样做的优点是整个装配体文件较小，而且原文件修改后装

图 8-4 作为链接插入

配体中的零件也会随之修改，这可以非常方便地组织协同设计，但原地址更改后会出现找不到零件的情况。

　　如果不勾选【作为链接插入】选项，则整个零件的信息读入装配图中，与原地址文件脱离关系。装配体文件较大，原文件修改后装配体中的零件不会随之修改，不再受原文件的影响。

8.1.3　拷贝插入

　　除了使用读入零件文件名插入零件的方法外，还可以直观地从设计环境中拷贝插入零/组件。在设计环境中选择要组成装配的零/组件，单击鼠标右键，从右键菜单中选择【拷贝】菜单命令，然后切换到要插入此零部件的装配体设计环境中，选择【编辑】|【粘贴】菜单命令；也可以选择某零件后，在该零件上单机鼠标右键，从其右键菜单中选择【粘贴】菜单命令；也可以直接按【Ctrl+V】组合键粘贴零件，所需的零/组件就拷贝到当前设计环境中了，如图8-5所示。

图 8-5　拷贝/粘贴插入零件

　　如果所需拷贝的对象是多个零件，按住【Shift】键选择多个零件，然后单击【装配】工具条中的【装配】按钮，再拷贝整个装配体即可。

8.1.4　装配元件属性

　　在设计中，找到装配体并单击鼠标右键，弹出右键菜单，如图8-6所示。从弹出菜单中选择【装配属性】菜单命令，出现如图8-7所示的【装配】对话框。

图 8-6　【零件属性】菜单命令

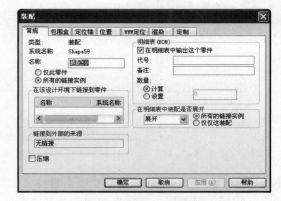

图 8-7　【装配】对话框

1.【常规】选项卡

　　在【常规】选项卡中，【类型】、【系统名称】、【名称】等选项的设置与智能图素属性表中对应项的含义类似。

●　【链接到外部的来源】：此项根据零件是否链接插入而由系统自动选择，图中为在本设计环境中生成的零件或通过拷贝、无链接插入、设计元素库拖入的零件的选项，为【无链接】。

如果是链接插入的零件，则它的属性表中此项自动显示文件的地址，如下图 8-8 所示。

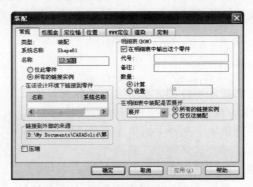

图 8-8 【常规】选项卡页面

- 【压缩】：是否在设计环境中压缩此零件。勾选此项零件则从设计环境中消失。
- 【明细表】：勾选【在明细表中输出这个零件】项，则在生成装配图并投影生成工程图后，可以在工程图的明细表中自动反映这个零件。在【代号】、【备注】中填写零件的序号和备注，就可以在工程图的明细表中自动填入代号、名称等项目。
- 【数量】：在明细表中该零件的数量设置。默认为【计算】，即 CAXA 实体设计在设计环境内容的基础上自动计算材料单的零件/装配件数量。也可以改为【设置】，在其后的输入框中输入该零件的数量。更改后二维绘图中的明细表会随之修改。

2.【包围盒】选项卡

单击【包围盒】选项卡，切换到【包围盒】选项卡页面，如图 8-9 所示。

图 8-9 【包围盒】选项卡页面

在【包围盒】选项卡页面中，【尺寸】、【调整尺寸方式】等选项的设置与智能图素属性表中对应项的含义相同。但不同的是零件包围盒及其操作柄在默认状态下是不显示的，【显示】部分的各项默认没有勾选；装配包围盒中的【尺寸】部分的数值也不是零件的实际尺寸。

在【显示】部分的各项前面勾选，零件处于选中状态时会显示操作柄和包围盒。

3.【渲染】选项卡

在此选项卡页面中将对组件的渲染风格进行设置，如图 8-10 所示。

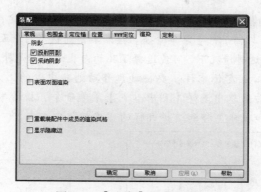

图 8-10　【渲染】选项卡页面

可编辑的渲染选项如下。

- 【阴影】：设置组件阴影的显示方式有。
  - 【投射阴影】：选择此选项此零件将没有阴影。
  - 【采纳阴影】：选择此选项此零件将有阴影。
- 【表面双面渲染】：选择此选项将同时渲染装配组件表面的两个面。

【WWW 定位】、【定位锚】、【定制】等选项卡的含义与零件对应选项卡的含义相似，此处不再赘述。

8.2　装配定位

在实体设计中，除了零部件之间形成装配关系外，还需要通过零件定位的方式确定零部件之间的位置关系。这个过程有很多的方法，可以根据零部件形状特点选择使用。

8.2.1　三维球工具定位

三维球是一个非常杰出和直观的三维图素操作工具。三维球可以通过平移、旋转和其他的三维空间变换精确定位任何一个三维物体。在零件定位中，三维球是非常强大灵活的工具，基本上可以方便地定位任何形状的零部件。

下面的示例将演示三维球在装配中的部分功能。图 8-11 中分别为零件装配前的状态和装配后的位置关系。所进行的装配步骤主要有：将带键槽的轴装入带键槽的孔中，并将键槽对齐；然后将键装入键槽中，将燕尾装入燕尾槽中，再将销子与孔对齐，并装入孔中。在利用三维球进行装配的过程中，一般可将一个零件的装配过程分为两个部分：定向与定位。定向过程可利用三维球定向控制柄，定位过程主要利用三维球的中心控制柄。

从 CAXA 的安装路径下打开文件，如 CAXA 安装在 C 盘，则路径为 "C:\CAXASolid\Tutorials"，打开文件 "Triball1.ics"。

（装配前）

（装配后）

图 8-11　装配前后零件的位置

（1）使用三维球的定向控制柄对零件进行定位。在图 8-12 所示的定向控制柄上单击鼠标右键，然后从弹出的菜单中选择【与轴平行】菜单命令。接着单击圆柱形的表面，这将使轴体的选定轴线与孔的轴线平行。要注意在这种情况下，可能选择了孔的内表面而不是外表面，但结果则是相同的。

（2）使用三维球的中心点定位零件。要将轴体移动到孔中心的上方，在三维球的中心上单击鼠标右键，然后从弹出的菜单中选择【到中心点】菜单命令。接着单击图 8-13 所示的圆形边缘。这将使三维球中心（和轴体）移到选择目标的"虚拟"中心点。

图 8-12　使用三维球的定向控制柄

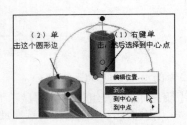

图 8-13　使用三维球的中心点

（3）暂时约束三维球的一条轴线。单击顶部外侧的三维球控制柄，如图 8-14 所示。将轴体向下滑动到孔的底部。这项操作将使三维球的垂直轴线突出显示为黄色，这意味着三维球现在暂时受到约束，只能沿着/围绕这条轴线平移/旋转。现在将三维球的中心拖至下面的圆形边缘。轴体将沿着受约束的垂直轴线向下"滑动"，并刚好捕捉定位到与孔的底部对齐的位置上。

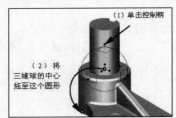

图 8-14　暂时约束三维球的一条轴线

（4）与边平行命令。下一步要对齐键槽，方法是在图 8-15 所示的定向控制柄上单击鼠标右键，然后从弹出的菜单中选择【与边平行】菜单命令。然后单击孔键槽上所示的边缘，这将使选定的三维球轴线，通过围绕三维球中心点旋转，而与目标边缘对齐，关闭三维球。

（5）与面垂直命令。选择定位键，然后打开三维球。在如图 8-16 所示的定向控制柄上单击鼠标右键，然后从弹出的菜单中选择【与面垂直】菜单命令，将定位键与键槽对齐。接着单击底座的顶面，这将使选定的三维球轴线垂直于目标表面。单击设计环境的空白处，取消对选定轴线的选择。

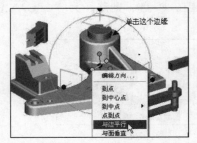

图 8-15　使用与边平行命令

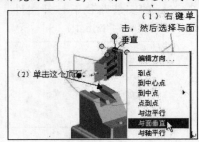

图 8-16　与面垂直命令

（6）对三维球进行重新定位。按空格键，改变三维球在零件上的位置，三维球的颜色现在将变成白色，表明它处于"分离"状态，可以独立于零件而移动。现在，将三维球的中心拖至定位键的一角（如果必要可以放大）。然后再次按空格键，使三维球重新附着于零件（颜色变回蓝色），如图 8-17 所示。

（7）到点命令。将三维球的中心拖至轴体的隔角点，将定位键放入键槽，如图 8-18 所示。也可以右键单击三维球的中心，然后从弹出的菜单中选择【点到点】菜单命令，接着选择轴体的隔角点。这两种方法的结果是相同的。取消对三维球的选择。 轴体和定位键如图 8-19 所示。

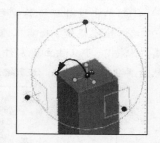

图 8-17　三维球处于分离状态

图 8-18　到点命令

图 8-19　零件位置关系

（8）移动并生成关联拷贝。

① 首先，选择图示的智能图素孔，然后打开三维球。接着，单击外侧的三维球控制柄，这项操作将使三维球的轴线突出显示为黄色，表明它现在暂时受到约束，只能在这条轴线上移动/旋转，如图 8-20 所示。

② 按住鼠标左键，同时按住【Shift】键，三维球应该沿受到约束的轴线滑动，当左边圆形过渡面呈绿色时松开鼠标，智能图素孔移到了左边过渡面的中心。

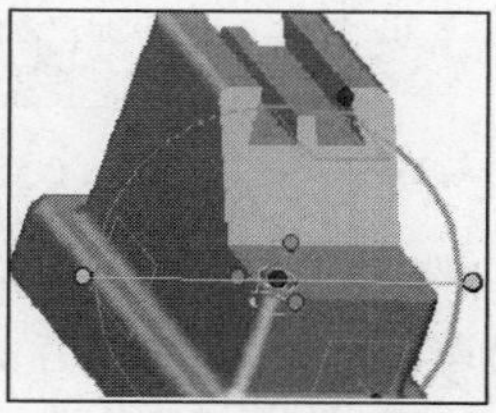

③ 按住鼠标右键，同时按住【Shift】键，再将三维球的中心拖至图示右边圆形过渡的中心点（右边圆形过渡面呈绿色时松开鼠标）。松开鼠标右键，然后从弹出的菜单中选择【链接】菜单命令，从弹出的对话框中单击【确定】按钮，生成该智能图素孔的一个链接，如图 8-21 所示。

图 8-20　三维球轴线约束

（9）与面垂直命令。选择图 8-22 所示的零件，然后打开三维球。现在右键单击图示的定向控制柄，然后从弹出的菜单中选择【与面垂直】菜单命令，接着单击选取图示的表面。

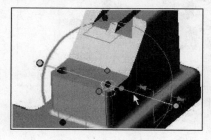

图 8-21　生成链接孔

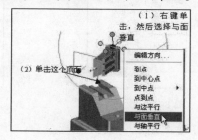

图 8-22　与面垂直

（10）与边平行命令。在图示的定向控制柄上单击鼠标右键，然后从弹出的菜单中选择【与边平行】菜单命令，接着单击图 8-23 所示的边缘。

（11）使用到点命令重新定位三维球。

① 单击设计环境的空白处，取消对选定轴线的选择。

② 按空格键，改变三维球在零件上的位置。三维球的颜色现在将变为白色，表明它处于"分离"状态，可以独立于零件而移动，如图 8-24 所示。现在，将三维球的中心拖到图示的角上，然后再次按空格键，使三维球重新附着于零件（颜色变回蓝色）。

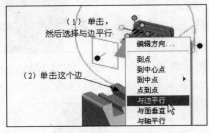

图 8-23　与边平行

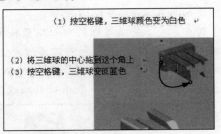

图 8-24　重新定位三维球

③ 将三维球的中心拖至轴体的隔角点，将定位键放入键槽，如图 8-25 所示。也可以右键单击三维球的中心，然后从弹出的菜单中选择【到点】菜单命令，接着选择轴体的隔角点。这两种方法的结果是相同的，零件如图 8-26 所示。

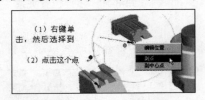

图 8-25　到点命令定位

图 8-26　装配定位燕尾槽

（12）反转命令。关闭三维球，选择图 8-27 所示的零件，然后打开三维球。右键单击图示的顶部定向控制柄，然后从弹出的菜单中选择【反转】菜单命令，这将使零件在选定轴线方向上翻转 180°。

（13）点到点命令。要使销子与孔对齐，首先右键单击图 8-28 所示的定向控制柄，然后从弹出的菜单中选择【点到点】菜单命令。接着，按图示的顺序，单击图示孔的两个中心点，这将使选定的三维球轴线平行于两个目标点中间的一条虚拟直线。

图 8-27　反转零件

图 8-28　点到点命令

（14）重新定位/约束三维球。

① 按空格键，改变三维球在零件上的位置。三维球的颜色现在将变成白色，表明它处于"分离"状态，可以独立于零件而移动。单击顶部外侧的三维球控制柄，这项操作将使三维球的垂直轴线突出显示为黄色，表明三维球现在暂时受到约束，只能在这条轴线上移动/旋转。将三维球的中心拖至底下的圆形边缘，三维球将沿着受约束的垂直轴线向上"滑动"，并刚好捕捉在与销子的底部对齐的位置上，如图 8-29 所示。再次按空格键，使三维球重新附着于零件（颜色变回蓝色）。

② 单击设计环境的空白处，取消对选定轴线的选择。

③ 要将选择放入孔，只需将三维球的中心拖至孔的中心。同样的，也可以采用另一种方法：右键单击三维球中心，然后从弹出的菜单中选择【到点】菜单命令，接着单击孔的中心，如图 8-30 所示。

图 8-29　重定位并约束三维球

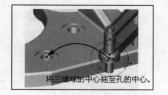

图 8-30　将三维球的中心拖至孔的中心

零件现在应该如前面图 8-11 所示的装配后的样子。

8.2.2　无约束工具定位

采用【标准】工具条上的【无约束装配】工具，可参照源零件和目标零件快速定位源零件。在指定源零件重定位/重定向操作方面，CAXA实体设计提供了极大的灵活性。

单击选取源零件，单击【标准】工具条上的【无约束装配】按钮，激活【无约束装配】工具，并在源零件上移动光标，会显示黄色对齐符号，在源零件和目标零件上依次单击选取某个点，两个点将重合，如图 8-31 所示。

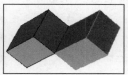

图 8-31　无约束装配

无约束装配定位工具适用于零件形状规则、容易找到特征点的情况。

8.2.3　约束工具定位

【标准】工具条上的【定位装配约束】工具，采用约束条件的方法对零件和装配件进行定位和装配。【约束装配】工具类似于【无约束装配】工具，但是【约束装配】能形成一种永恒的约束，利用该工具可保留零件或装配件之间的空间关系。

单击【标准】工具条上的【定位装配约束】按钮，激活【约束装配】工具，并打开如图 8-32 所示的【约束】任务窗格。单击【约束类型】下拉列表，在展开的下拉列表中将显示所有的约束类型，如图 8-33 所示。

图 8-32　【约束】任务窗格

图 8-33　【约束类型】下拉列表

【约束类型】下拉列表中各选项的含义如表 8.1 所示。

表 8.1 约束类型

约束类型	功　　能
对齐	重定位源零件，使其平直面既与目标零件的平直面对齐（采用相同方向）又与其共面
贴合	重定位源零件，使其平直面既与目标零件的平直面贴合（采用反方向）又与其共面
重合	重定位源零件，使其平直面既与目标零件的平直面重合（采用相同方向）又与其共面
同心	重定位源零件，使其直线边或轴在其中一个零件有旋转轴时与目标零件的直线边或轴对齐
平行	重定位源零件，使其平直面或直线边与目标零件的平直面或直线边平行
垂直	重定位源零件，使其平直面或直线边与目标零件的平直面（相对于其方向）或直线边垂直
相切	重定位源零件，使其平直面或旋转面与目标零件的旋转面相切
距离	重定位源零件，使其与目标零件相距一定的距离
角度	重定位源零件，使其与目标零件成一定的角度
随动	定位源零件，使其随目标零件运动。常用于凸轮机构运动

（1）激活【定位装配约束】工具 🔘 后，在【约束类型】下拉列表中单击选取一种合适的约束类型。

（2）在源零件上单击选取参照面、参照线或参照轴线。

（3）在目标零件上单击选取与源零件参照及约束类型匹配的参照，如选择【对齐约束】后，选择两零件的端面，如图 8-34 所示。

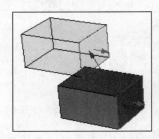 

图 8-34 【对齐】约束装配示例

8.2.4　智能标注工具定位

利用智能标注工具可以在图素或零件上标注尺寸，可以标注不同图素或零件上两点之间的距离。如果零件设计中对距离或角度有精度要求，可以采用 CAXA 实体设计的智能标注工具定位。

下面用一个示例来说明如何使用智能标注工具定位图素。

（1）新建一个设计环境，然后从【图素】设计元素库中拖出一个【厚板】图素并释放到设计环境中。

（2）从【图素】设计元素库中拖出一个【长方体】图素，并将其释放到板的上表面上，如图 8-35 所示。

（3）在智能图素编辑状态选择长方体。由于长方体拖放到了板之上，所以两个图素成了同一零件的组件。为了测量某个零件的图素组件的面、边或顶点之间的距离，必须在智能图素编辑状态添加智能尺寸。如果在零件编辑状态选择长方体图素，那么智能尺寸的功能就仅相当于一种标注。

（4）从【智能标注】工具条上选择【线性标注】工具 📐，该工具条如图 8-36 所示。

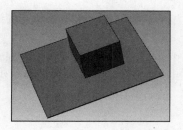

图 8-35 长方体与板示例

图 8-36 【智能标注】工具条

（5）将光标移到长方体侧面底边的中心位置，直至出现一个绿色智能捕捉中心点且该边呈绿色加亮显示，如图 8-37 所示，单击左键选定智能尺寸的第一个点。

（6）将光标拖到板上与长方体选定面平行的边，直至其呈绿色加亮显示。

（7）在光标与绿色加亮显示的边上的点对齐时，单击鼠标以给智能尺寸设定第二个点，如图 8-38 所示。

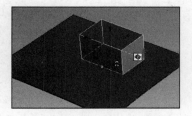

图 8-37 长方体中心点

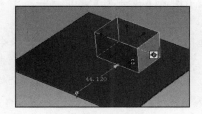

图 8-38 智能标注

（8）在智能尺寸值的显示位置单击鼠标右键，并从随之出现的弹出菜单中选择【编辑智能尺寸】菜单命令，打开【编辑智能标注】对话框，如图 8-39 所示。

（9）在【值】文本框中输入想要的距离值，然后单击【确定】按钮。

（10）重复上述步骤，在长方体的前表面下边上添加并编辑第二个线性尺寸，如图 8-40 所示。

图 8-39 【编辑智能标注】对话框

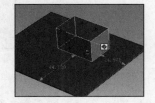

图 8-40 利用智能尺寸定位装配元件

8.2.5 智能捕捉工具定位

CAXA 实体设计具有强大的智能捕捉功能，除可用于尺寸修改外，还有强大的定位功能。通过智能捕捉反馈，可使图素组件沿边或角对齐，也可以把零件的图素组件置于其他零件表面的中心位置。利用智能捕捉，可使图素组件相对于其他表面对齐和定位。

以下描述了可使图素精确定位的智能捕捉方法。

● 如果要从元素库中拖出一个新的图素并置于已有零件的表面上，则当拖动新图素经过已有零件表面的棱边时会有绿色的智能捕捉显示。

● 如果要从元素库中拖一个新的图素到已有零件的表面中心，则应将该图素拖到已有零件表面的中心，直至出现一个深绿色圆心点，且该点后面出现一个更大更亮的绿点时，松开鼠标，新图素定位到已有零件表面的中心。

● 若要同一零件的两个图素侧面对齐，则应把其中一个图素的侧面（在智能图素编辑状态选择）朝着第二个图素的侧面拖动，直至出现与两侧面的相邻边平行的绿色线。

智能捕捉在实体设计中主要用于图素的定位。

8.2.6　位置工具定位

在默认状态下 CAXA 实体设计是以对象的定位锚为对象之间的结合点的，但是可以通过添加附着点，使操作对象在其他位置结合。可以将附着点添加到图素或零件的任意位置，然后直接将其他图素贴附在该点上。

先用一简单实例来说明如何利用附着点定位图素或零件。

（1）从【图素】设计元素库中把一个【长方体】图素拖放到设计环境中。

（2）选择【生成】|【附着点】菜单命令。

（3）在零件编辑状态选定零件，然后把光标移到该图素上，选择相应的点作为附着点。图素的表面将出现一个标记，该标记指明了附着点的位置，如图 8-41 所示。

图 8-41　创建附着点

（4）从【图素】元素库中拖出另一个图素并把它拖动到附着点附近，当附着点变绿时，释放新图素。新图素的定位锚会与第一个图素的附着点连接在一起，如图 8-42 所示。

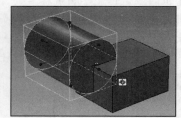

图 8-42　附着点示例

说　明：还可以将附着点放置在两个零件上并用这些点将两个零件组合在一起。拖动其中一个零件的附着点，把它置于另一个零件的附着点上。附着操作完成后，如果移动主控零件，附加零件也会随之移动；然而，如果移动附加零件，附加零件和主控零件之间的附着点约束就会失效。如果移动附着点，附加零件也会随之移动。

附着点有一个非常突出的优势，一旦添加附着点，它就成为零件的一部分，可以随零件保存在设计元素库中。同一系列的产品，当添加了附着点并保存到设计元素库后，再拖出时就可以迅速地装配。

可以用三维球工具重定位、复制图素或零件的附着点。

利用三维球工具重定位附着点的方法如下：

在零件编辑状态选择零件并选择附着点，显示其黄色提示区，从【标准】工具条选择三维球工具，或按住功能键 F10 来激活三维球工具。

利用三维球复制附着点的方法如下：

如果零件上添加了附着点并想复制它，可以用三维球进行复制，操作方法和图素与零件一样。

当选定某个附着点，显示出其黄色提示区，然后按【Delete】键，就可以轻易地删除该附着点。也可以在附着点上单击鼠标右键，然后在弹出的菜单中选择【删除附着点】菜单命令来删除该附着点。

可以应用附着点属性特征来修改附着点的位置，方法是：在智能图素或零件编辑状态下，在图素或零件上单击鼠标右键，从弹出菜单中选择对应的零件属性选项，然后在打开的对话框中单击【附着点】选项卡，如图 8-43 所示。

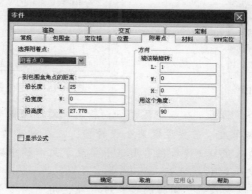

图 8-43　附着点属性

在【附着点】选项卡页面，可为附着点指定新位置，方法是使附着点沿着一个二维平面旋转或移动，在 3 个运动方向上输入相对于当前位置的距离值，或输入相对于当前位置的一个新的旋转角度。

若要设定某个旋转轴，应在对应的 L、W 或 H 方位中输入值 1，而其他输入值 0。然后，在【用这个角度】文本框中输入相应的旋转角度值。输入完毕后，单击【应用】按钮预览附着点的新位置。如果有必要，应移开对话框，以查看设计环境中的操作附着点对象。当修改后的附着点位置不合适时，输入新的值并再次单击【应用】按钮，直到对新位置感到满意时，单击【确定】按钮完成操作。

8.2.7　定位锚

定位锚决定了图素的默认连接点和方向。定位锚以带有两条绿色短线的绿色圆点表示。利用三维球工具，可以对定位锚进行重新定位，以指定其他的连接点和/或方向。如果完成了 8.2.6 小节中的示例练习，就可以在以下的示例中继续使用同样的设计环境和图素。否则，应该新建一个设计环境并从【图素】设计元素库中拖入一个图素。

利用三维球重定位零件的定位锚，方法如下。

（1）选定零件的定位锚。在智能图素状态下在定位锚上单击鼠标选中定位锚，此时定位锚的颜色变成黄色，定位锚的旁边则出现一个黄色的定位锚图标，如图 8-44 所示。

（2）选择三维球工具按需要旋转或移动定位锚的位置。

利用"定位锚"属性表重定位图素的定位锚，方法如下。

（1）在零件编辑状态下，在定位锚上单击鼠标右键，然后从弹出的菜单中选择【零件属性】或【智能图素属性】菜单命令，打开相应的属性对话框。当零件的类型不同时，菜单命令略有不同，打开的对话框名称也不同，但对话框中都包含【定位锚】选项卡。

（2）单击【定位锚】选项卡，显示出定位锚属性选项，如图8-45所示。

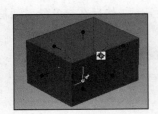

图 8-44　选择定位锚

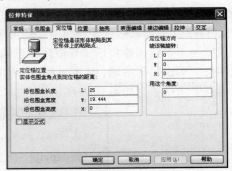

图 8-45　【定位锚】选项卡页面

（3）为定位锚指定一个新位置。在 3 个运动方向输入相对于当前位置的距离值，或输入相对于当前位置的一个新的旋转角度。若要设定某个旋转轴，应在对应的 L、W 或 H 方向字段中输入值 1，而在其他字段中输入值 0。然后在【用这个角度】文本框中输入相应的旋转角度值。单击【应用】按钮，以预览定位锚的新位置。

（4）单击【确定】按钮结束操作。同样的操作过程也适用于由多个智能图素生成的零件或由多个零件/图素生成的装配件的定位锚重定位。

在利用【移动定位锚】功能重定位图素的定位锚时，选择【设计工具】|【移动锚点】菜单命令，在图素上某点处单击鼠标，定位锚立即重定位到该点上。

如果利用智能尺寸和智能捕捉功能重定位图素的定位锚时，只需选定定位锚，然后就像操作图素和零件那样，利用智能尺寸或智能捕捉对定位锚重新定位。

8.3　装配设计

插入零部件并定位后，看起来已经形成了装配体，但现在打开设计树或者在设计环境中单击选择零件，就会发现这些零件依然是独立的个体，并没有真正形成装配体与零件包含与被包含的层次关系，还需要进行装配体的设计。

8.3.1　生成装配体

下面通过示例演示生成装配体的过程及方法，如图8-46所示。

图 8-46　示例参照

从图中可以看出这 3 个零件虽然连接在一起，但它们还是 3 个独立的分体。按住【Shift】键，在设计树中依次选择这 3 个零件，然后单击【装配】工具条中的【装配】按钮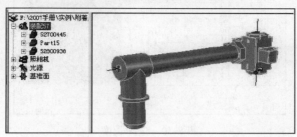，3 个零件将形成装配体。此时，设计树中将出现"装配**"的项目。在设计环境中单击选择也是首先选中装配体，其边缘被选中的颜色默认为黄色高亮显示，如图 8-47 所示。

图 8-47　生成装配体

8.3.2　标准件装配

标准件装配的步骤如下。

（1）从【工具】设计元素库中拖动【紧固件】图标到设计环境中。

（2）释放【紧固件】图标后，弹出【紧固件】对话框。在该对话框中单击选择【GB/T 5780—2000 六角头螺栓 D 级】选项，如图 8-48 所示。

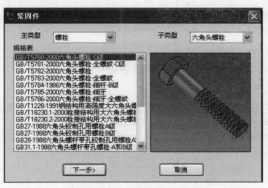

图 8-48　紧固件

（3）单击【下一步】按钮，在弹出的对话框中选择【M20】公称直径选项，如图 8-49 所示。

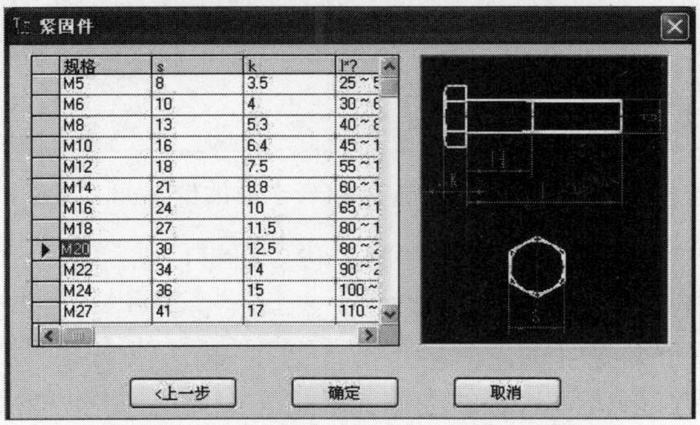

图 8-49　选择公称直径

（4）单击【下一步】按钮，在弹出的对话框中选择长度为 120，如图 8-50 所示。

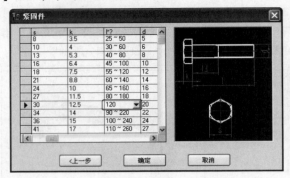

图 8-50 选择长度

（5）单击【确定】按钮，将螺栓插入到设计环境中，如图 8-51 所示。

（6）利用各种定位工具，将标准件装配到装配体中。

图 8-51 插入螺栓标准件

8.3.3 参数关联设计

CAXA 实体设计中的参数能够在零件尺寸参数之间建立关联关系，使用自定义表达式使它们与形状包围盒参数连在一起，也可以在【参数表】中添加表达式。【参数表】是显示所有系统定义和自定义参数的表格。参数表可用于设计环境、装配件、零件、形状或轮廓。

1．参数表

在设计环境、装配件、零件等上面单击鼠标右键，在弹出菜单中选择【参数】菜单命令，则屏幕上显示【参数表】对话框，如图 8-52 所示。

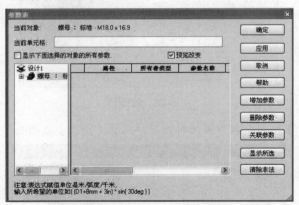

图 8-52 【参数表】对话框

【参数表】对话框上端显示的是选定组件的名称。在组件名称下方，【当前单元格】字段会显示当前选定的单元格。

下一个选项是【显示下面选择的对象的所有参数】。默认状态下，未选定此选项。此时，【参数表】对话框只显示出现在该访问状态的当前参数。选定此选项时，参数表就展开，除了显示该表访问状态的全部当前参数外，还显示该状态各组件的全部当前参数。例如，在设计环境状态选择此选项将显示设计环境中各个装配件、零件和形状的当前参数。在零件状态选择此选项将显示选定零件及其所有形状组件的当前参数。

在 CAXA 实体设计 2005 以后的版本中，参数表左方新增了类似于设计树的显示，这样可以方便地切换当前访问状态，并且帮助识别与装配/零件/特征相关的参数。

【参数表】对话框中各栏分别显示所有当前参数的下述信息。

- 【路径】：本栏显示参数表要访问的状态次结构树状态上出现的当前参数路径。注意该路径以系统名的形式显示。
- 【所有者类型】：即当前显示的参数的所有者。
- 【参数名称】：本栏显示的是系统或为当前参数设定的名字。
- 【表达式】：本栏显示赋予当前参数的表达式。所有表达式均以系统单位（如：米、弧度和千克）赋值。
- 【值】：本栏显示当前参数的相关值。
- 【单位】：本栏显示的是目前对当前参数所采用的单位。
- 【注释】：本栏显示当前参数的补充注释/注解。

【参数表】对话框的右侧是下述选项。

- 【确定】：选择此选项可确认针对参数表所作的修改，并返回到设计环境。
- 【应用】：选择此选项可确认对参数表所作的修改，并在不退出的情况下预览设计环境中的修改效果。
- 【取消】：对参数表进行修改后，若激活此选项，将不执行修改结果。选择此选项可取消自上次"应用"操作以来对"参数表"所做的任何修改，并返回到设计环境。
- 【增加参数】：选择此选项可访问【增加参数】对话框，如图 8-53 所示，在该对话框中可以生成新的参数。利用此选项生成的参数，称为定义参数。在该对话框中还包含如下各选项。

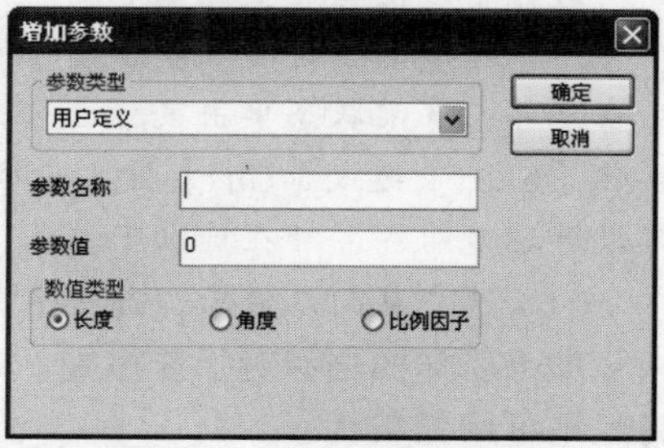

图 8-53 【增加参数】对话框

  ➢ 【参数名称】：为新参数输入相应的名称。
  ➢ 【参数值】：为新参数输入相应的数值。
  ➢ 【数值类型】：从下述选项中选择合适的参数类型：
  — 【长度】：选择此选项可指定一个线性参数类型。
  — 【角度】：选择此选项可指定一个角度参数类型。
  — 【比例因子】：选择此选项可指定一个无单位参数类型。

- 删除参数。加亮显示需要从参数表中删除的参数，然后选择此选项删除。

2. 参数类型

CAXA 实体设计中的参数有两种类型：

- **定义型**：这些由利用【参数表】对话框中的【增加参数】选项生成。
- **系统定义型**：锁定智能尺寸或约束尺寸将自动添加到相应状态的参数表中。

8.3.4 装配树及属性

选择若干个零件，然后单击装配工具条中的装配按钮，将形成装配体。此时，设计树中将出现"装配**"的名称，该设计树也叫做装配树。在设计环境中也是首先选中装配体，其边缘被选中的颜色默认为黄色高亮显示，这时选中的就是装配特征。

8.4　装配检验

在软件中进行三维设计的一个重要作用就是可以通过装配检验提前检查一个产品结构的合理性。所以，装配检验是实体设计中一个重要的组成部分。主要包括干涉检查、物性计算、零件统计等。

8.4.1　检查干涉

装配件中两个独立零件的组件可能会在同一位置时发生相互干涉。所以在装配件中应经常检查零件之间的相互干涉。可通过在设计环境中或在【设计树】中选择组件进行干涉检查，下面是几种选择：

- 装配件中的部分或全部零件；
- 单个装配件；
- 装配件和零件的任意组合。

进行干涉检查的步骤如下。

（1）选择需要进行干涉检查的项。若要在设计环境中进行多项选择，则应按住【Shift】键然后在零件或装配状态单击鼠标进行选择。若要在【设计树】中进行多项选择，则应在单击鼠标时按住【Shift】键或【Ctrl】键（应根据被选择项是否连续出现在树结构中来确定）。若要选择全部设计环境组件，可在标准下拉菜单中选择【编辑】|【全选】菜单命令。

（2）选中装配元件后，选择【工具】|【干涉检查】菜单命令，执行干涉检查操作。

如果所作的选择对干涉检查无效或者如果在零件编辑状态未做任何选择，【干涉检查】选项将呈不可用置灰状态。

如果CAXA实体设计环境中可进行干涉检查，将会出现下述信息之一：

- 一个信息窗口通知，其中报告未检测到任何干涉；
- 出现【干涉报告】对话框，其中成对显示选定项中存在着干涉。在设计环境中，被选定的项会变成透明色，而所有干涉将以红色加亮状态显示，如图8-54所示。

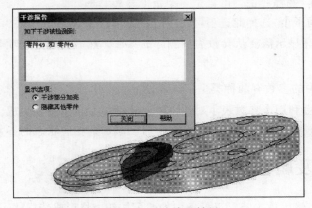

图8-54　干涉检查结果

8.4.2　爆炸视图

利用"装配爆炸"功能可生成各种装配体的爆炸图。但是，此操作不能应用【撤销】功能，所以建议在应用"装配爆炸"工具前要保存设计环境文件。

从【工具】设计元素库中拖入【装配】图标，弹出【装配】对话框，如图 8-55 所示。

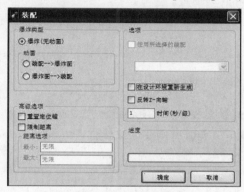

图 8-55　【装配】对话框

对话框中各选项含义如下。

- 【爆炸（无动画）】：选择此选项后，将只能观察到装配爆炸后的效果。此选项将在选定的装配中移动零件组件，使装配图以爆炸后的效果显示。
- 【动画】选项。
  - ➢ 【装配 → 爆炸图】：此选项通过把装配件从原来的装配状态变到爆炸状态来生成装配的动画效果。选定此选项将删除选定装配件上已存在的动画效果。
  - ➢ 【爆炸图 → 装配】：此选项通过把装配件从爆炸状态改变到原来的装配状态来生成该装配件的装配过程动画。
- 【选项】。
  - ➢ 【使用所选择的装配】：如果"装配爆炸"工具被拖放到设计环境中的装配件上，那么选择此选项将仅生成所选装配件的爆炸图。如果"装配爆炸"工具被拖放到设计环境中或者本选项被取消选中，那么设计环境中的全部装配件都将被爆炸。
  - ➢ 【在爆炸图中包括装配】：如果把"装配爆炸"工具拖放到了某个特定的装配件上，则选定此选项就可以把装配件包含在爆炸视图或动画中。
  - ➢ 【从爆炸图中去除装配】：如果"装配爆炸"工具被拖放到某个特定的装配件上，那么就可以选择此选项从爆炸视图或动画中去除原来的装配状态。
  - ➢ 【在设计环境重新生成】：此选项用于在新的设计环境中生成爆炸视图或动画，从而使其不会在当前设计环境中被破坏。
  - ➢ 【反转 Z-向轴】：选择此选项可使动画的方向沿着选定装配件的高度方向运转。
  - ➢ 【时间（秒/级）】：指定装配件各帧爆炸图面的延续时间。
- 【高级选项】。
  - ➢ 【重置定位锚】：选择此选项可把装配件中组件的定位锚恢复到各自原来的位置。组件并不重新定位，被重新定位的仅仅是定位锚。
  - ➢ 【限制距离】：选择此选项可限制爆炸时装配件各组件移动的最小或最大距离。

● 【距离选项】：输入爆炸时各组件移动的最小或最大距离值。

8.4.3　物性计算

利用 CAXA 实体设计的"物性计算"功能，可测量零件和装配件的物理特性：零件或装配件的表面面积、体积、重心和转动惯量。

（1）选择装配件或零件，然后选择【工具】|【物性计算】菜单命令，打开【物性计算】对话框。

（2）在【要求的精度】文本框中输入一个值，以指定需要的测量精确度，如图 8-56 所示。

> 说　明：如果需要的精度为 0.1%（精确度为 99.9%），则应键入 0.1。默认精度为 0.001。根据零件的复杂程度，在更高精确度下进行测量时，CAXA 实体设计可能需要花费较长的时间。如果可接受近似值，可以折中一个较低的精确度，以获得更快的计算速度。

（3）指明装配件的密度，或者指示 CAXA 实体设计采用单个零件的密度。默认的装配件密度为 1.0。如果不希望为整个装配件设定密度，可选中【在计算时使用单个零件的密度值】选项。

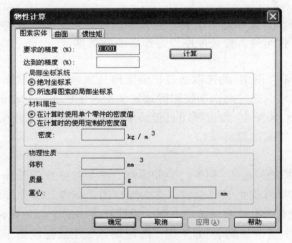

图 8-56　【物性计算】对话框

（4）单击【计算】按钮，以计算显示在属性表中的测量值。

> 说　明
> ● 装配件或零件的体积、质量和沿各轴的重心等的测量值分别出现在各自的字段中。CAXA 实体设计在【达到的精度】文本框中显示的是测量工作取得的估计精确度。
> ● CAXA 实体设计的当前版本并不支持对混合型装配件（包含 ACIS 和 Parasolid 实体的装配件）的物性计算。若检测到此种情况，【物性计算】选项将呈现不可用状态（置灰）。

8.4.4 零件统计

与"物性计算"属性表中将装配件或零件当作存在于物理空间的实物进行处理的数据不同，零件的分析数据揭示的是其作为一个虚拟对象的表现。例如，这些统计数据说明的是装配件或零件包含多少个面、环、边和顶点。

显示装配件或零件统计信息的操作步骤如下。

（1）在合适的编辑状态选择相应的装配件或零件，然后选择【工具】|【统计】菜单命令。此时，会出现一个消息窗口，通知零件的有效性完成，其结果可在显示文件存储路径中名为"Validate.txt"的文本文件中找到，如图 8-57 所示。

（2）单击【确定】按钮关闭该消息窗口。

图 8-57 【零件统计报告】消息框

8.4.5 截面剖视

CAXA 实体设计中的【截面】工具为设计者提供了利用剖视平面或长方体对零件/装配体进行剖视的功能。选择设计环境中需要剖视的零件/装配件，然后单击【面/边编辑】工具条上的【截面】按钮，可激活【生成截面】任务窗格，如图 8-58 所示。

图 8-58 【生成截面】任务窗格

对话栏中各选项的含义如下。

- 【截面工具类型】：截面工具类型下拉列表，用于选择该工具的位置类型。
  - 【X-Z 平面】：沿设计环境格网 X-Z 平面生成一个无穷的剖视平面。
  - 【X-Y 平面】：沿设计环境格网 X-Y 平面生成一个无穷的剖视平面。
  - 【Y-Z 平面】：沿设计环境格网 Y-Z 平面生成一个无穷的剖视平面。
  - 【与面平行】：生成与指定面平行的无穷剖视平面。
  - 【与视图平行】：生成与当前视图平行的无穷剖视平面。
  - 【长方体】：生成一个可编辑的长方体做剖视工具。
- 【定义截面工具】按钮：用于定义截面的位置和形状。

下面利用截面工具生成减速器箱盖的剖视，其步骤如下。

（1）选择需要创建剖视图的零件/装配件。

（2）从【面/边编辑】工具条单击【截面】按钮，被选定对象的提示区变成白色，打开【生成截面】任务窗格。

（3）从【截面工具类型】下拉列表中选择合适的截面类型，本例中选择默认的【X-Z平面】类型。

（4）单击【定义截面工具】按钮❖，根据被选定的截面工具类型，将光标移到截面放置位置所在的点、面或零件处，在出现绿色提示区时单击鼠标。在本例中选择箱盖侧边的中点，将鼠标移动到箱盖侧边处，参照圆点加亮显示。

（5）单击左键放置剖面，在指定位置将显示剖面工具清晰的黑色剖切面。

（6）单击【应用并退出】☑，完成剖面的创建。

（7）右击剖面工具，在弹出的菜单中选择【隐藏】菜单命令，结果如图8-59所示。

如果【长方体】被指定为剖面类型，则可通过拖动其包围盒手柄重新设置其尺寸。而且还可以激活三维球并重定位剖面工具，反转曲面方向即可切换被选定对象的剪切面。

剖视图创建完成后，被选定零件的剖视平面或长方体剖面都以清晰的黑色出现在设计环境中。此外，剖视平面显示一个蓝绿色的默认"面法线"方向箭头。

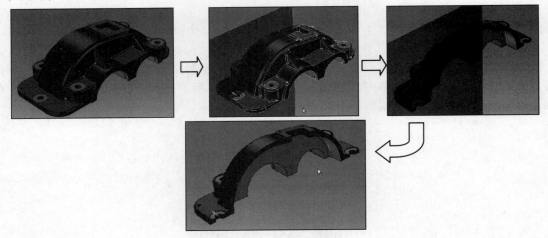

图8-59　创建剖面示例图

在零件编辑状态单击鼠标，选择剖视平面。然后单击鼠标右键，弹出如图8-60所示的菜单。根据截面工具类型，菜单将显示以下选项的全部或一部分。

图8-60　剖面右键菜单

● 【精度模式】：当需要生成截面几何图形或零件/装配件的精确显示时，选择此选项从默认模式（图形模式）切换过来。为了生成已剖视零件/装配件的后续工程图，就必须选择此模式。

● 【增加/删除零件】：选择此选项可将零件/装配件添加到被选定剖视工具剖视的群组中，

或从群组中删除。选择此选项，出现【编辑截面】任务窗格，而当前被选定工具剖视的群组则以白色加亮状态显示。选择需要添加到群组或从群组删除的零件/装配件（该群组可以是设计环境或【设计树】中的群组），单击对话栏中的【增加零件】或【删除零件】按钮，然后单击【应用并退出】按钮 。设计环境中的显示信息立即被更新，以反映所作的任何变更。若要退出对话操作而不添加/删除对象，则应单击【退出】按钮 。

- 【隐藏】：为了观察零件/装配件的剖视效果，可选择此选项来隐藏被选定的剖视工具。若要取消对该剖视工具的隐藏，在【设计树】中的剖面条目中单击鼠标右键，在弹出菜单中选择【隐藏】菜单命令，取消对【隐藏】的选定。
- 【压缩】：选择此选项可压缩被选定剖视工具的显示并返回到未剖视零件/装配件的显示状态。若要取消对该剖视工具的压缩，在【设计树】中的剖面条目中单击鼠标右键，在弹出菜单中选择【压缩】菜单命令，取消对【压缩】的选定。
- 【删除】：选择此选项可从设计环境中删除选定的剖视工具。
- 【反向】：选择此选项可使选定剖视工具的当前方向反向，并显示零件/装配件在设计环境中的另一段。
- 【生成截面轮廓】：选择此选项可从被选定表面生成一个二维图素。
- 【生成截面几何】：选择此选项可从被选定表面生成一个表面图素。
- 【零件属性】：选择此选项可为剖视工具访问零件属性。

8.5　自底向上及自顶向下设计

实体设计软件提供自底向上设计一个装配体，也可以自顶向下进行设计，或两种方法结合使用。自底向上设计法是一种比较传统的方法，主要应用于相互结构关系及重建行为较为简单的零部件的独立设计。对于装配关系复杂的零部件设计，或进行夹具设计，自顶向下的方法则是工程师的首选。

8.5.1　自底向上

自底向上设计方法是一种比较传统的方法，主要应用于相互结构关系及重建行为较为简单的零部件的独立设计。自底向上设计方法是从零件设计开始设计流程。在设计过程中，首先设计关键零件，并参照关键零件确定其他零件。零件设计工作完成后，再对零件进行定位与装配。

8.5.2　自顶向下

自顶向下的设计方法是从装配体中开始设计工作。设计过程中，可以使用一个零件的几何体来帮助定义另一个零件，或生成组装零件后再添加加工特征。可以将布局草图作为设计的开端，定义固定的零件位置，基准面等，然后参考这些定义来设计零件。在真正的概念设计里，很少是单个的组件来控制整个装配体。自顶向下设计方法即在装配体里生成新的零部件。因为在实际设计工作中，经常是先设计好主要的结构件，利用装配体里的某些尺寸、位置生成辅助零部件，这样可以充分利用资源，而且便于整体修改。

自顶向下设计的主要步骤如下。

（1）将新零件新增至装配体中。

当将新零部件添加到装配体中时，必须赋予名称并选择一个平面。此名称作为零件的名称，而选定的平面作为新零件的参考定位平面。

（2）在装配体中建立零件。

当开始建立新零件时，单击选取的平面作为作用中的草图平面，零件处于编辑零件模式，参照装配体的几何特征，采用零件创建方法建立零件。建立零部件间的装配约束关系，完成零部件设计。

零部件设计完成后，如果需要单独的零件文件，可以选中该零件，然后选择【文件】|【另存为零件/装配】菜单命令，在打开的【另存为零件/装配】对话框中选中【链接到当前的设计环境】选项，设置零件与本设计环境链接，确保零件与装配体在修改一方后另一方将随之自动更新。

8.6　小结

本章讲述了 CAXA 实体设计 2008 中的装配设计操作。装配设计是产品开发流程中的必要环节，也是产品设计阶段检验产品设计错误的重要方式，在实际应用中具有重要的意义。

CAXA 实体设计 2008 的装配操作相对于其他常用三维设计软件有所不同，CAXA 实体设计 2008 具有更加灵活多样的装配元件定位功能，如三维球定位、无约束定位、约束工具定位、智能标准定位、智能捕捉定位等。熟悉各种定位方式后，用户可以根据装配体的特点，灵活选择定位方式。在没有熟悉各种定位方法之前，读者应着重深入学习一种定位方式，如三维球定位或约束工具定位，确保在装配操作中可以实现设计意图，之后再考虑如何灵活运用。

通过本章的学习，读者应熟悉装配设计流程，熟悉各种装配检验方法。装配检验方法很重要，它是产品设计中进行虚拟装配的一种重要手段，其主要目的是，检查零件之间的匹配关系是否满足设计与加工要求。

第 **9** 章

工程图

学习目标

- CAXA工程图环境；
- CAXA视图生成；
- CAXA视图编辑；
- CAXA工程标注；
- CAXA工程图模板。

内容概要

本章主要讲述CAXA实体设计的工程图功能。工程图在大多数情况下是产品设计的最终步骤，目前直接以三维模型为参照的数控加工技术还不能满足所有零件的加工，而且有些零件的数控加工费用昂贵，因此采用二维工程图纸为参照的传统加工方式仍然是加工方式中绝大多数采用的方法。

由三维模型创建二维工程图是三维设计软件的一项重要功能，它直接关系到能否方便、快捷地创建出合格的工程图。

CAXA实体设计的工程图部分主要包括工程图环境介绍、各种工程图视图的创建方法、各种工程图视图的编辑方法、工程图标注等内容。另外，绝大多数企业拥有自己的工程图模板，因为学会创建工程图模板在企业实际应用中也是一项重要的内容。

9.1 工程图环境

CAXA 实体设计中,二维工程图生成的特点是:第一,在二维绘图环境中利用视图生成功能,可直接生成已保存三维零件或装配件的 6 个基本视图及轴测图。第二,基本视图生成后可通过添加新的视图、添加尺寸和工程标注、添加文字标注和辅助图形、生成产品明细表、在三维设计环境和二维工程图之间切换,以相应地修改零件和更新视图,使所生成的图纸更加完善。

本章主要介绍如何生成三维模型的标准视图及在 CAXA 实体设计绘图环境中如何进一步完善所生成的视图,使其符合我国《机械制图标准》。

9.1.1 进入工程图环境

在 CAXA 实体设计设计环境中,单击【标准】工具条上的【缺省模板工程图环境】按钮,可以直接进入由默认的工程图模板创建的新工程图文件。

CAXA 实体设计 2008 中可以对默认工程图模板进行设置,选择软件自带的或者自己创建的模板作为默认工程图模板。

下面介绍在任何状态下都通用的进入工程图环境的方法。

(1)在主菜单上选择【文件】|【新文件】菜单命令,打开【新建】对话框,如图 9-1 所示。

(2)在【新建】对话框中单击选择【工程图】选项,单击【确定】按钮,打开如图 9-2 所示的【新建图纸】对话框。

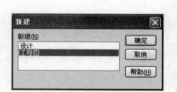

图 9-1 【新建】对话框   图 9-2 【新建图纸】对话框

(3)在【GB】选项卡页面,单击选择一个符合我国国家标准的图纸模板。在其他选项卡页面,可选择符合 ANSI(公制或英制)、ISO 标准预设定的图纸模板。

(4)选中模板后,单击【设置为缺省模板】按钮,可以将选中的模板设置为软件默认的工程图模板。

(5)单击【确定】按钮,创建一个新的工程图文件并进入工程图环境,如图 9-3 所示。

图 9-3 所示为"GBA4(H).icd"工程图环境界面,其界面遵循桌面软件广泛采用的惯例,如将鼠标在各工具按钮上停留 2s,即可显示出各工具的名称及操作提示信息。可以拖动重新摆放工具条,可以自定义各个工具条的显示/隐藏功能等。

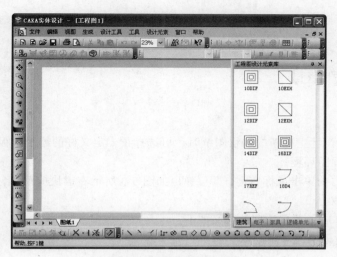

图 9-3 工程图环境界面

9.1.2 投影方式

工程图的基础是将三维立体模型投影到平面上形成基本的三视图及其他派生的视图。三维实体转化为二位投影图存在两种主要的方式：第一视角投影法和第三视角投影法。这两种方法都属于正投影，只是投影面的三维模型的相对位置不同而已。

CAXA 实体设计 2008 同时提供对两种投影方式的支持，如果一个工程图文件具有多个图纸，可以在每个图纸中设定不同的投影方式，并且每个图纸的投影方式可以变换。设定投影方式的方法为：在工程图环境中，选择【工具】|【视角选择】菜单命令，弹出如图 9-4 所示的【视角选择】对话框，可在该对话框中设定当前图纸的投影类型。

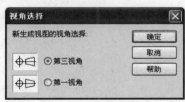

图 9-4 视角选择

第一视角投影法和第三视角投影法在各个国家的设计实践中都得到了应用，每个国家选择工程图投影方式时主要考虑工程人员的习惯。表 9-1 中显示了两种投影方法在世界不同国家的应用分布情况，了解这些有助于在分析国外图纸时清晰准确掌握设计意图。

表 9.1 视角

投影方法	规定采用	主要采用
第一视角	法国、俄罗斯、波兰、捷克、中国	德国、英国、瑞士、奥地利
第三视角	美国、日本、加拿大、澳大利亚	

可以看出围绕太平洋地区的很多国家和地区采用第三视角投影法，而欧洲国家主要采用第一视角投影法。中国因为受到前苏联的影响，规定在工程图中采用第一视角投影法。随着国际合作

的加强，许多国家都默许两种投影方法的同时应用，可以在图纸中标注采用的是何种投影方法以便于交流。

9.1.3 工程图模块

1. 图纸设置

用 CAXA 实体设计生成新的工程图纸时，可选择预先定义好的绘图模板，或自定义所需的模板，进入二维工程图环境。

在图纸中的空白处单击鼠标右键，即可弹出如图 9-5 所示右键快捷菜单，通过定义菜单上各选项来设置图纸参数。

图 9-5 所示菜单中各菜单选项的含义如下。

- 【输出】：可按系统支持的格式输出当前图纸。
- 【粘贴】：可把剪贴板中的内容粘贴到工程图中。
- 【单位】：可指定图纸和视图采用的长度和角度单位。选择【单位】菜单命令后打开【工程图单位】对话框，如图 9-6 所示。

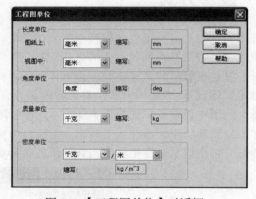

图 9-5　右键快捷菜单　　　　　　　图 9-6　【工程图单位】对话框

【工程图单位】对话框中部分常用参数选项的含义如下。

- 【图纸上】：这些单位适用于添加图形的几何尺寸，即利用二维绘图工具添加的辅助图形的尺寸。
  - ➤ 【视图中】：除尺寸显示的数值和视图上的其他标注外，这些单位还适用于工程图视图中所包含的关联尺寸。
  - ➤ 【角度单位】：用于设置"图纸上"和视图中相关外形尺寸的角度单位。
- 【捕捉】：定义工程图上捕捉操作参数。选择【捕捉】菜单命令后，打开如图 9-7 所示的【捕捉】对话框。

【捕捉】对话框中各参数选项的含义如下。

- ➤ 【栅格】：设置是否捕捉栅格。
- ➤ 【几何元素】：设置是否捕捉几何元素。
- ➤ 【角度增量】：设置是否捕捉角度增量和角度增量的数值。
- ➤ 【距离增量】：设置是否捕捉距离增量和距离增量的数值。

图 9-7　【捕捉】对话框

> 【缓冲区大小（像素）】：设置尺寸文本框捕捉的范围，横向拖动尺寸时只有超出这个范围的尺寸数值才能被拖动。

● 【图纸设置】：可设定标准尺寸或自定义尺寸的图纸并确定图纸方向。选择【图纸设置】菜单命令后，打开图 9-8 所示的【图纸设置】对话框。

【图纸设置】对话框中部分常用参数的含义如下。

> 【草图】：将图纸定义成草图。
> 【精确图纸】：可将图纸定义成精确图纸。
> 【使用零宽度线】：选择该项可切换默认线宽度或零宽度线显示。

● 【栅格】：显示工程图的背景栅格，也可定义栅格的水平和垂直间距。CAXA 实体设计中图纸模板定义的默认状态为不显示栅格。若要显示图纸栅格，选择【视图】｜【栅格】菜单命令即可。此外，在工程图的空白区域单击鼠标右键，在弹出的如图 9-5 所示菜单中选择【栅格】菜单命令，在打开的如图 9-9 所示的【页栅格】对话框中可以定义栅格的水平和垂直距离。勾选【显示栅格】选项就可以在图纸中显示栅格。

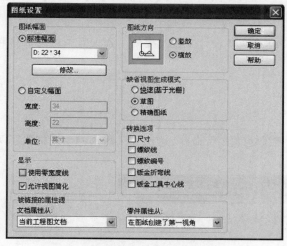

图 9-8 【图纸设置】对话框

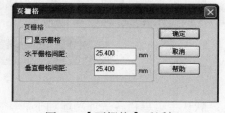

图 9-9 【页栅格】对话框

● 【编辑尺寸】：选择该项，激活当前图纸相关的设计环境，编辑与三维设计关联的尺寸。
● 【编辑视图曲线（风格和层）】：用于编辑视图曲线，可根据需要确定或修改曲线的风格和层。该选项只能用于精确视图，对草图图纸该命令无效。

工程图文件可由一张或多张包含视图的图纸构成。要增加图纸，在主菜单中选择【生成】｜【图纸】菜单命令，并选择相应的模板，即可把多张图纸添加到工程图中。将鼠标放在工作区底部的图纸标签 "图纸 X" 上，单击鼠标右键，弹出右键菜单，如图 9-10 所示。

● 【删除】：用于删除当前图纸。
● 【重命名】：为当前图纸重命名。
● 【移动或拷贝】：将一张图纸中的视图或图形平移或拷贝到另一张图纸中。选择该选项，弹出如图 9-11 所示的【移动或者拷贝页】对话框，勾选【创建一个拷贝】选项可以拷贝图纸。

单击图纸标签，可快速地在图纸间切换。翻卷图纸的工具，类似于翻卷三维设计元素时所用的工具。若要给图纸重新排序，则应选择需要移动的图纸标签，把它拖动到新位置，然后松开即可。

图 9-10　图纸标签右键菜单　　　　　图 9-11　移动或者拷贝

2．线型设置

CAXA 实体设计工程图具有强大的线型设置功能,提供了多种线型,而且还可以自定义线型。

3．风格和层设置

风格和层可用于组织和编辑工程图元素。CAXA 实体设计工程图提供了强大且方便的风格和层设置功能。

9.1.4　主菜单栏

默认的主菜单栏包含了工程图生成时所需的绝大多数命令,这也为工程图的生成提供了两种以上的操作方法,如图 9-12 所示。

图 9-12　菜单

默认主菜单栏各选项功能如下。

- 【文件】:除提供图纸文件【新建】、【打开】、【保存】、【预览】、【打印】选项外,可定义所选文档的属性,还可把工程图用其他格式输出,或通过 E-mail 发送图纸给其他用户。
- 【编辑】:除【取消操作】、【重复操作】、【剪切】、【拷贝】、【粘贴】和【删除】等常见选项外,编辑菜单中还包括用于修改工程图信息(如视图参数或标注信息等)的选项以及线型、风格和层、默认元素属性和自定义符号的生成及修改选项等。还可以选择编辑与工程图相关的对象或设计环境、编辑所链接的设计环境、编辑关联尺寸和删除某张图纸。
- 【视图】:本菜单提供【查看工具条】、【栅格】、【状态栏】和【尺寸显示状态】等选项,以及【放大】、【缩小】、【平移】等显示操作命令。选择【显示】|【工具条】|【自定义】菜单命令,可以控制绘图环境界面显示的工具条选项。
- 【生成】:利用【生成】菜单,可以生成多张图纸和图纸内的各种视图,并为图纸添加尺寸标注、工程符号、中心线、辅助线和文字等元素。选择【生成】|【对象】菜单命令,可插入新对象;或选择【生成】|【明细表】菜单命令,可在工程图中插入明细表。
- 【设计工具】:可进行图素的组合、取消组合图素,及改变图素放置层次的操作。
- 【工具】:用于确定以下各选项。

- ➤ 标准视图的视角选择。
- ➤ 工程或建筑标准视图的比例，图纸的度量单位、捕捉特征和栅格设定。
- ➤ 常规选项（如局部视图、更新视图、隐藏零件/重新显示隐藏零件及修改剖视零件的列表）。
- ➤ 视图对齐选项。
- ➤ 截断视图选项。
- ➤ 其他功能选项，如添加或定义工具、自定义绘图菜单和工具条以及利用 Visual Basic 编辑器生成自定义宏。

- 【设计元素】：提供【新建】、【打开】、【关闭】、【保存】等关于设计元素的操作。
- 【窗口】：提供【新建】、【层叠】、【平铺】窗口选项。当前打开的所有工程图纸或三维设计均显示在【窗口】界面的最下面，可用于快速切换 CAXA 实体设计的二维和三维界面。
- 【帮助】：访问有关 CAXA 实体设计的产品信息及有关的标准【帮助】选项。

9.1.5 绘图工具

1.【标准】工具条

【标准】工具用于执行文件管理功能。如新建、打开、保存和打印文件、选定内容的剪切和粘贴以及显示大小的选择，如图 9-13 所示。

图 9-13 【标准】工具条

- 【缺省模板设计环境】：新建实体设计设计环境。
- 【缺省模板工程图环境】：新建实体设计工程图环境。
- 【打开】：打开已有的文件。
- 【保存】：把当前工程图纸中的内容保存到磁盘文件中。
- 【打印】：打印当前文件。
- 【打印预览】：预览当前打印文件。
- 【剪切】：剪切选定内容到剪贴板。
- 【复制】：复制选定内容到剪贴板中。
- 【粘贴】：将剪贴板中的内容插入到图纸中。
- 【取消操作】：撤销上一步操作。
- 【重复操作】：恢复此前用"取消操作"工具取消的操作。
- 【显示栅格】：显示或隐藏栅格。
- 【帮助】：显示选定按钮、菜单或窗口的帮助信息。

2.【视图】工具条

视图生成工具用于生成或更新视图，如图 9-14 所示。

图 9-14 【视图】工具条

- 【标准视图】：可生成基本视图和轴测图。
- 【剖视图】：剖切某个标准视图再生成剖视图。
- 【旋转剖视图】：可生成旋转剖视图。
- 【局部剖视图】：可生成局部剖视图。
- 【局部放大图】：可生成局部放大图。
- 【自定义局部放大图】：可生成自定义轮廓的局部放大图。
- 【方向视图】：可生成辅助向视图，如斜视图。
- 【轴测图】：可生成轴测视图。
- 【截断视图】：从选择的视图中生成局部截断视图。
- 【更新视图】：如三维设计环境中的实体零件已修改，接下来可以更新工程图中的某个选择视图。
- 【更新所有视图】：更新工程图中所有视图。

3. 【工程标注】工具条

可为工程图添加各种工程标注，如图9-15所示。

图9-15 【工程标注】工具条

- 【对称中心线】：为圆柱生成中心线。
- 【十字中心线】：为圆或圆弧生成中心线。
- 【中心线】：为圆形阵列的一组圆生成中心线。
- 【形位公差】：为图上的指定边标注形位公差。
- 【基准符号】：为图上指定边标注基准符号。
- 【基准目标代号】：为图上指定边标注目标代号。
- 【明细表】：生成图纸零件明细表。
- 【零件序号】：生成与图纸零件明细表关联的零件序号。
- 【引出说明】：为视图中的图形标注引出文本说明。
- 【粗糙度符号】：在视图中的轮廓上标注粗糙度符号。
- 【焊接符号】：在视图中的轮廓上标注焊接符号。
- 【参考直线】：生成辅助标注的相关线条。
- 【参考圆】：生成辅助标注的相关圆。
- 【参考交叉点】：生成图形上的延长线交点，该交点可作为标注的参考交点。

4. 【选择】工具条

可用两种方法选择工程图上图形元素，如图9-16所示。

- 【选择工具】：可用于选择单个元素。
- 【框选】：可用于选择多个元素。利用【框选】工具在二维工程图中选择时，仅选中的元素加亮显示，而其他相关的元素则保持原来的显示状态；在修改期间，这些元素将仍然得以保留。

5. 【尺寸】工具条

提供了一整套简易标注工程图尺寸的工具。尺寸标注的风格可选择符合我国国标或其他国家标准的要求，如图 9-17 所示。

图 9-16 【选择】工具条

图 9-17 【尺寸】工具条

- 【智能标注】：可在任意方向添加一个尺寸标注。
- 【水平标注】：可在水平方向添加一个水平尺寸标注。
- 【垂直标注】：可在垂直方向添加一个垂直尺寸标注。
- 【半径标注】：可添加一个半径尺寸。
- 【直径标注】：可添加一个直径尺寸。
- 【角度/距离标注】：可添加一个角度或两边之间的距离尺寸。
- 【弧长标注】：可添加一段弧线长度。
- 【坐标标注】：可添加坐标尺寸。
- 【基准标注】：可添加一个基准尺寸。
- 【链尺寸】：可添加一个链尺寸。

6. 【显示】工具条

视图显示工具可灵活确定工程图绘制时的最佳显示比例，如图 9-18 所示。

图 9-18 【显示】工具条

- 【显示平移】：把图纸的视图左/右和前/后移动。按下【F2】键也可激活此工具。
- 【局部放大】：放大显示工程图中选定的区域。按下组合键【Ctrl+F5】可激活此工具。
- 【显示放大】：放大一级比例。
- 【显示缩小】：缩小一级比例。
- 【显示全部】：显示整张图纸内的内容。按下【F8】键也可激活此工具。
- 【显示所有】：显示所有内容，包括图纸内的和图纸外的。
- 【显示回退】：返回到前一操作的缩放比例。

7. 【风格和层】工具条

生成和编辑已有的线型及风格和层，并设定默认线型、风格和层定义，如图 9-19 所示。

- 【线型】：生成和编辑指定线型。
- 【风格和层】：为工程图单元设定默认和编辑已有的风格和层。
- 【提取风格和层】：拾取所需风格和层信息的工程图元素。
- 【应用风格和层】：将拾取的工程图元素的风格和层应用到目标工程图元素。

图 9-19 【风格和层】工具条

8. 【文字格式】工具条

用于定义工程图的文字风格和对齐方式等。文字风格工具条除【三维倾斜字型】外，其他与设计环境中的三维文字风格工具相同，如图 9-20 所示。

图 9-20 【文字格式】工具条

9.【图素编辑】工具条

利用【图素编辑】工具可进行图素（包括文本和曲线图素）组合或取消组合，并改变图素的叠放层次，如图 9-21 所示。

- 【组合图素】：组合选中图素。
- 【取消组合】：取消图素组合。
- 【置于顶层】：将所选图素置于顶层。
- 【置于底层】：将所选图素置于底层。
- 【连接图素】：连接多个图素。
- 【拆散图素】：断开连接的图素。

10.【对齐】工具条

利用【对齐】工具条可使选择的元素（尺寸和项目）与参考元素按指定方式对齐，如图 9-22 所示。

图 9-21 【图素编辑】工具条

图 9-22 【对齐】工具条

- 【左对齐】：把所选元素与最后一个所选元素的左边对齐。
- 【中心对齐】：把所选元素以中心对齐。
- 【右对齐】：把所选元素与最后一个所选元素的右边对齐。
- 【上对齐】：把所选元素与最后一个所选元素的上边对齐。
- 【中间对齐】：把所选元素以中间对齐。
- 【下对齐】：把所选元素与最后一个所选元素的下边对齐。
- 【水平均布】：把所选元素沿水平方向均布。
- 【垂直均布】：把所选元素沿垂直方向均布。

11.【二维绘图】工具条

【二维绘图】工具用于为工程图纸或视图添加二维辅助图形。二维绘图工具条除最后一项【文字标注】外，其他工具都与实体设计环境二维截面中的二维绘图工具相同，如图 9-23 所示。

图 9-23 【二维绘图】工具条

12.【二维编辑】工具条

利用【二维编辑】工具可对工程图纸或视图上的几何元素进行编辑。二维编辑工具除没有【投影 3D 边】外，其他与实体设计环境中二维编辑工具相同，如图 9-24 所示。

图 9-24 【二维编辑】工具条

9.1.6 二维图库

标准二维图库包括机械、电气、建筑等常用图素。可直接将标准图库中图素拖入图纸修改、编辑后生成组合图素（包括曲线和文本），也可以将新建图素（曲线和文本）拖到图库中保存，如图 9-25 所示。

图 9-25　二维图库

9.2　视图生成

　　将三维设计环境中的实体按一定视向投影就可在二维工程图环境中自动生成基本视图及轴测图，在此基础上利用视图工具及标注工具进一步完善图纸，以完整、清晰、简明地表达机件的各部分形状及尺寸。

9.2.1　基本视图

　　在开始生成视图之前要保存实体设计环境中的实体文件。

　　新工程图的生成步骤如下。

　　（1）在三维设计环境中，选择【文件】|【新文件】菜单命令，在打开的【新建】对话框中双击【工程图】选项，打开【新建图纸】对话框。在【新建图纸】对话框中选择相应的绘图模板，单击【确定】按钮进入工程图环境。

　　（2）在主菜单上选择【工具】|【视角选择】菜单命令，在打开的【视角选择】对话框中选择【第一视角】选项，如图 9-26 所示。我国机械制图标准选第一视角。

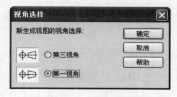

图 9-26　设置视角

　　（3）选择【生成】|【视图】|【标准视图】菜单命令，或单击【视图】工具条上的【标准视图】按钮，打开【生成标准视图】对话框，选择要生成的基本视图，如图 9-27 所示。

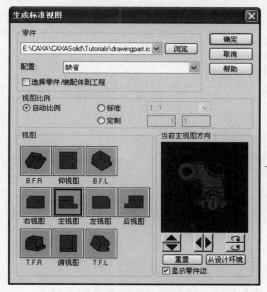

图 9-27　【生成标准视图】对话框

（4）单击【浏览】按钮查找并选择要创建工程图的零件文件。选中的零件会在预览窗口中显示。默认状态下，选择的是当前保存的零件文件。如要调入其他零件文件，单击【浏览】按钮查找并选择文件。

（5）调整零件视图的视向，利用预览窗口中方向的定位操作按钮对零件定位，选定主视图方向。

（6）在预览窗口的左边选择将要显示在工程图上相应的视图，单击【确定】按钮。拖动红色框体选中图纸上视图的摆放位置，单击鼠标将视图插入到图纸中，如图 9-28 所示。

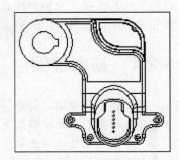

（7）利用【视图】工具条上的各种工具，生成其他视图（剖视图等）。

（8）利用【工程标注】工具条上的工具添加必要的中心线、参考几何元素和特殊符号。

（9）利用【尺寸】工具条上的工具添加必要的尺寸标注。

（10）利用【二维绘图】工具条上的工具添加相应的几何元素和文字。

图 9-28　生成视图

（11）保存并输出工程图纸。

9.2.2　标准视图

标准视图是指符合《机械制图》国家标准的 6 个基本视图及轴测图。在生成剖视图、局部放大图、向视图等其他视图前，工程图纸中必须包含至少一个标准视图或轴测图。

单击【视图】工具条中按钮，或选择主菜单【生成】|【视图】|【标准视图】菜单命令，可以创建标注视图。在图 9-27 所示的【生成标准视图】对话框中，可以同时选中多个视图，这样将一次创建多个视图。选中多个视图时，预览窗口中显示的是主视图的方向。用户可以利用预览窗口下方的调整按钮，调整主视图方向，然后一次选中多个要创建的标准视图，在图纸上同时创建多个标准视图，如图 9-29 所示。

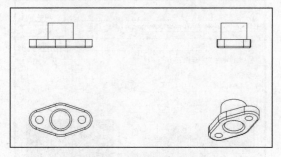

图 9-29　生成标准视图

视图生成后可通过视图右键菜单编辑和修改。

9.2.3　全剖视图

利用剖视图工具可在基本视图、轴测图或截断视图的基础上生成各种剖视图。

单击【视图】工具条中的【剖视图】按钮 ，或选择主菜单中的【生成】|【视图】|【剖视图】菜单命令，打开【剖视图】任务窗格，如图 9-30 所示。

【剖视图】任务窗格中各选项功能如下。

- 【水平剖切线】（默认选项）：创建水平剖切线。拖动剖切线上的小手图标可以调整水平剖切线的位置。

- 【垂直剖切线】：创建垂直剖切线。拖动剖切线上的小手图标可以调整剖切线的位置。

- 【剖切线】：通过任意两点创建一条剖切线。按下【显示曲线尺寸】按钮，单击鼠标设定起点，再次单击鼠标设定终点，此时显示剖切线的角度，在角度值上单击鼠标右键可以编辑角度数值，视图生成后也可编辑这个角度。

图 9-30 【剖视图】任务窗格

- 【切换方向】：利用此工具可切换剖切线的箭头方向，以指定剖视图的投影方向。

- 【阶梯剖剖切线】：剖切线生成后，将剖切线端点调整至合适位置。单击 按钮，然后单击视图上一点，以设定阶梯线上第二点。重复操作，即可生成多重阶梯剖切线，用出现的小手图标调整阶梯剖切线位置。

- 【应用并退出】：剖切线做完后，单击 按钮出现剖视图位置线框，按投影规律单击鼠标放置剖切线，生成剖视图并退出操作。

- 【退出】：取消当前操作并退出剖视图创建环境。

生成全剖视图操作步骤如下。

（1）从【剖视图】任务窗格中单击【水平剖切线】按钮，然后将鼠标移到要剖切的视图上面。鼠标会变成一个十字线，在十字线旁边出现一条表示剖切线的红线。利用自动捕捉功能，可以选择视图上的一些特征点（变为绿色的点），如中点、端点等来作为确定剖切线位置的点。鼠标移到需要的特征点上后，单击鼠标确定剖切线的位置。

（2）利用【剖视图】任务窗格中的【切换方向】按钮，修改剖切线端点表示方向的箭头，以确定剖切投影方向。

（3）单击【剖视图】任务窗格中的【应用并退出】按钮，确定剖视图在图纸上的位置。单击鼠标，在图纸背景上会出现一个表示剖视图大小范围的红色方框，由于这个方框是与被剖视的视图相关的，所以只允许在投影方向上移动。用鼠标拖动方框按投影规律移动到需要的位置后，松开鼠标，即生成如图 9-31 所示的全剖视图。

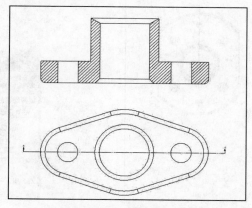

图 9-31 全剖视图

9.2.4 生成阶梯剖视图

（1）在【剖视图】任务窗格中单击【水平剖切线】按钮，然后将鼠标移动到要剖切的视图上面。鼠标会变成一个十字线，在十字线旁边出现一条表示剖切线的红线。利用自动捕捉功能，可以选择视图上的一些特征点（变为绿色的点），如中点、端点等来作为确定剖切线位置的点。将鼠标移动到需要的特征点上后，单击鼠标确定剖切线的位置。

（2）单击【阶梯剖剖切线】按钮，然后单击视图上一点，以设定阶梯线上第二点。重复操作，即可生成多重阶梯剖切线。将鼠标移到红色剖切线的控制点上，在出现小手图标后拖动控制点调整阶梯剖切线位置。剖切线的位置可以在其他视图上确定，例如主视图上阶梯剖切线的位置可以在俯视图或左视图上确定。

（3）单击【剖视图】任务窗格中的【切换方向】按钮，修改剖切线端点表示方向的箭头，以确定剖切投影方向。

（4）单击【剖视图】任务窗格中的【应用并退出】按钮，确定剖视图在图纸上的位置。单击鼠标，在图纸背景上会出现一个表示剖视图大小范围的红色方框，由于这个方框是与被剖视的视图相关的，所以只允许在投影方向上移动。用鼠标拖动方框按投影规律移动到需要的位置后，松开鼠标，即生成如图 9-32 所示的阶梯剖视图。

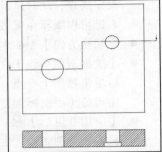

图 9-32　阶梯剖视图

9.2.5 生成旋转剖视图

图 9-33 所示零件工程图中，为了清楚表达内部结构，需要用两相交剖切面剖开零件，也就是旋转剖视图。

生成旋转剖视图操作方法是。

（1）选中当前视图，单击【视图】工具条中的【旋转剖视图】按钮，或者选择主菜单中的【生成】|【视图】|【旋转剖视图】菜单命令，选中的视图加蓝框显示，打开【旋转剖视图】任务窗格，如图 9-34 所示。

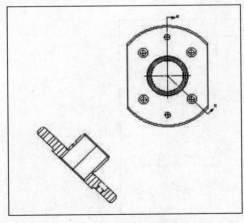

图 9-33　旋转剖视图

图 9-34　【旋转剖视图】任务窗格

（2）按下显示曲线尺寸按钮 ✎，用绘图工具绘制剖切线（剖切线可由几段直线或圆弧组成，用圆弧定义剖切线可以在剖视图上生成不剖的区域）。可以显示剖切线的角度和长度，在角度或长度上单击鼠标右键，在弹出的菜单中选择相应的菜单命令可以对数值进行编辑。

（3）剖切线画完后，单击任务窗格中的【视图对齐】按钮 ✎，将鼠标移至剖切线上单击拾取剖切线，激活任务窗格中的其他选项，并在剖切线上显示投影方向。

（4）单击【切换投影方向】按钮 ✎，可以切换剖视图投影的方向。

（5）单击任务窗格中的【应用并退出】按钮 ✓，拖动鼠标调整剖视图区域方框在图纸上的位置，单击鼠标将视图放置到图纸上。

一个视图上可以添加多个旋转剖视图。在包含剖切线的视图上单击鼠标右键选择【编辑对齐剖切线】菜单命令，可以通过修改剖切线位置来修改所生成的旋转剖视图。

9.2.6　局部剖视图

用剖切方式局部地剖开机件所得的剖视图，称局部剖视图。一般用封闭的样条线来定义局部剖视图的剖切范围，利用【局部剖视】任务窗格上的【深度】或【捕捉点】定义剖切深度。

生成局部剖视图的操作方法如下。

（1）选择要生成局部剖视图的视图，激活【视图】工具条上的工具按钮。

（2）在【视图】工具条上单击【局部剖视图】按钮 ▦，选中的视图加蓝框显示，打开【局部剖视图】任务窗格，如图 9-35 所示。

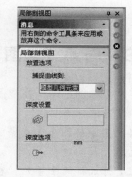

图 9-35　【局部剖视图】任务窗格

（3）使用二维绘图工具，在选中的视图中绘制封闭边界轮廓作为剖切范围。

（4）单击【剖切深度】按钮 ✎，在深度字段输入剖切深度。此时，【局部剖视图】任务窗格上的全部按钮被激活。

（5）单击【应用并退出】按钮 ✓，生成局部剖视图，如图 9-36 所示。

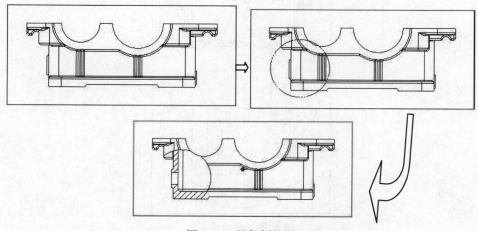

图 9-36　局部剖视图

9.2.7 由正交轴测图生成剖视图

在正交轴测图上可以生成剖视图。

在【视图】工具条上单击【剖视图】按钮，选择水平或垂直剖切面。在正交轴测图上利用智能捕捉功能选择剖切面的位置，此时，水平切面自动适应正交轴测图的角度。单击【应用并退出】按钮，并选定剖视图摆放位置后生成剖视图，如 9-37 所示。

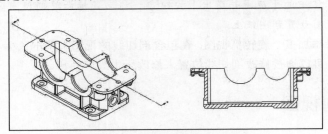

图 9-37　由正交轴测图生成剖视图

9.2.8　局部放大图

零件上的细小结构在视图中未表达清楚时，需生成局部放大视图。

操作方法如下。

（1）在【视图】工具条上单击【局部放大图】按钮，或选择【生成】|【视图】|【局部放大图】菜单命令。

（2）将鼠标的十字光标移到希望生成局部放大图的中心位置，单击鼠标选取该点。

（3）继续移动鼠标，当鼠标移开设定的中心时会出现一个圆以表示放大区域的大小。

（4）一旦选定了放大的区域，单击鼠标确定圆形区域的半径。

（5）用鼠标拖动表示局部放大视图的方框到图纸某一位置后，单击左键即生成如图 9-38 所示的局部放大图。

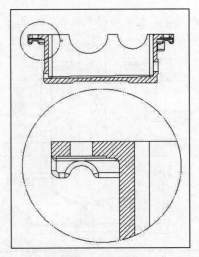

图 9-38　局部放大图

9.3　视图编辑

生成视图后可通过视图右键菜单进行视图的修改、编辑，也可进行旋转视图、缩放视图、移动视图、改变主视图方向等操作。

9.3.1　视图右键菜单

标准视图生成后，利用视图右键菜单可进行修改编辑。选择视图并单击鼠标右键（视图加红色方框显示），弹出视图右键菜单，如图 9-39 所示。

该菜单中包含如下几个关键选项。

图 9-39　视图右键菜单

- 【剪切】：将视图或图形从图纸的一个位置剪切到另一个位置或从一张图纸剪切到另一张图纸。剪切视图操作只能针对一个视图，与视图相关的文字和图形不能与视图同时剪切到其他图纸上。
- 【拷贝】：将视图或图形从图纸的一个位置拷贝到另一个位置或从一张图纸拷贝到另一张图纸。拷贝视图操作只能针对一个视图，与视图相关的文字和图形不能与视图同时拷贝到其他图纸上。
- 【粘贴】：粘贴剪切或拷贝的视图或图形。
- 【删除】：可删除所选择的视图。
- 【编辑设计环境】：进入并编辑与选定视图关联的三维设计环境文件。保存后返回。可按需要选择更新或不更新视图。
- 【更新视图】：选择此选项，当关联的三维设计被修改后可更新选定的视图。
- 【编辑视图】：选择此选项后显示【编辑视图】任务窗格，在该窗格中可设定捕捉的对象类型，利用二维绘图工具给选定的视图添加或编辑其他几何图形。
- 【明暗图渲染】：可在选定视图中显示关联设计环境中的表面渲染效果。
- 【视图对齐】：调整视图的对齐方式。
  - 【取消对齐】：取消被选中视图与它的父视图或主视图之间的投影对齐关系。
  - 【水平居中】：此选项使选中视图与参考视图的中心水平对齐，选择此选项后再选择参考视图。
  - 【垂直居中】：此选项使选中视图与参考视图的中心垂直对齐，选择此选项后再选择参考视图。
  - 【按缺省对齐】：此选项使选中视图恢复默认位置（此视图进行过取消对齐的操作）。
- 【视图旋转】：可将选定视图旋转所需要的角度。
- 【视图缩放】：可将选定视图按比例缩放。
- 【截断视图】：此选项用于生成截断视图。
- 【局部视图】：此选项用于生成局部视图。
- 【编辑视图曲线（风格和层）】：用于编辑视图曲线，可根据需要确定或修改曲线的风格和层。该选项只能用于精确视图，对草图图纸该命令无效。

- 【自动尺寸】：包含以下菜单命令。
  - ➢ 【选择视图】：弹出如图 9-40 所示的【自动尺寸】任务窗格，分别选择标注方式和标注类型，如果标注圆可以设定尺寸线的角度，再选择标注起点确定即可。
  - ➢ 【视图区域】：弹出上面工具条，框选视图上的一定区域，然后分别选择标注方式和标注类型，如果标注圆可以设定尺寸线的角度，再选择标注起点确定即可。

图 9-40 【自动尺寸】任务窗格

- 【隐藏零件列表】：包含以下菜单命令。
  - ➢ 【隐藏零件】：在选定视图中隐藏指定的零件。
  - ➢ 【隐藏零件可见】：在选定视图中重现指定的隐藏零件。
  - ➢ 【显示所有】：在选定视图中重现所有被隐藏的零件。
- 【剖切零件列表】：包含以下菜单命令。
  - ➢ 【增加/删除零件】：把选定视图中的指定零件添加到任何视图中都不切割的零件列表中，或从该列表中删除指定零件。
  - ➢ 【清除列表】：可清除剪切零件列表中的所有项目。
- 【隐藏螺纹线】：包含以下菜单命令。
  - ➢ 【隐藏螺纹数据】：在选定视图中隐藏设定的螺纹数据特征。
  - ➢ 【显示螺纹数据】：在选定视图中显示被隐藏的螺纹数据特征。
  - ➢ 【隐藏所有】：在选定视图中隐藏所有关于螺纹的数据特征。
  - ➢ 【显示所有】：在选定视图中重现所有被隐藏的螺纹数据特征。
- 【属性】：选择此选项可访问或定义被选定视图的属性，可修改视图的显示属性、线型、风格、层和比例等。
- 【剖面线】：选择此选项可显示、定义选定剖视图的剖面线型属性。

9.3.2 选择多个视图

有时需要同时操作几个视图，如设置视图的显示和比例选项。若要选定多个视图，应按住【Shift】键，然后用鼠标选择各个视图，或者在【选择】工具条上单击【框选】按钮，然后用选择框包围住需要选定的视图，或者用鼠标拖出的矩形框选取所需视图。

9.3.3 视图属性

在生成视图时，利用【视图属性】对话框设定配置并定义视图的显示属性、线型、风格和层及比例缩放属性，以方便绘图操作。若要修改这些设置，选择需修改的视图，然后选择【编辑】|【视图】菜单命令，弹出【视图属性】对话框，如图 9-41 所示。或者在选定视图上单击鼠标右键，从随之弹出的菜单中选择【属性】菜单命令。

图 9-41 【视图属性】对话框

1.【显示】选项卡

● 【视图名称】：显示（标准）视图的当前名称，可为以后的剖视图、辅助视图和局部放大图定义自定义视图标记。【视图标记】则显示视图的当前名称和剖切符号。可以为视图指定其他的名称或剖切符号。

● 【设计环境】：不可编辑该项。显示的是与视图相关的设计文件名称。

● 【配置】：在其下拉列表中可选择将在视图中显示的设计环境配置。

● 【显示】：可定义视图投影的规则（显示那些轮廓线）和图框的显示方式。

　　➢ 【几何元素】：从【可见边】、【隐藏边】、【光滑边】、【剖面线区域】选项中选择将在视图中显示的轮廓线类型。

　　➢ 【图框】：从【边框】、【名称】、【比例】、【下划线】选项中选择将在视图中显示的项目。

● 【比例】：设定视图比例。

　　➢ 【标准】：可从下拉列表中选择标准比例。

　　➢ 【定制】：自定义视图比例。

● 【显示所有】按钮：用于显示视图的全部外形尺寸和带框元素（显示所有选项）。

● 【隐藏所有】按钮：用于可隐藏视图的全部外形尺寸和带框元素。

● 【尺寸生成】：选择此选项可设定为轴测图生成尺寸。即用智能尺寸工具为轴测图生成精确尺寸。

- 【视图品质】：定义视图品质，可定义为草图或精确品质。精确品质可以识别圆等图形，而且可以对视图进行曲线的风格和层编辑。新生成的视图默认设置为草图。
- 【视图旋转】：根据图纸幅面布置可将选定的视图旋转。
  - ➤ 【旋转角度】：输入旋转的角度值。
  - ➤ 【更新相关视图】：选择该选项可更新任何旋转生成的视图。
  - ➤ 【中心线随视图旋转】：选择该选项视图上中心线和中心点随视图一起旋转。

2. 【线型】选项卡

- 【运用零件边的颜色】：勾选此选项，视图的边将变成零件的颜色。
- 【可见边】：显示和修改可见边的线型。
- 【隐藏边】：显示和修改隐藏边的线型。
- 【视图标签】：显示和修改当前视图的标签及名称的线型。

3. 【字体】选项卡

- 【名称】：显示和修改字体名称。
- 【风格】：显示和修改字体样式。
- 【字高】：显示和修改字体高度。

另外，【风格】字段用于显示和修改视图元素的风格。

9.3.4 视图曲线风格和层

在精确视图中可编辑视图曲线，可根据需要编辑、修改曲线的风格和层。把曲线设置到不同层上，这样可以隐藏或高亮显示。同时，曲线风格也可以修改成不同的线型。

操作步骤如下。

（1）定义视图品质。选择一视图，单击鼠标右键，在弹出右键菜单中选择【属性】菜单命令，在【视图属性】对话框中选择【精确图纸】选项，单击【确定】按钮。

（2）在视图上单击鼠标右键，在弹出的菜单中选择【编辑视图曲线（风格和层）】菜单命令，所选视图上所有曲线绿色加亮显示，打开的【编辑曲线】任务窗格，如图 9-42 所示。

图 9-42 【编辑曲线】任务窗格

任务窗格中各选项功能如下。

- 【拾取边】：选取拾取图素的类型。
- 【过滤边可见性】：根据图线的可见性与隐藏性过滤显示图线。
- 【风格】：设置选定图线的线宽及线型。
- 【层】：设置选中曲线到选定层。
- 【应用】：应用当前修改后的设置，并在工作区中预览当前的设置。

（3）单击【拾取边】下拉列表，选择【拾取边】类型，选择要编辑的曲线。

（4）单击【风格】下拉列表，选择曲线的风格；单击【层】下拉列表，将选定曲线置于选定的图层。

（5）单击【应用】按钮，可预览当前设置。

（6）设置完成后，单击【应用并退出】按钮，完成曲线的编辑操作。

9.3.5　视图移动

在视图生成过程中，有时需要重新定位图纸上的视图。CAXA 实体设计的一种重要功能特征是工程图视图的关联特征。除轴测图外其他视图的移动均受主视图的约束，移动主视图就会相应地自动重新定位其他的视图，所以重新定位时要首先取消某些视图之间的关联关系。

在相关视图上单击鼠标右键并从弹出菜单中选择【视图对齐】|【取消对齐】菜单命令，然后把光标移到呈红色显示的视图边界框上，直至光标变成一个带有 4 个方向的箭头图标时，按住鼠标右键不放，拖动视图到合适的位置。也可利用弹出的右键菜单中的对齐选项快速移动视图，如图 9-43 所示。

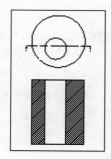 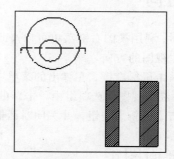

图 9-43　视图移动前后对比

移动视图时视图标记随之移动。若要把视图标记移动到其他位置，则应首先选择与其关联的视图，然后把光标移到视图标记上，直至光标变成带有文本图标的手形状，拖动鼠标可把标记移到合适的位置。

9.3.6　视图旋转

有时根据图面布置的需要，需将某些向视图旋转一定的角度，下面介绍两种方法。

方法一：在要旋转的视图上单击鼠标右键，在弹出的快捷菜单中选择【视图旋转】菜单命令，打开【旋转】对话框，如图 9-44 和图 9-45 所示。在【旋转】对话框中输入所要的旋转角度，单击【确定】按钮，完成视图的旋转操作。

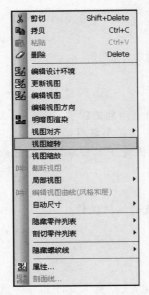

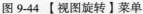

图 9-44 【视图旋转】菜单

图 9-45 【旋转】对话框

方法二：单击【二维编辑】工具条上的【旋转】按钮 ，利用智能捕捉绿色反馈，在图上单击选取一个点作为旋转中心，单击左键后弹出【旋转】对话框，输入所需角度后，单击【确定】按钮即可。

9.3.7　视图方向

生成标准视图后，利用视图右键菜单可以修改由标准视图工具生成的视图，视图可以被添加或修改并可以改变主视图的方向。

在标准视图上单击鼠标右键，在弹出的菜单中选择【编辑视图方向】菜单命令，打开【视图创建属性】对话框。在【视图】选项组中单击新的视图方向，或者使用预览窗口下侧的按钮调整视图方向，然后单击【更新】按钮，并关闭对话框，完成视图的修改设置。

9.3.8　编辑剖面图案

剖视图生成后可编辑剖面图案的样式，在装配图中经常会用到。

（1）将鼠标移至剖视图上，剖面线区域剖面线呈红色加亮显示，在剖面线区域上单击鼠标右键，在弹出的菜单中选择【剖面线】菜单命令，打开如图 9-46 所示的【剖面区域风格属性】对话框。在该对话框中可编辑剖面线的风格、层和其他参数。

（2）在该对话框中可新建剖面图案、改变剖面线的位置和方向。单击【剖面图案属性】按钮，打开如图 9-47 所示的【线型　剖面图案】对话框，在该对话框中可修改、编辑剖面线的线型和颜色。

另一种编辑剖面图案的方法如下。

（1）通过改变剖面线的风格来改变剖面区域图案。选择【编辑】|【风格和层】菜单命令，弹出【风格，层和缺省值】对话框，如图 9-48 所示。

（2）在【工程图元素】列中单击选择【剖面线】选项，通过添加和设置【风格】和【层】参数，可更改选中剖视图上的剖面图案。

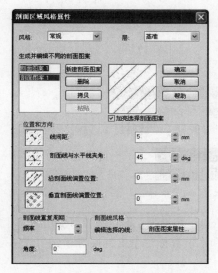

图 9-46 【剖面区域风格属性】对话框

图 9-47 【线型 剖面图案】对话框

下面将介绍编辑剖面线的方法。

将鼠标光标移到剖切线上，剖切线为红色高亮显示时单击鼠标右键，在弹出的菜单中选择【属性】菜单命令，打开【剖切线属性】对话框，在该对话框中即可进行剖切线线形、颜色等参数的设置，如图 9-49 所示。

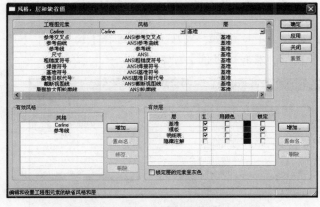

图 9-48 【风格，层和缺省值】对话框

图 9-49 【剖切线属性】对话框

9.4 工程标注

工程图上的尺寸可由设计环境直接生成，也可在图纸生成后生成。通过主菜单选择【生成】|【尺寸】菜单命令，展开如图 9-50 所示的【尺寸】菜单，可以使用该菜单中的命令进行尺寸的标注。或者直接用【尺寸】工具条、【工程标注】工具条上的工具选项为图纸添加各种标注，如图 9-51 和图 9-52 所示。

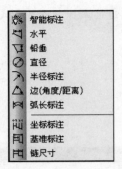

图 9-50 【尺寸】菜单

图 9-51 【尺寸】工具条

图 9-52 【工程标注】工具条

工程图标注主要包括尺寸、工程标注，工程标注包括中心线、粗糙度、形位公差、引出说明、技术要求（文字注释）等。下面主要介绍如何利用【尺寸】和【工程标注】工具进行零件工程图标注。

9.4.1 尺寸参数设置

用【尺寸】工具条上的工具标注的尺寸是零件的实际尺寸，尺寸由尺寸界线、尺寸线、尺寸数值 3 个要素组成，如图 9-53 所示。

一般进行标注前应该设置标注的样式参数、定义图纸或模板的所有尺寸属性。尺寸标注参数的设置方法如下。

（1）单击【风格和层】工具条上的【风格和层】按钮，或从主菜单选择【编辑】|【风格和层】菜单命令，弹出如图 9-54 所示的【风格、层和缺省值】对话框。

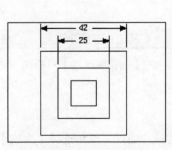

图 9-53 尺寸三要素

图 9-54 【风格、层和缺省值】对话框

（2）在【工程图元素】列中单击选择【尺寸】选项，在【风格】选项中单击选择与图纸模板对应的风格标准，如默认模板的空白图纸选【GB】。单击【修改】按钮，弹出如图 9-55 所示的

【尺寸属性】对话框。

（3）【尺寸属性】对话框中包含了尺寸标注的各种属性，如【尺寸】、【公差】、【文字】、【线型】等，单击对话框中相应的选项卡，切换到选中选项卡的界面，对相应的参数进行设置。

图 9-55 【尺寸属性】对话框

9.4.2 利用工具条标注尺寸

图纸生成后，可以通过【尺寸】、【工程标注】工具条上的按钮工具进行尺寸及公差的标注，还可以修改尺寸属性和显示风格。

尺寸可添加到视图中的任何图形上。如果将尺寸添加到投影视图上，则这些尺寸与实际的三维模型尺寸完全相关联。当为视图添加尺寸时，系统会自动提示打开关联的三维设计环境文件。

当选择了一种标注工具后，智能捕捉功能被激活以帮助选择视图中的特征点（绿色加亮显示），以表示可以作为标注对象的选取点。如果检测到的点不能作为标注，则会显示一个表示无效选择的标志。虽然所有尺寸标注工具均可用来生成图纸上的尺寸，但【智能标注】工具 是最常用的方便工具，可以智能地判断出所需的尺寸标注类型，而且实时在屏幕上显示出来，结合鼠标和【Tab】键几乎可以完成除了角度、坐标和基准标注外的所有标注工作。

1. 在两点之间添加尺寸

可沿 x 轴和 y 轴方向标注尺寸，也可以标注其从始点到终点线性方向的尺寸。具体操作如下。

（1）单击【尺寸】工具条上的【智能标注】按钮 。

（2）单击选取要标注尺寸的起点。

（3）单击选取要标注尺寸的终点，两点间的尺寸呈红色显示。

（4）单击鼠标右键，可循环显示可供选择的尺寸类型：沿 x 轴、y 轴方向的尺寸或从起点到终点的线性尺寸。当出现所要尺寸时，单击鼠标选中。

（5）此时标注尺寸为红色显示，光标呈十字，直接将光标移到合适的方位，单击鼠标放置尺寸位置，如图 9-56 所示。

（6）完成后，单击【尺寸】工具条上的【智能标注】按钮 ，退出智能标注。

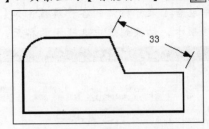

图 9-56　在两点间标注尺寸示例

2. 在直线上添加尺寸

（1）单击【尺寸】工具条上的【智能标注】按钮 ，或者单击【水平标注】按钮 、【垂直标注】按钮 。

（2）将光标移到要添加尺寸的直线上，直线呈绿色加亮显示时，单击鼠标选定直线，随后标注的尺寸呈红色显示。

（3）拖动鼠标至尺寸合适的放置位置，单击鼠标定位尺寸，如图 9-57 所示。

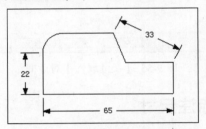

图 9-57　在直线上添加尺寸示例

在圆或圆弧上、两边夹角上、坐标等尺寸标注的方法与上述方法相同，选择相应的工具就可以，在此不再赘述。

9.4.3　特殊字符集

在标注时会用到一些特殊字符，可从主菜单选择【编辑】｜【自定义图符】菜单命令，打开如图 9-58 所示的【用户定义图符】对话框，在该对话框中将使用的图符添加到【用户定义图符】列表中，在输入文字时即可调用。

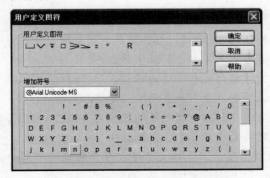

图 9-58　【用户定义图符】对话框

从【增加字符】下拉列表框中选择要增加的字符类型属于的字体类型,选择字符类型后,【增加字符】下拉列表框下方的列表中将显示该字符类型包含的字符,单击想要添加的字符即可将该字符添加到【用户定义图符】列表中,在输入文字时即可调用。若要删除字符,将光标移至【用户定义图符】列表中的字符上单击鼠标右键,在弹出的菜单中选择【删除字符】菜单命令即可。单击【确定】按钮,完成字符的设置。

在创建的尺寸标注上单击鼠标右键,在弹出的菜单中选择【属性】菜单命令,打开【直线标注属性】对话框,在【文字】选项卡页面的【符号】列表中将显示增加的字符,如图 9-59 所示。可以将这些字符作为前缀或后缀添加到尺寸上。

图 9-59 【直线标注属性】对话框

9.4.4 工程标注

用工程标注工具可在工程图中添加中心线、形位公差符号、基准目标代号、基准符号、引出说明、粗糙度符号、焊接符号和辅助线等必要的标注。如同尺寸标注工具一样,工程标注工具添加的标注也是与被标注的图形元素关联的。

1. 添加中心线

(1)自动添加中心线。

CAXA 实体设计可以在生成视图和更新时自动为线性/圆形阵列和圆添加中心线,这些中心线可以按要求加长和缩短,它们与三维几何图形是完全关联的。

选择【工具】|【选项】菜单命令,打开【选项】对话框。单击【注释】选项卡,勾选【工程图】选项组中的中心线相关的选项,如图 9-60 所示。

进行了上述设置之后,在生成工程图时将自动添加中心线。

(2)手动添加中心线。

CAXA 实体设计可以手动为线性/圆形阵列排列的圆柱或圆添加中心线,这些中心线可按要求加长和缩短。例如,一个零件的孔在此三维设计环境中移动时,其二维中心线也随着移动。

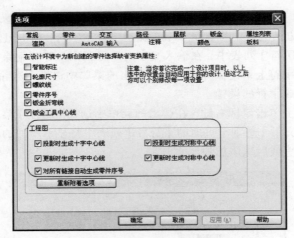

图 9-60 【选项】对话框

可为圆和圆柱添加一般中心线。

若要为圆添加一条中心线，单击【工程标注】工具条中的【生成十字中心线】按钮 ⊕，并将光标移到该圆的圆周附近，当圆周呈绿色加亮显示时，自动出现呈红色显示的中心线，单击鼠标就可为圆添加一条中心线，如图 9-61 所示。

若要在圆柱上添加一条中心线，单击【工程标注】工具条上的【生成中心线】按钮 ⊞，并在圆柱上移动光标，当出现一条动态显示的红色中心线时，单击鼠标就可以添加中心线了，如图 9-62 所示。

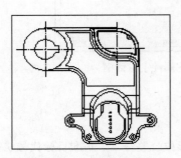

图 9-61 圆中心线示例

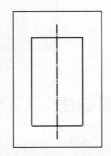

图 9-62 圆柱中心线示例

若为一系列圆形阵列排布的圆添加中心线，则应从【工程标注】工具条上选择【多孔中心线】工具 ⊻，激活【圆中心线】任务窗格，如图 9-63 所示。将鼠标移至要标注的圆附近，在绿色加亮显示的圆周上光标变成十字中心线形状后，单击鼠标，自动出现呈红色显示的环状中心线。

（3）编辑中心线。

单击添加的中心线，然后将光标移到中心线的红色端点上，光标变成小手状，拖动光标加长或缩短所标注的中心线。

若要修改中心线的风格、层、线型和颜色，在需编辑的中心线上单击鼠标右键，在弹出的右键菜单中选择【属性】菜单命令，打开【中心线/中心标记属性】对话框，按需要编辑其中的相应选项，如图 9-64 所示。

图 9-63 【圆中心线】任务窗格

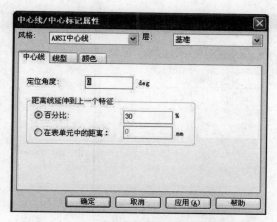

图 9-64 【中心线/中心标记属性】对话框

2. 添加形位公差符号

在 CAXA 实体设计 2008 中，提供了形位公差符号的标注工具，其中包括形位公差、基准目标代号和基准符号。利用这些行为公差标注工具，可以轻松便捷的在工程图中标注形位公差，如图 9-65 所示。

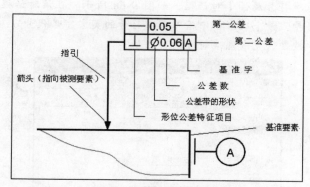

图 9-65 形位公差样式

形位公差标注可分为两步完成：形位公差标注和基准符号标注。

形位公差标注的具体操作如下。

（1）在【工程标注】工具条中单击【形位公差】按钮，或在主菜单中选择【生成】|【形位公差符号】|【形位公差】菜单命令。

（2）把光标移到要添加形位公差的图元轮廓上，利用智能捕捉功能，当被测直线、圆周或点呈现绿色加亮显示时，单击鼠标选定。

（3）随后形位公差符号呈红色动态显示，拖动光标至合适位置，单击鼠标放置形位公差符号，弹出【形位公差属性】对话框，如图 9-66 所示。

（4）在【形位公差属性】对话框中可以设置形位公差的【风格】、【层】、【线型】、【指引线】、【线末端】、【字体】和【颜色】等属性。单击◆按钮，打开包含形位公差符号列表的【几何特征】对话框，如图 9-67 所示。在形位公差符号列表中单击选取一个符号，并在【形位公差属性】对话框中形位公差符号右侧的文本框中输入公差值以及参照符号，单击【确定】按钮，完成形位公差符号的创建。

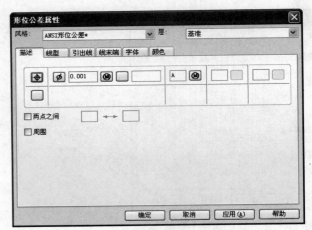

图 9-66 【形位公差属性】对话框

图 9-67 【几何特征】对话框

接下来添加相应的基准符号，操作步骤如下。

（1）在【工程标注】工具条中单击【基准符号】按钮。

（2）将光标移到基准要素轮廓上，当作为基准的直线、圆呈绿色加亮显示时，单击鼠标选定。

（3）此时打开【基准符号属性】对话框，如图 9-68 所示。在该对话框中设置基准符号的各种属性，并在【基准符号代号】文本框中输入基准符号的英文字母代号。

（4）单击【确定】按钮，完成基准符号的标注。

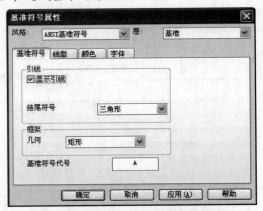

图 9-68 【基准符号属性】对话框

3．添加引出说明

引出说明是一常用的工程标注方式，可添加到视图或图纸中，与单个或多个视图关联。添加引出说明的标注方法和添加形位公差的方法类似。

（1）在【工程标注】工具条中单击【引出说明】按钮。

（2）将光标移到基准要素轮廓上，当相应的直线、圆加亮显示时，单击鼠标选定。

（3）此时出现一个红色文本方框。拖动光标到合适位置，单击鼠标确定。在文本方框输入相应的文字，然后在图纸背景上单击鼠标就可以显示出已完成的引出说明。

4．添加粗糙度符号

利用【工程标注】工具条中的【粗糙度符号】工具，可以在工程图中标注粗糙度。粗糙度符号可放置在工程视图的图形轮廓或轮廓关联的参考曲线上。粗糙度符号的标注方法和标注基准符号一样。操作过程中会打开【粗糙度符号属性】对话框，如图 9-69 所示，在该对话框中可以设置粗糙度符号的属性。

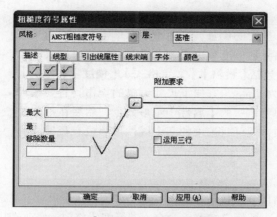

图 9-69 【粗糙度符号属性】对话框

5. 添加焊接符号

利用【工程标注】工具条中的【焊接符号】工具，可以在工程图中标注焊接符号。添加焊接符号的方法与添加形位公差的方法类似，选定焊接符号放置的图线参照后会打开【焊接符号属性】对话框，如图 9-70 所示，在该对话框中可以设置焊接符号的属性。

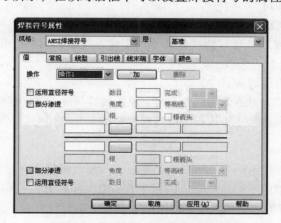

图 9-70 【焊接符号属性】对话框

6. 添加文字

选择【生成】|【文字】菜单命令，或单击【二维绘图】工具条上的【文字】按钮，单击鼠标在图中文字将要放置的位置拖出一个矩形框。释放鼠标后，矩形框激活成可编辑的状态，添加文字完成后在矩形框以外的地方单击鼠标即可完成文字的创建。

创建文字完成后，在文字上单击鼠标右键，在弹出的快捷菜单中选择【编辑文字】菜单命令，可对文字进行编辑。

文字可以与视图关联，在文字上单击鼠标右键，在弹出的快捷菜单中选择【视图关联】菜单命令即可。

9.4.5 工程标注编辑

1. 单个尺寸的编辑

要编辑工程图上某个尺寸的位置，可通过鼠标单击把它拖到其他位置进行重新定位。在尺寸数值上单击鼠标右键，右键菜单提供了几种属性表中的常用选项，包括【删除】、【文字格式】、【精度】、【公差】、【风格】等命令，如图 9-71 所示，方便了尺寸编辑的操作。若要编辑尺寸其他属性，选择右键菜单中的【属性】菜单命令，然后在打开的对话框中选择需要的选项，就可对选中的某个线性尺寸或直径尺寸的属性进行编辑了。

图 9-71　尺寸编辑菜单

2. 多个尺寸的编辑

框选多个需要编辑的尺寸或按下【Shift】键分别选择多个尺寸，在选中的某个尺寸上单击鼠标右键，在弹出的菜单中选择相应的菜单命令，进行编辑修改。修改选中的多个尺寸将具有相同的风格。

3. 尺寸对齐

（1）利用对齐工具。

框选多个需要对齐的尺寸或按下【Shift】键分别选择多个尺寸，在对齐工具条上或右键菜单中选择所需的对齐方式即可。

（2）线性尺寸生成时的对齐。

线性尺寸生成时可以对齐已有的线性尺寸，生成时用鼠标捕捉已有的线性尺寸的尺寸线即可。

（3）线性尺寸生成后的对齐。

线性尺寸生成后也可以对齐其他线性尺寸。单击线性尺寸，将鼠标移到尺寸线的箭头上，此时鼠标显示为小手状，拖动尺寸线捕捉已有线性尺寸的尺寸线即可。

4. 工程标注的编辑

工程标注添加到工程视图中后，可以在必要时进行修改或重新定位。

编辑工程标注最直接的方法是在对应的标注上单击鼠标右键，在弹出的右键菜单中选择【属性】菜单命令，此时出现的对话框在大多数情况下都包括编辑线型和图层的选项，而所有对话框都提供针对选择的标注类型的编辑、修整选项。要移动标注位置，单击鼠标选择标注并拖动鼠标到合适位置就可以重定位标注及其附着点。

9.4.6 视图更新

CAXA 实体设计采用了三维与二维双向关联的技术，在三维设计上所做的修改可在二维工程图中自动更新，在二维工程图中可以修改驱动尺寸直接修改三维设计。CAXA 实体设计产生的工程图文件与对应的三维设计文件自动关联。

为编辑与其关联的工程图而激活设计环境，有如下 3 种方法。

（1）从工程图绘制环境选择【工具】│【更新所有视图】菜单命令。

（2）从工程图绘制环境中选中某个视图，选择【编辑】|【编辑关联设计】菜单命令，然后返回到工程图。

（3）直接打开图纸文件，尝试编辑工程图，弹出如图 9-72 所示【设计环境激活】对话框，单击【确定】按钮。

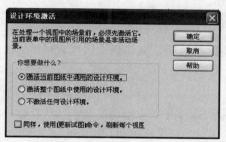

图 9-72 【设计环境激活】对话框

由于三维与二维双向关联，生成工程图后，对三维设计进行修改，系统工程提示更新生成二维工程图。方法有如下几种：

（1）更新所有视图。

选择主菜单【工具】|【更新所有视图】菜单命令，或从【视图生成】工具条中单击【更新所有视图】按钮，都可以更新整个工程图中各个图纸上的所有视图。

（2）更新单个视图。

若要更新单个视图，选择视图，然后选择主菜单【工具】|【更新视图】菜单命令。

（3）失去关联的标注。

作为工程图更新过程的一部分，CAXA 实体设计将随时检查任何与三维设计不再关联的标注。如果检查到这样的标注，系统就会用红色把它们加亮显示在工程图中，这些标注可以删除或重新连接。

9.4.7　创建工程图模板

工程图模板是 CAXA 实体设计工程图系统中的一个关键部分，包含设置工程图默认线型、颜色，为直线和剖面线等工程图元素指定风格和层，定义投影的视角方式、图框、标题栏、字体等。

CAXA 实体设计带有多种符合国标的各种幅面的预定义工程图模板，但这些模块只包含一些基本的定义。可以通过修改现有图纸的属性，生成新模板或修改已存在的模板。

在企业中，通常每个企业会有自己独特风格的工程图模板，因此创建工程图模板是企业技术部门的一项重要工作。

1. 导入 "*.dxf/dwg" 文件模板

在生成新模板前，最好在 CAXA 实体设计预定义的图纸标准空白模板基础上开始。根据需要，也可利用现有的 "*.dxf/dwg" 文件格式的工程图模板生成新的 CAXA 工程图模板，步骤如下。

（1）选择【工具】|【选项】菜单命令，打开【选项】对话框，单击【AutoCAD 输入】选项卡，如图 9-73 所示。设置相关的参数，完成后单击【确定】按钮。

（2）选择【文件】|【打开文件】菜单命令，文件类型选择【*.dxf/dwg】格式文件，即可导入 AutoCAD 工程图文件或模板。

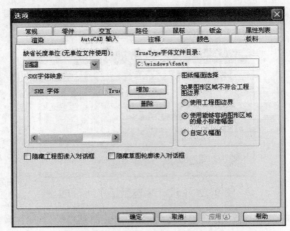

图 9-73　AutoCAD 输入选项设置

【AutoCAD 输入】选项卡页面各选项含义如下。

- 【缺省长度单位】：AutoCAD R13 文件不含任何单位信息。AutoCAD R14 只设定了公制或英制单位，而没有特定的度量单位。为了正确转换文件，CAXA 实体设计必须导入数据的单位。

- 【TrueType 字体文件目录】：本字段用于输入转换时 CAXA 实体设计搜索 TrueType 字体文件的搜索路径，默认位置是 Windows 字体路径。

- 【SHX 字体映象】：本区域显示的是当前 SHX 字体映射表。利用【增加】按钮可打开【增加 SHX 字体映射路径】对话框，设定 SHX 和 TrueType 字体名称后单击【确定】按钮，即可把新的 SHX 字体映射表添加到所显示的列表中。单击【删除】按钮可以从所显示的列表中删除当前选定的 SHX 字体。

- 【图纸幅面选择】：AutoCAD 工程图规定两套边界，工程图边界（相当于幅面大小）和图形边界（图形的全部边界大小）。默认状态下，只要不进行限制，AutoCAD 就允许图形边界超过工程图边界。因此，图形的整个边界框就有可能超过工程图幅面。本选项可以在此种情况下设定 CAXA 实体设计图纸的大小。

  - 【使用工程图边界】：此选项可在工程图边界的基础上设定图纸的尺寸大小。如果选择了此选项，图形可以部分或完全处于图纸之外。

  - 【使用能够容纳图形区域的最小标准幅面】：选择此选项可指示 CAXA 实体设计生成包围图形边界的最小标准幅面的图纸。用作比较的标准尺寸将根据导入的 AutoCAD 文件的单位选择。如果发现存在标准尺寸，图形就定位在图纸的中心，并把方位设定为最符合图形的选项。如果未发现标准尺寸，就会生成能够包围图形的自定义尺寸图纸。

  - 【自定义幅面】：选择此选项可指示 CAXA 实体设计生成能包围图形的、自定义尺寸的图纸。

- 【隐藏工程图读入对话框】：选择此选项将隐藏工程图读入时的对话框，默认不勾选。

- 【隐藏草图轮廓读入对话框】：选择此选项将隐藏草图轮廓读入时的对话框，默认不勾选。

2. 自定义模板

如果不选择使用预定义的 CAXA 实体设计模板或现有的 AutoCAD 工程图模板，也可以生成自定义模板。首先新建一个空白工程图，然后可以从空白图纸开始定义工程图的新模板。利用二维绘图工具和文字工具添加图形和文字，如图框，标题栏等。

若要设置图纸的尺寸和方向，就要编辑图纸的设置属性。选择【文件】|【图纸设置】菜单命令，或在图纸背景上单击鼠标右键，选择【图纸设置】菜单命令，打开【图纸设置】对话框，进行图纸的设定，如图 9-74 所示。

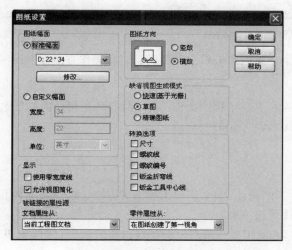

图 9-74 【图纸设置】对话框

若要对线型进行设置，操作步骤如下：

（1）CAXA 实体设计具有强大的线型设置功能，提供了 8 种线型，而且还可以自定义线型。从主菜单选择【编辑】|【线型】菜单命令，打开【线型】对话框，如图 9-75 所示。

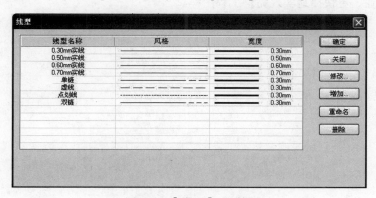

图 9-75 【线型】对话框

（2）选中一种线型后单击【修改】按钮，弹出如图 9-76 所示的【线风格属性】对话框。

（3）在这个对话框的【直线】选项卡中可以修改线宽和风格。选中【标准】选项，提供了一些标准的线型；选中【定制】选项，单击【编辑线型】按钮，打开如图 9-77 所示的【新线型】对话框。

（4）在该对话框中可以编辑新的线型。

图 9-76 【线风格属性】对话框   图 9-77 【新线型】对话框

另外，风格和层可用于组织和编辑工程图元素，其操作方法和上面一样。

3. 保存模板

保存模板基本上与保存实际工程图文件一样，两者具有相同的扩展名*.icd。不同的是保存路径，模板保存在"CAXA\CAXAsolid\Template"下。

9.5　小结

本章讲述了 CAXA 实体设计 2008 创建工程图的方法，CAXA 实体设计 2008 提供了符合国家机械制图标准的工程图解决方案。

在 CAXA 实体设计 2008 中可以通过三维零件投影生成工程图，也可以使用二维草绘工具绘制工程图图元。

在 CAXA 实体设计 2008 中可以定制包含符合国标的图层、线型、风格、线形公差、形位公差、尺寸标注、焊接符号、粗糙度等参数的二维工程图模板，以及关联的产品明细表/BOM 的生成和编辑功能。提供了 CAXA 电子图板与 AutoCAD 两种专业的 2D 工程图工具的接口，支持用户更方便、更专业、更快捷地实现完整工程图样。

第 三 篇
高级篇

学习目标

● 标准件库的使用及开发；
● 产品渲染；
● 动画设计。

内容概要

　　本篇将讲述CAXA实体设计2008的一些高级操作，包括标准件库的开发和使用。利用标准件库功能可以大大节省企业的重复性开发工作，尤其对于系列化产品的设计能够大大节省开发时间，便于对前期研发成果的重复利用。

　　产品渲染功能常应用于产品概念设计期间的设计方案表达、产品宣传，与客户沟通的参照，等等。利用渲染功能可以使三维设计方案在视觉效果上最大程度地接近实物，可以很好的辅助表达设计方案。

　　动画设计同样是设计方案表达的一种重要途径。动画设计可以在计算机中实现三维虚拟设计方案的运动仿真，使观察者更清晰、准确地了解产品的运动原理和运动方案。

第10章

标准件库与图库

学习目标

- 工具标准件库；
- 定制图库；
- 自定义图库；
- 参数化设计。

内容概要

本章主要讲述CAXA实体设计的标准件与图库，分别为工具标准件库/定制图库/自定义图库/参数化设计。

在实际应用中，使用标准件库和图库可以辅助设计人员快速地完成设计，直接调用库中的文件并添加到设计中，这样为产品开发节省更多的时间。

在企业中，每个企业常根据自己系列产品的特点，创建适合自己产品需要的标准件库和图库，这样在进行后续同系列产品的开发时，可以大大减少开发周期，提高开发效率。

10.1　工具标准件库

CAXA 实体设计的工具标准件库包括多种专用的标准件和设计工具,可用于自动生成各种标准件或保存自定义图素,以便在设计过程中方便地调用,达到知识和资源的重用。利用这些特殊的工具库,可以调用系统提供的紧固件、轴承、齿轮和冷轧、热轧型钢等。此外,还可以在现有图素的基础上生成自定义孔和矩形阵列。CAXA 实体设计还提供了其他可用于生成装配体的爆炸图和拉伸及筋板设计特征。这些工具选项为获得满足特定需要的设计提供了极大的灵活性。

CAXA 实体设计还拥有强大的参数化设计能力,使用它可以对零件进行详细的参数设计,以及进行零件的系列化参数设计。

10.1.1　标准件库简介

CAXA 实体设计的工具库放置在【工具】设计元素库中,在每次打开 CAXA 实体设计时默认显示【图素】设计元素库,单击设计元素库下方的【工具】按钮,就可以打开【工具】设计元素库,如图 10-1 所示。

【工具】设计元素库中显示了以下内容:阵列设计、装配爆炸、拉伸设计、弹簧、热轧型钢、冷弯型钢、紧固件、齿轮、轴承、筋板、自定义孔、BOM 表。

大多数工具库本身就是智能图素或由智能图素组成。这些智能图素可以拖放到设计环境中,生成新的零件和图素或添加到现有零件和装配件上。其中有些工具是与设计环境中的现有零件、图素或装配件结合使用的,有些则用于添加图素和零件或者用作动画设计。可用于自定义工具库的选项将在本章后面的章节中详细介绍。自定义工具生成后,可根据需要对其进行必要的修改。

图 10-1　【工具】设计元素库

10.1.2　标准件库应用

为方便定义工具库中的工具选项,CAXA 实体设计提供了众多的选项,以下是对各个工具的可用属性选项的详细介绍。

1. 阵列

此工具将在设计环境中生成由选定图素或零件的指定矩形阵列组成的一个新智能图素。随后,只需通过拖动阵列包围盒手柄或在智能图素编辑对话框中编辑包围盒尺寸,就可以按需要对阵列进行扩展或缩减。

使用本工具时,首先应选定需要阵列的图素或零件,然后把【阵列】图标从【工具】设计元素库中拖放到选定的图素或零件上。释放【阵列】图标后,屏幕将立即显示出它的【矩形阵列】对话框,按需要对阵列特征进行自定义,如图 10-2 所示。

对话框顶部的预览窗口将显示标定尺寸的默认矩形阵列。该窗口的下面部分则显示可通过编辑或选择定义阵列的参数。

● 【行数（w）】:输入选定图素和零件需要阵列的行数,行的方向定义为长度的方向。

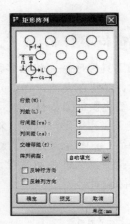

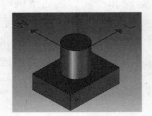

图 10-2　矩形阵列

- 【列数（1）】：输入选定图素和零件需要阵列的列数，列方向定义为宽度的方向。
- 【行间距（rs）】：输入当前单位（英寸、厘米等）下各行相对于被阵列图素或零件的中心点的间隔距离。
- 【列间距（cs）】：输入一定单位下各列相对于选定对象中心点的列间隔距离。
- 【交错等距（f）】：如果需要各行之间有交错，则可输入当前单位下各行与前一行所需的偏移值。
- 【阵列类型】：选择以下选项可定义包围盒尺寸重设时阵列的操作特征。
    - 【自动填充】：利用此选项可按需要重复或减少阵列图素的数目，以适应其包围盒尺寸的改变。
    - 【自动间隔】：利用此选项可使阵列图素数目保持不变，而增加或减少阵列图素间的行间距，以适应其包围盒尺寸的改变。
- 【反转行方向】：选择此选项可使各行相对于设计环境的长度方向反向显示。
- 【反转列方向】：选择此选项可使各列相对于设计环境的宽度方向反向显示。

2. 装配

利用【装配】工具可生成各种装配体的爆炸图，并生成装配过程的动画。但是，由于对【工具】设计元素库不能应用"撤销"功能，所以建议在应用【装配】工具进行爆炸图设计前要保存设计环境文件。在装配体文件设计环境中，从【工具】设计元素库中拖入【装配】工具后，打开【装配】对话框，如图 10-3 所示。

图 10-3　【装配】对话框

- 【爆炸类型】：爆炸类型设置。
  - ➤ 【爆炸（无动画）】：选择此选项后，将只能观察到装配爆炸后的效果，此选项将在选定的装配中移动零件组件，使装配图以爆炸后的效果显示。
  - ➤ 【装配→爆炸图】：此选项通过把装配件从原来的装配状态变到爆炸状态来生成装配的动画效果。选定此选项将删除选定装配件上已存在的动画效果。
  - ➤ 【爆炸图→装配】：此选项通过把装配件从爆炸状态改变到原来的装配状态来生成该装配件的装配过程动画。
- 【选项】：如果【装配】工具被拖放到设计环境中的装配件上，此选项才会被激活。
  - ➤ 【使用所选择的装配】：选择此选项将仅生成所选装配件的爆炸图。如果【装配】工具被拖放到设计环境中或者本选项被取消选择，那么设计环境中的全部装配件都将被爆炸。
  - ➤ 【在爆炸图中包括装配】：如果把【装配】工具拖放到了某个特定的装配件上，则选定此选项就可以把装配件包含在爆炸视图或动画中。
  - ➤ 【从爆炸图中去除装配】：如果【装配】工具被拖放到某个特定的装配件上，那么就可以选择此选项从爆炸视图或动画中去除原来的装配状态。
  - ➤ 【在设计环境重新生成】：此选项用于在新的设计环境中生成爆炸视图或动画，从而使其不会在当前设计环境中被破坏。
  - ➤ 【反转 Z－向轴】：选择此选项可使爆炸方向为选定装配件的高度方向的反向。
  - ➤ 【时间（秒/级）】：指定装配件各帧爆炸图面的延续时间。
- 高级选项：
  - ➤ 【重置定位锚】：选择此选项可把装配件中组件的定位锚恢复到各自原来的位置。组件并不重新定位，被重新定位的仅仅是定位锚。
  - ➤ 【限制距离】：选择此选项可限制爆炸时装配件各组件移动的最小或最大距离。
  - ➤ 【距离选项】：输入爆炸时各组件移动的最小或最大距离值。

在装配体设计环境中，拖入【装配】工具，并在【装配】对话框中设置相应的参数，就可以创建装配体爆炸图和装配动画。

3．拉伸设计

【拉伸】工具是与设计环境中的一个或多个已有的二维草图轮廓结合起来使用的。拉伸工具可用于通过定义各种参数把选定的二维草图轮廓图形拉伸成三维实体。若要使用【拉伸】工具，可从【工具】设计元素库中拖出【拉伸】工具的图标，然后把它释放到选中的单个或多个草图上，打开【拉伸】对话框，如图 10-4 所示。

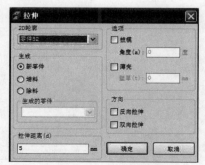

图 10-4 【拉伸】对话框

【拉伸】对话框中有如下选项。

- 【2D 轮廓】：如果【拉伸】工具被释放在设计环境中某个单独的图素或零件上，其名称将在本字段中显示。如果该工具释放到设计环境背景上，则用此下拉列表从设计环境中选择图素。
- 【生成】：选择下述选项可确定零件的生成方式。
  - ➢ 【新零件】：选择此选项定义新的拉伸设计作为独立的零件存在。
  - ➢ 【增料】：选择此选项可把拉伸设计作为新增图素添加到已有零件上。
  - ➢ 【除料】：选择此选项可把拉伸设计作为除料特征添加到已有零件上。选择此选项将激活以下所述的【生成的零件】选项。
- 【生成的零件】：此选项在选定了上述【增料】或【除料】选项后被激活。从设计环境中的零件列表进行适当的选择，即可指定增料和除料操作的对象。
- 【选项】：选择下述选项即可对拉伸设计实施拔模斜度或抽壳操作。
  - ➢ 【拔模】：选择此选项可为拉伸设计添加一定的拔模斜度，并激活【角度（a）】选项。
  - ➢ 【角度（a）】：输入拔模斜度的角度值。
  - ➢ 【薄壳】：选择此选项可对拉伸设计进行抽壳，并激活【厚度（t）】选项。
  - ➢ 【壁厚（t）】：输入薄壳厚度。
- 【方向】：从下述选项中选择适当的选项来确定拉伸方向。
  - ➢ 【反向拉伸】：选择此选项可使默认或当前的拉伸方向与相对于二维草图轮廓的定义方向反向。
  - ➢ 【双向拉伸】：该选项可用于在两个方向生成拉伸设计，分别从二维草图轮廓面的两侧拉伸。

4. 弹簧库

CAXA 实体设计中有大量可用于生成螺旋弹簧的属性选项，它们为自定义弹簧或其他螺旋特征的生成提供了强大方便的手段。

当从【工具】设计元素库中拖出【弹簧】工具并释放到设计环境中时，会自动生成一个弹簧。如果要编辑弹簧的形状，双击设计环境中的弹簧，在弹簧上单击鼠标右键，在弹出的快捷菜单中选择【加载属性】菜单命令，弹出【弹簧】对话框，如图 10-5 所示。

图 10-5 【弹簧】对话框

【弹簧】对话框中提供的选项如下。

● 【高度】：利用下面的选项可设定如何确定螺旋的高度。
 ➤ 【用高度值（h）】：选定此选项可把弹簧的高度建立在输入的值基础上。
 ➤ 【用圈数（c）】：选定此选项可把弹簧的高度建立在输入的螺旋圈数基础上。
● 【螺距】：利用下面的选项可设定螺旋的螺距类型为【等螺距】或【变螺距】，根据选定的螺距类型，可激活如下选项。
 ➤ 【初始螺距（p1）】：适用于【等螺距】和【变螺距】的类型，用于输入作为螺旋线第一圈的螺距的数值。
 ➤ 【最终螺距（p2）】：仅适用于【变螺距】的螺距类型，用于输入螺旋线的最后一圈的螺距。
● 【截面】：从下拉列表中，为螺旋特征选择相应的截面类型。选定某个截面类型时，该截面就会出现在预览窗口中，包括【圆】、【矩形】、【三角形】、【自定义】等选项。根据选定的截面类型，可激活下述选项。
 ➤ 【d】：适用于【圆形】截面，用于输入相应的截面直径值。
 ➤ 【1】：适用于【三角形】截面，用于输入相应的截面边长值。
 ➤ 【w】：适用于【三角形】和【矩形】截面，用于输入相应的截面宽度值。
 ➤ 【自定义】：如果选择【自定义】截面类型，在完成其他参数的定义后，单击【确定】按钮，系统会弹出一个自定义轮廓对话框，这时选择设计环境中已存在的一个二维轮廓或选择存在的图素，并单击右键选择【编辑截面】菜单命令，然后单击轮廓定义对话框内的【完成】按钮，此时就会按选择的截面形状生成需要的弹簧特征。
● 【半径】。
 ➤ 【半径类型】：从下拉菜单，选择下述选项，设定弹簧的半径类型，包括【统一半径】、【变半径】两种类型。选定此选项时，将激活【变半径】选项组中的选项。
 ➤ 【半径测量到】：从下面的下拉菜单中选择，以设定弹簧特征的半径定义方式。
  —【截面内部】：从截面的轮廓内侧向弹簧中心计算半径值。
  —【截面外部】：从截面的轮廓外侧向弹簧中心计算半径值。
  —【截面中心】：从截面的轮廓中心向弹簧中心计算半径值。
 ➤ 【底部半径（r1）】：用于输入弹簧底部的半径值。
 ➤ 【变半径】：这些选项仅当从"半径类型"下拉列表中选定了"变半径"时适用。
  —【顶部半径（r2）】：用于输入变半径弹簧顶部半径值。
  —【用角度（a）】：用于输入相应的值类设定变半径方式，90° 对应等半径。
 ➤ 【固接截面】：选定此选项可指示 CAXA 实体设计旋转截面，以同变半径弹簧的角度相匹配。
● 【属性】：利用下述选项设定各种螺旋属性。
 ➤ 【反转方向】：选定此选项可使螺旋的方向反向。
 ➤ 【除料】：选定此选项可指示 CAXA 实体设计把螺旋特征作为一个除料特征应用到选定的图素或零件。
 ➤ 【重置定位锚到中心】：选定此选项可把螺旋的定位锚重置到其包围盒的中心。
● 【包围盒操作柄】：从下拉菜单选项中选择适当的选项，以定义螺旋特征包围盒尺寸的修改效果。

> ➤ 【无】：选定此选项可设定在改变包围盒尺寸时不改变螺旋特征。
> ➤ 【自动填充】：选定此选项可在必要时增加或减少弹簧的圈数，以便与包围盒的尺寸相适应。
> ➤ 【自动间隔】：选定此选项可按需要使弹簧的圈数不变，但增加或减少它们之间的间距，以便与其包围盒的尺寸相适应。

5. 热轧型钢和冷弯型钢

【热轧型钢】和【冷弯型钢】工具可在三维设计环境中根据国家标准选择型钢，从而建立框架结构，方法如下。

（1）向三维设计环境添加热轧型钢和冷弯型钢时采用的是常用的拖放方法。从【工具】设计元素库中将【热轧型钢】或【冷弯型钢】工具拖入到设计环境中，释放图标后，即显示可供选择参数的【型钢】对话框，如图10-6所示（以热轧型钢为例）。

（2）在对话框中按国家标准单击选择热轧型钢或冷弯型钢图素的类型。

（3）单击【下一步】按钮，弹出参数对话框。

（4）根据设计的需要设定型钢的尺寸参数，如图10-7所示。

（5）单击【确定】按钮，生成型钢。

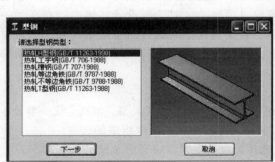

图10-6 【型钢】对话框

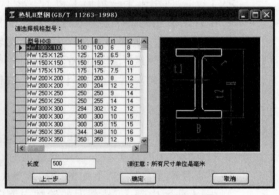

图10-7 设置型钢参数

6. 紧固件

【紧固件】工具可用于生成符合国标的各种紧固件，比如螺栓、螺钉、螺母、垫圈、挡圈。

对各种类型的紧固件，CAXA 实体设计提供了按照国家标准设计的标准件类型选项。当把【紧固件】工具拖放到设计环境中的适当位置后，屏幕上会出现【紧固件】对话框，如图10-8所示。

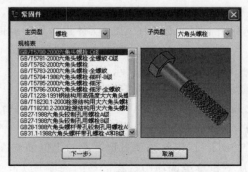

图10-8 【紧固件】对话框

其中显示了各种紧固件主类和子类的下拉列表框。所有可供选择的紧固件都显示在图符列表框中，这些选项用于选定具体的图符标准。

默认状态下，只要打开【紧固件】对话框就会显示【螺栓】主类和【六角头螺栓】子类型。【紧固件】对话框中主要选项的含义如下。

- 【主类型】：在图符大类下拉框中选择紧固件的类型，包括【螺栓】、【螺钉】、【螺母】、【垫圈】和【挡圈】。
- 【子类型】：在图符子类下拉框中选择紧固件的具体类型。
- 【规格表】：在显示框中列出可供选择的图符的标准代号。

完成上面的选择后，单击【下一步】按钮，在参数表中选择图符的具体规格参数，如图 10-9 所示。

7. 齿轮库

【齿轮】工具库提供了大量可用于生成三维齿轮设计的参数配置和选项。把【齿轮】工具拖放到设计环境中后，就会出现【齿轮】对话框，如图 10-10 所示。

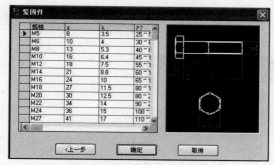

图 10-9　紧固件参数表

图 10-10　【齿轮】对话框

该对话框中包含【直齿轮】、【斜齿轮】、【圆锥齿轮】、【蜗杆】、【齿条】5 个选项卡，分别代表 5 种类型的零件。

各属性表的预览窗口中显示了齿轮类型及其相关尺寸的详细说明。可用选项类别，随齿轮类型的不同而改变，但是所有选项都包含【尺寸】和【齿】属性。多个齿轮所共有的属性一并介绍，而对于各种齿轮类型特有的那些属性将分别介绍。

- 【尺寸属性】：利用这些选项可为选定类型的齿轮确定有关尺寸。
  - 【厚度（t）】：用于为齿轮输入相应的厚度值。
  - 【孔半径（br）】：用于为齿轮输入相应的孔半径。
  - 【齿顶圆半径（or）】：选择此选项可在相关的字段中为齿轮设定精确外半径值，并自动相应地重新调整分度圆半径和齿根圆半径值。
  - 【分度圆半径（pr）】：选定此选项可在相关字段中确定齿轮的精确齿距半径，并相应地自动重新调整齿顶圆半径和齿根圆半径值。
  - 【齿根圆半径（rr）】：选定此选项可在相关字段中确定齿轮的精确根半径，并相应地自动重新调整齿顶圆半径和圆半径值。
- 【齿属性】：利用这些选项可为齿轮定义齿轮齿属性。
  - 【齿数（n）】：用于为齿轮输入相应的齿数。
  - 【齿廓】：从下述选项中选择相应的选项确定齿轮的齿廓类型，这些选项对蜗杆不适用。齿廓分为【直齿】、【棘齿圆弧】、【双曲线】、【样条】、【渐开线】几种类型。

> 【压力角（pa）】：输入齿轮压力角采用的角度值。

> 【齿根圆角过渡】：选定此选项可为齿轮齿基部添加圆角过渡，此选项对蜗杆不适用。

（1）直齿轮。

除上述选项外，【直齿轮】选项卡包含惟一一个附加选项。

● 【内齿轮】：选定此选项可指示 CAXA 实体设计生成一个内啮合直齿轮，预览窗口中将出现一个内啮合齿轮。

（2）斜齿轮。

单击【斜齿轮】选项卡，切换到斜齿轮的参数配置页面，如图 10-11 所示。

● 【螺旋角（ha）】：用于输入斜齿轮上齿轮齿倾斜角的相应角度值。

● 【螺旋类型】：通过下拉列表选择下述螺旋类型，包括【单螺旋】、【双螺旋 – 常规】、【双螺旋 – 交错】、【双螺旋 – 连续】4 种类型。根据不同的螺旋类型，可激活下述选项。

> 【槽宽度（gw）】：适用于双螺旋-传统型和双螺旋-交错型。用于输入齿轮坡口宽度的相应值。

> 【交错率（sr）】：适用于双螺旋-交错型。用于为齿轮齿输入一个 0～1 之间的合适交错度值。

图 10-11 【斜齿轮】选项卡页面

（3）圆锥齿轮。

单击【圆锥齿轮】选项卡，切换到圆锥齿轮的参数配置页面，如图 10-12 所示。

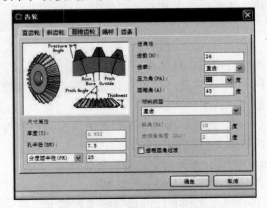

图 10-12 【圆锥齿轮】选项卡页面

【圆锥齿轮】选项卡中包含一组特有的选项。

● 【倾斜类型】：设置圆锥齿轮的倾斜类型，包括【直齿】、【倾斜齿】、【斜齿】、【螺旋】4
种类型。根据选定圆锥齿轮的不同，可激活以下选项。

   ➢ 【斜角（sa）】：适用于【斜齿】和【螺旋】类型，用于输入斜齿轮斜交角的相应角度
   值。

   ➢ 【齿倾角角度（za）】：适用于【倾斜齿】和【螺旋】类型，用于输入斜齿轮齿倾角的
   角度值。

（4）蜗杆。

【蜗杆】选项卡提供特有的【尺寸属性】选项，如图 10-13 所示。

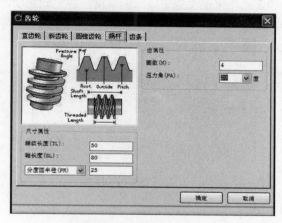

图 10-13 【蜗杆】选项卡页面

   ➢ 【螺纹长度（tl）】：用于输入蜗轮齿轮的螺纹长度。

   ➢ 【轴长度（sl）】：用于输入蜗轮齿轮轴的长度值。

（5）齿条。

【齿条】选项卡提供两种特有的【尺寸属性】选项，如图 10-14 所示。

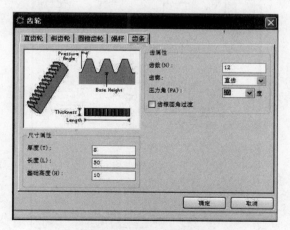

图 10-14 【齿条】选项卡页面

● 【长度（l）】：输入齿条长度的相应值。

● 【基础高度（h）】：用于输入相应的齿轮底高度值。

8. 轴承库

【轴承】库工具提供生成 3 种类型轴承的选项，分别是【球轴承】、【滚子轴承】、【推力轴承】。把【轴承】图标拖放到设计环境中后，就会出现包含各种轴承类型编号的【轴承】对话框，如图 10-15 所示。

对话框中参数选项的含义如下。

- 【轴径（bd）】：用于输入轴承孔径的相应值。
- 【指定外径】：选择此选项可定义选定轴承的外径。选定此选项时，将激活以下选项。
  ➢ 【外径（od）】：用于输入轴承外径的相应值。
- 【指定高度】：选择此选项可定义选定轴承的高度。选定此选项时，将激活以下选项。
  ➢ 【高度（h）】：用于输入轴承的相应高度值。

图 10-15 【轴承】对话框

9. 自定义孔

利用此工具，可以生成与标准紧固件（如螺栓和螺钉）对应的自定义孔。利用 CAXA 实体设计为自定义孔提供的众多选项，可以实现精确的孔设计。

通过鼠标把【自定义孔】工具拖放到相应曲面的零件上，释放鼠标，屏幕上将出现一个【定制孔】对话框，如图 10-16 所示。

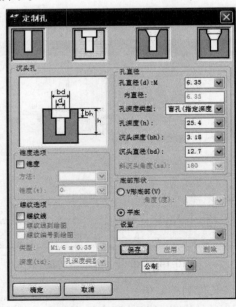

图 10-16 【定制孔】对话框

自定义的孔可以是下述 4 种基本类型：简单孔、沉头孔、锥形沉头孔、台阶孔。

定义自定义孔的第一步是从【定制孔】对话框顶部 4 种类型中选择一个孔类型，之后选定类型的孔就会出现在图像的预览窗口中，同时还标有其尺寸。

- 【锥度选项】：设置锥度相关参数。
  - ➢ 【锥度】：选择此选项可生成一个带锥度的孔并激活以下功能选项。如果选定此选项，【螺纹选项】即被禁止。
    - —【方法】：从下拉菜单中选择定义锥度的方法。
    - —【按比率】：选择此选项可按比例值（ t = x/y ）确定锥度
    - —【按角度】：选择此选项可按角度确定锥度
    - —【锥度（t）】：从下拉菜单中选择需要锥度的比例值。
- 【螺纹选项】：设置螺纹相关参数。
  - ➢ 【螺纹线】：选择此选项可生成一个螺纹孔并激活下述选项，如果选定本选项，【锥度选项】即被禁止。
  - ➢ 【螺纹线到绘图】：选择此选项可为工程图上的孔添加简化螺纹画法。
  - ➢ 【螺纹编号到绘图】：选择此选项可为工程图上的螺纹孔添加标注。
  - ➢ 【类型】：从下拉列表中为自定义孔选择所需的螺纹类型。
  - ➢ 【深度（td）】：从下拉列表中为自定义孔选择所需的螺纹深度。
- 【孔直径】：利用以下选项可定义孔的特定尺寸（指与预览窗口中显示的尺寸相对应的尺寸），激活的尺寸字段由选定孔的设置值确定。
  - ➢ 【孔直径（d）】：适用于所有自定义孔设置值，从下拉菜单中为自定义孔选择所需直径。
  - ➢ 【孔深度类型】：当选定【封闭/限定孔长度】选项时，适用于所有自定义孔设置。从下拉菜单中指定孔的深度类型。
    - —【盲孔（指定深度）】：选择此选项，可设定盲孔的深度。
    - —【通孔】：如果需要把孔穿透整个零件，则可选用此选项。
  - ➢ 【孔深度（h）】：适用于所有自定义孔设置。从下拉菜单中为自定义孔选择所需深度。
  - ➢ 【沉头深度（bh）】：适用于自定义锥形沉头孔和台阶孔。从下拉菜单中选择自定义孔所需的深度。
  - ➢ 【沉头直径（bd）】：适用于自定义锥形沉头孔和台阶孔。可从下拉菜单中选择自定义孔所需的锥形沉头孔深度。
  - ➢ 【沉头直径（sd）】：仅适用于自定义沉头孔。可从下拉菜单中为自定义孔选择所需的沉头直径。
  - ➢ 【斜沉头角度（sa）】：适用于自定义沉头孔和台阶孔。可从下拉菜单中为自定义孔选择所需的沉头角度。
- 【底部形状】：利用下述选项可指定孔的底部形状。
  - ➢ 【V 形底部（v）】：选择此选项可为孔生成一个 V 型底部，并激活相关的【角度】字段。
  - ➢ 【角度（度）】：从下拉菜单中选择 V 型底部所需的角度。
  - ➢ 【平底】：选择此选项可为孔生成平底。
- 【设置】：可以利用此选项为当前选定的自定义孔选项命名，然后予以保存供以后使用。单击【保存】按钮，然后在弹出的对话框中输入相应的名称即可。也可以从下拉列表中选定现有的已保存设置值然后单击【应用】按钮，从而把选定的设置值应用到当前的自定义孔中，或者单击【删除】按钮把它们从列表中删除。

10.1.3 标准件库编辑

对大多数用工具库设计的零件而言，【工具】设计元素库中的图素都可以按照与CAXA实体设计中其他智能图素的相同方式通过属性表、右键弹出菜单和编辑手柄进行编辑修改。

此外，双击通过【工具】设计元素库生成的零件或特征，在零件或特征上单击鼠标右键，在弹出的快捷菜单中选择【加载属性】菜单命令可用于重定义工具库图素。

10.2 定制标准件库

CAXA实体设计除了提供工具标准库以外，还支持定制图库功能。可以把做好的零件放置在图库中，以便以后使用时方便选取。

10.2.1 新建标准件库

新建图库的步骤如下。

（1）在主菜单栏上选择【设计元素】|【新建】菜单命令，如图10-17所示。

（2）在设计元素库中将新增一个元素库，如图10-18所示。

图 10-17 【新建】菜单命令

图 10-18 新建设计元素库

（3）将设计环境中的元素拖入自定义元素库。

（4）在主菜单栏上选择【设计元素】|【保存】菜单命令，在弹出的对话框中指定存储路径，并输入自定义图库的名称。

10.2.2 编辑标准件库

在定制了图库以后，可以根据自己的需要对图库进行编辑与修改。在图库的某一图素或者空白区域上，单击鼠标右键，弹出如图10-19所示的菜单，可以通过这些菜单命令对标准件库进行编辑修改。

菜单中各选项的含义如下。

● 【自动隐藏】：在设计环境中当选择图库后显示图库图素，鼠标

图 10-19 编辑图库菜单

离开后自动隐藏图库。

- 【大图标】：以大图标显示图素。
- 【小图标】：以小图标显示图素。
- 【列表】：以列表格式显示图库中的图素。
- 【排列】：按升序或降序排列图素在图库中的位置。
- 【超大图标】：以超大图标显示图素。
- 【改变图标】：改变图素的图标，图标文件为.ico 格式。
- 【对象】：在图素库中插入对象文件。
- 【剪切】、【拷贝】、【粘贴】及【删除】：在图库间对图素进行剪切、拷贝、粘贴及删除操作。
- 【编辑设计元素项】：编辑图库中的图素文件。

10.2.3　应用图库

CAXA 实体设计提供了自定义的拖放式的知识重用设计库的机制。可将设计完成的零件/装配特征通过鼠标拖放的形式很方便、快捷地装入新建的目录库中，并能够通过鼠标拖放的形式直接从库中多次调用这个特征到设计环境中。这是 CAXA 实体设计的一种独特、创新式的知识重用理念。这种知识重用的方式在实体 2008 中得到了改进，支持在设计完成的零件及装配特征上设定除料特性加入库中，当从库中调用时这个除料的特性将能体现出来。

10.3　小结

本章讲述了标准件库的功能、使用方法以及如何创建自己的标准件库。标准件库在企业的实际研发过程中频繁使用，可以大大提高开发效率。因此，利用标准件库来进行辅助开发，是企业产品开发中的重要技巧，读者应熟练掌握。

强大的标准件图库。提供了丰富的参数化标准件库，通过鼠标拖放参数驱动的图素即可快速得到紧固件、轴承、齿轮、螺旋线等标准件工具，并增加了螺钉、螺栓、螺母、垫圈等紧固件和型钢等国标零件库。

开放的参数化变型设计机制。提供了开放、友好、简单而灵活的参数化与系列化变型设计机制，用户可以轻松地进行系列件参数化设计。通过配置来控制参数使参数化变型设计更加灵活、实用。

第**11**章

渲染

学习目标

● 渲染概述；
● 渲染工具；
● 渲染选项；
● 渲染光源；
● 渲染输出。

内容概要

　　本章主要讲述CAXA实体设计的渲染，涉及工具/选项/光源/输出等方面知识。

　　本章将介绍如何对设计环境背景、装配/组件、零件、表面这些不同的渲染对象进行渲染，还将介绍3种修改零件外观属性的方法，分别是：从设计元素库中拖出颜色、纹理和凸痕以及贴图等，并将它们贴到零件上。使用智能渲染向导来指导完成颜色、纹理、凸痕、贴图、光洁度、透明度以及反射的指定与修改；使用智能渲染选项卡来定义高级和详细的自定义型零件渲染属性。

11.1　渲染概述

11.1.1　渲染对象及其范围

如今，在产品设计、工业设计中，越来越注重产品的外观。CAXA 实体设计提供了专业的渲染功能，在完成零件的结构设计后，在零件上添加颜色、纹理和其他表面光泽效果，可以使零件更加逼真美观。在 CAXA 实体设中，渲染对象可以是设计环境背景、装配/组件、零件或表面。不能渲染零件中的某个图素。本小节将使用最简单的拖放渲染元素的方法，来介绍如何进行不同对象的渲染。

1．设计环境

从智能渲染设计元素库中，拖放渲染元素到不同的位置，就会对不同的位置生成渲染。如图 11-1 所示为将【材质】设计元素库中的【木材】渲染工具拖入设计环境空白处的结果。

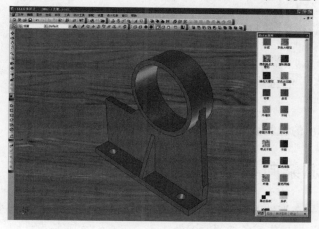

图 11-1　渲染示例

2．装配件

如果选中装配件后，再拖入智能渲染元素，则会弹出如图 11-2 所示的【装配智能渲染】对话框，询问渲染装配件的哪个层次，可以根据自己的需要进行选择。

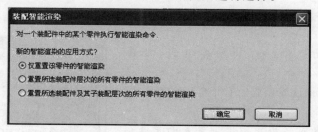

图 11-2　【装配智能渲染】对话框

3．零件

如果在拖放渲染元素前没有选择任何零组件,那么软件会默认的只改变渲染元素拖放到零件的智能渲染。如果在拖放渲染元素前选择某一零件，那么软件只改变此零件的智能渲染。

4. 表面

在拖放渲染元素前选择某一表面，则渲染元素只改变此表面的智能渲染。

11.1.2 拖放智能渲染元素生成简单渲染

CAXA 实体设计有数个智能渲染设计元素库，其中包括【颜色】、【纹理】、【表面光泽】、【凸痕】和【材质】，如图 11-3 所示。

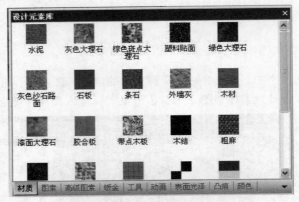

图 11-3 智能渲染设计元素库

通过拖放图素库中的智能渲染属性，可以方便地设置各种渲染效果。

11.1.3 智能渲染向导

使用智能渲染向导在零件上应用智能渲染属性。此向导将在整个渲染过程中逐步进行引导，在各页面中进行选择，即可生成各种智能渲染组合。在 CAXA 实体设计中，只有零件和零件上的某一表面能够打开智能渲染向导，装配件和图素选择状态下智能渲染和智能渲染向导都呈灰色。

使用智能渲染向导的方法如下。

（1）生成新的设计环境，从图素设计元素库中拖入一个长方形图素。

（2）拾取长方体进入零件编辑状态或选取某一表面。

（3）选择【设置】|【智能渲染向导】菜单命令。另外，还可以选择【生成】|【智能渲染】菜单命令。

（4）此时将出现智能渲染向导的第 1 页，如图 11-4 所示。

（5）在该对话框中设置颜色、光滑度和纹理属性，单击【下一步】按钮。

（6）在接下来的对话框中依次设置表面光泽形式、表面透明形式、凸痕、表面反射图像、贴图等属性，最后单击【完成】按钮，完成零件的渲染，如图 11-5 所示。

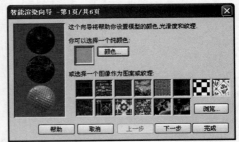

图 11-4 智能渲染向导

图 11-5 智能渲染示例

11.2 渲染工具

【智能渲染】工具条如图 11-6 所示。如果工作界面中没有显示该工具条，在工具条空白处单击鼠标右键，从弹出的菜单中选择【工具条设置】|【智能渲染】菜单命令即可。

图 11-6 【智能渲染】工具条

11.2.1 使用提取效果和应用效果

将某一设定好的渲染效果应用于其他对象最快捷的方法就是使用【智能渲染】工具条上的【提取效果】工具和【应用效果】工具。

单击【提取效果】按钮，然后单击已经进行渲染过的某个零件或某个面，则此对象的渲染效果被提取，这时【应用效果】工具则从以前的灰色状态变成有效状态，并且设计环境中会随之出现一个吸了墨水的吸管图标，如图 11-7 所示。此时选择将要渲染的零件或表面，则提取的效果会应用到此零件或表面上。

11.2.2 使用移动纹理工具编辑纹理

如图 11-8 所示，长方体上有碎花纹理图像，有默认的方向和大小，此时可以使用智能渲染工具条上的纹理工具修改这些属性。

图 11-7 墨水吸管

图 11-8 碎花纹理

使用移动纹理工具来编辑纹理的大小和方位步骤如下。

（1）单击选择碎花长方体。

（2）从【智能渲染】工具条单击【移动纹理】按钮，或选择【工具】|【纹理】菜单命令。

此时将出现【纹理工具】对话框，并提示将自动的图像投影方法改成其他方法，如图11-9所示。

（3）选中【改为平面投影】选项，然后单击【确定】按钮。此时将出现带有红色方形手柄的半透明框，该手柄表示幻灯投影屏幕的方位，框中其余项表示投影方向，纹理的棋盘图标会出现在光标旁边，如图11-10所示。

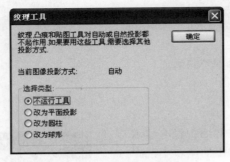

图11-9　【纹理工具】对话框

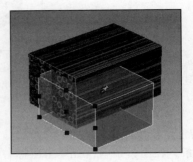

图11-10　纹理的棋盘图标

（4）要减小纹理图像的大小，将光标移到方形手柄的一角，然后按住鼠标左键并拖动此手柄，以便使投影机屏幕变得更小。在释放此手柄后，纹理图像将以较小的尺寸重新生成。试着移到手柄的边角和中间处，查看其效果。当对图像感到满意时，继续下一步，开始重新定位纹理。

（5）从标准工具条或工具菜单中选择三维球工具，或者按【F10】键进行相应选择。此时三维球出现在透明框上。可以使用三维球来移动或旋转此框，从而对纹理图像进行重新定位。

（6）要旋转三维球，在三维球的周边上移动光标，直到其周边变成黄色并且光标变成圆箭头为止。

（7）在三维球的周边左击并拖动，直到此框与砖纹长方体呈倾斜状为止。当放开光标时，长方体上的纹理将在新方位上重新生成。可以用其他的三维球操作进行试验，直到对纹理感到满意为止。

（8）按【F10】键取消选择三维球工具。

（9）单击【智能渲染】工具条上的【移动纹理】按钮 ，取消选择智能渲染工具条上的移动纹理工具。

11.2.3　移动纹理工具的其他选项

在使用移动纹理工具时右击透明框，将会出现带有以下选项的弹出式菜单，如图11-11所示。

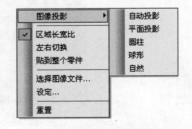

图11-11　其他选项

- 【图像投影】：使用此选项可更改选定的纹理图像所用的图像投影方法。
- 【区域长宽比】：选择此选项，可保持纹理图像的长宽比。

- 【左右切换】：使用此选项，可反转纹理图像，即原始设置的镜像。
- 【贴到整个零件】：使用此选项，可根据当前图像的投影方法和方位，将纹理图像适当地匹配到零件上。纹理图像的大小将更新，以便与选定表面上的纹理的单一副本进行最佳匹配。
- 【选择图像文件】：使用此选项可以显示应用新纹理图像的对话框。
- 【设定】：使用此选项，可显示选取的投影方法所用的图像投影对话框。这些对话框中的详细信息，参阅本章后面的"图像投影选项"。
- 【重置】：使用此选项可撤销对纹理图像的方位和大小所做的全部更改。此时会出现确认重置的对话框。

11.3 渲染选项

除了使用拖放方法、智能渲染向导，还可以直接在智能渲染选项卡中对零件和图素的渲染进行设置编辑。

在零件上单击鼠标右键，从弹出的菜单中选择【智能渲染】菜单命令，打开图 11-12 所示的【智能渲染属性】对话框。

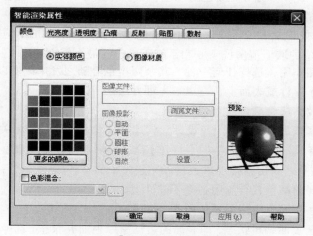

图 11-12 【智能渲染属性】对话框

位于【智能渲染属性】对话框顶部有 7 个选项卡。依次选择其中的每个，可以查看每个属性的可用选项。将属性指定给某个零件后，可以单击【应用】按钮来预览相应的变动。

11.3.1 设置颜色效果

利用【颜色】选项卡，可以设置渲染目标的颜色。

1. 实体颜色

在颜色列表中单击选择某种颜色可以定义零件的颜色。此项与后面的【图像材质】选项不能同时被选中。在下面的颜色区域中选择希望渲染的颜色，如果没有合适的，选择【更多的颜色】按钮，可以查看扩展的颜色调色板，如图 11-13 所示。还可以进一步选择自定义颜色，可以显示自定义颜色控件。

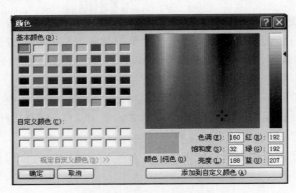

图 11-13 【颜色】对话框

如果要生成自定义颜色，可以使用下列方法之一。

- 使用调色板。从【颜色】对话框左侧的颜色调色板中或者从对话框右侧的颜色矩阵中选取一种近似颜色。使用颜色矩阵右侧的亮度滑块，可以选择所需的颜色值。这种方法比较直观，但不够精确。
- 输入 RGB 值。如果知道所需颜色的红色、绿色和蓝色要素的对应值，在相应字段中输入这些值。数值的取值范围位于 0～255 之间。
- 输入 ESL 值。如果知道所需颜色的色调、饱和度和亮度要素的对应值，在相应字段中输入这些值。数值的取值范围位于 0 和系统所决定的最大值之间。

这 3 种方法也互相作用，选择任何一种，其余两项也会随之发生改变以保持一致。

如何将颜色应用于零件或表面上，有以下 4 种方法。

（1）可以使用拖放方法将颜色应用到零件上。

在零件状态下选择长方体。选择颜色设计元素库的选项，以便显示相关内容。如果颜色设计元素库尚未打开，选择设计元素菜单中的【打开】命令，再双击设计元素文件夹，然后选择颜色文件，单击【确定】按钮。单击并拖动颜色设计元素库中的某种颜色，然后将其拖入设计环境中长方体上。这样，选择的颜色就会应用到整个零件上。

（2）使用拖放方法将颜色应用到零件的某个面上。

选择要渲染的面至表面编辑状态，即表面的边框呈绿色加亮状态。选择颜色设计元素库的选项，以便显示相关内容。单击并拖动颜色设计元素库中的某种颜色，然后将其拖入设计环境中长方体的选择表面上。此时，颜色仅仅应用到零件的某个表面上。

（3）使用智能渲染向导将颜色应用到零件的某个面上。

选择要渲染的表面，从设置菜单中选择智能渲染向导。

（4）使用智能渲染选项卡将颜色应用到块上。

使用智能渲染选项卡来指定颜色、生成自定义颜色或调整颜色设置，如亮度和饱和度等。与CAXA 实体设计的其他方面一样，选项卡提供了比可视的拖放方法更高的精确控制程度。

2. 图像材质

在【智能渲染属性】对话框中选择【图像材质】选项后，可以从浏览中选择自己想要的图片作为图像材质。该对话框中的前几项都很容易理解，这里只对图像投影方式进行更加详细地说明。

为了解图像投影，从二维图像的角度考虑纹理、凸痕样式或贴图。将二维图像想象成可任意弯曲的薄片，从而能够进行各种变形，然后再将其应用到零件表面上。这种变形与下列各种投影方式对应。

- 【自动】：利用此选项，就如同先将图像投影到围绕零件的透明长方体的每个面上，然后将其转换到零件上。
- 【平面】：利用此选项，就如同将图像从幻灯投影机上投影到零件上。
- 【圆柱】：利用此选项，就如同先将图像展开到围绕零件的透明圆柱上，然后将其投影到零件上。
- 【球形】：利用此选项，就如同先将图像展开到围绕零件的透明球体上，然后将其投影到零件上。
- 【自然】：利用此选项，图像将根据其扩展成 3D（拉伸、旋转、扫描或放样）时所用的方法，（沿空间曲面的轮廓方向投影）可以使用这种方法来贴纹理和贴图。

11.3.2　设置光亮度效果

利用【光亮度】选项卡的参数设置，可以设置渲染目标的光亮度。

在这个选项卡中，使用 4 个控制增强亮度的滑块和其他 3 个控制反光属性的滑块设置光亮度，如图 11-14 所示。每个滑块的值越大，亮度越亮。这时应注意预览窗口中的结果。每个选项都产生一个逼真的反光。选中【金属感增强】复选框，可以生成与金属表面一样的增强亮度，当预览窗口中显示出需要的反光时，单击【确定】铵钮。

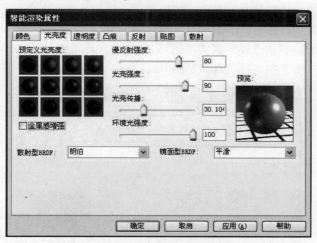

图 11-14　【光亮度】选项卡页面

11.3.3　设置透明度效果

利用【透明度】选项卡，可以设置渲染目标的透明度，如图 11-15 所示。

使用透明度属性来生成能够看穿的对象。例如，在生成机加工中心的窗口时，可以通过设置透明度来使窗口透明。

透明度的值越大，零件越透明。边透明性可以定义零件边缘部分的透明度。

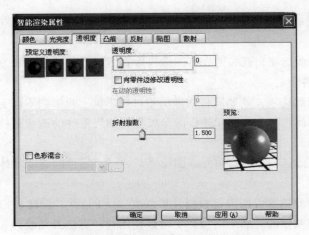

图 11-15 【透明度】选项卡页面

11.3.4 设置凸痕效果

利用【凸痕】选项卡，可以渲染目标的凸痕，如图 11-16 所示。

零件的某些表面是光滑的，有些表面则是粗糙带有凸痕的，CAXA 实体设计允许添加凸痕来强调显示粗糙表面。

在【没有凸痕】、【用颜色材质做凸痕】、【用图像做凸痕】3 个选项中选择凸痕的形状，然后使用凸痕高度滑块来选择所需的凸痕高度。值越大，凸痕越明显。图像投影的方式与【颜色】选项卡中相应内容的含义是一样的，详见 11.3.1 小节的内容。

要使凸痕效果显示，必须选择"真实感图"：右击设计环境中的空白区，在弹出菜单中选择"渲染"。在"渲染"选项卡中选择"真实感图"选项。

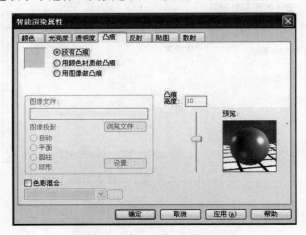

图 11-16 【凸痕】选项卡页面

11.3.5 设置反射效果

利用【反射】选项卡，可以设置渲染目标的反射效果，如图 11-17 所示。

为零件应用反射效果，使零件具有金属效果，更加逼真。

图 11-17 【反射】选项卡页面

通过选择反射图像或者拖动反射强度滑块来设置反射效果。

11.3.6 设置贴图效果

利用【贴图】选项卡，可以设置渲染目标的贴图效果，如图 11-18 所示。

贴图与本章先前介绍的表面纹理相似。与纹理一样，贴图是由图像文件中的图像生成的，它与纹理的不同之处在于贴图图像不能在零件表面上重复。当应用贴图时，只有图像的一个副本显示在规定表面上。常使用贴图将公司的徽标放在产品上。

CAXA 实体设计有一个贴图设计元素。可以使用拖放的方法或者智能渲染向导来应用这些贴图。当使用智能渲染向导应用贴图时，零件表面保留原颜色；当将贴图从贴图设计元素中拖出并将其放到零件表面上时，零件的表面颜色将变为贴图的背景色。除了这一点不同之外，这两种方法都产生相同的结果。

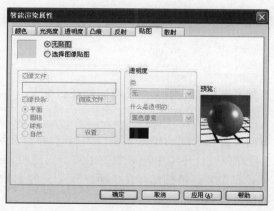

图 11-18 【贴图】选项卡页面

11.3.7 设置散射效果

利用【散射】选项卡，可以设置渲染目标的散射效果，如图 11-19 所示。

图 11-19 【散射】选项卡页面

智能渲染属性中包括散射功能。使用散射属性表,可以使零件或表面看起来发光并投射光。

要访问此属性表,在相应的编辑状态中右击零件或表面,从弹出菜单中选择【智能渲染】,然后选择【散射】选项卡,就可以显示其属性表。

拖动散射滑块,可以调整发光的强度,输入 0~100 之间的数值。该值越大,散射的光就越强。

11.4　渲染光源

光束是二维和三维世界之间最重要的差别之一。由于以二维形式表现真实三维世界这种做法本身的限制,提供光照可以明显提高三维效果。

在表现三维世界时,光的主题是不可避免的。CAXA 实体设计提供了 3 种光源并有丰富的光源属性来定义光源,能否制作出色的效果,取决于添加光源的技巧。制作机械加工零件图纸的工程师,或金属预制件的厂商,或许不操心光照的问题。他们优先考虑的问题是精确的尺寸限定和准确的角度。不过,如果是工业设计或者制作产品效果图,则需要逼真地表现零件外观的情况,光照就变得尤为重要。

11.4.1　光的种类

CAXA 实体设计使用 3 种光来修改三维设计环境的外观和氛围。

1. 平行光

使用这类光在单一的方向上进行光线的投射和平行线照明。平行光可以照亮它在设计环境中所对准的所有组件。尽管平行光在设计环境中与对象的距离是固定的,还是可以拖动它在设计环境中的图标,来改变它的位置和角度。平行光存在于所有预定义的 CAXA 实体设计设计环境模板中,尽管它们的数量和属性可能不同。

2. 聚光源

聚光源所在的设计环境或零件的特定区域中,显示一个集中的锥形光束。就像在剧场中的灯光一样,CAXA 实体设计的聚光源可以用来制造戏剧性的效果。可以用它来在一个零件中表现实际的光源,如汽车的大灯。与平行光不同,使用鼠标拖动,或使用三维球工具移动/旋转聚光源,可以自由改变它们的位置,而没有任何约束。也可以选择将聚光源固定在一个图素或零件上。

3. 点光源

点光源是球状光线，均匀地向所有方向发光。例如，可以使用点光源表现办公室平面图中的光源。它们的定位方法与聚光源相同。

11.4.2　使用光源向导在设计环境中插入光源

向设计环境中添加任何类型的光源所使用的程序都是一样的，而 CAXA 实体设计的插入光源向导可以引导完成整个过程。

以下部分介绍如何向设计环境中添加光源，然后修改它们的效果。

（1）打开 CAXA 实体设计 2008 安装目录下的"CAXA\CAXASolid\Tutorials\减速器\减速器装配.ics"文件。这是一个装配体，在这个设计环境中添加灯光并进行灯光的设置，以显示光照的效果。

（2）选择【生成】|【光源】菜单命令。

（3）在设计环境中单击一点，确定新光源的位置。将出现【插入光源】对话框，如图 11-20 所示。

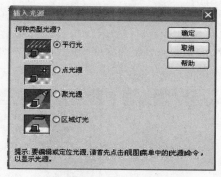

图 11-20　【插入光源】对话框

（4）选择所需要的光源种类。本例中选择【聚光源】选项，然后单击【确定】按钮。

（5）如果此时不能看到设计环境中的光源，CAXA 实体设计会弹出对话框询问是否要显示它们，如图 11-21 所示。

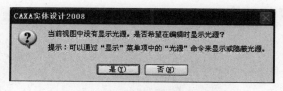

图 11-21　询问是否要显示光源

（6）单击【是】按钮，则显示【光源向导】的第 1 页，如图 11-22 所示。

（7）在【光源向导】的第 1 页，选择光源的亮度和颜色。

① 使用滑尺设置光源的相对亮度，或在亮度栏中输入一个数值。亮度是默认颜色（灰色）或自定义颜色的百分比。

② 可以输入大于 1 的数值，来创建一个特别明亮的光源。本例中输入 1.5。

③ 要编辑光源的颜色，单击【选择颜色】按钮。在出现的对话框中，双击所需要的颜色。

本例中不选择，保持默认设置不变。

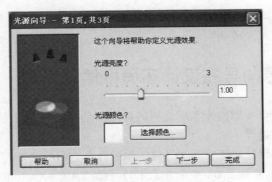

图 11-22 【光源向导】第 1 页

（8）单击【下一步】按钮，转入【光源向导】的第 2 页，如图 11-23 所示。选择【是】或【否】，来指定光源是否产生阴影。本例中选择【否】选项。

 说　明：在大部分设计环境中，应该只有少数几种光源产生阴影，而这些光源的位置应该仔细地安排，以取得赏心悦目的效果。过多的阴影非但不会美化设计环境，反而会产生杂乱的视觉效果。

（9）单击【下一步】按钮，转入【光源向导】第 3 页，设置光锥的属性，如图 11-24 所示。

图 11-23 【光源向导】第 2 页

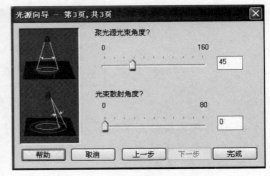

图 11-24 【光源向导】第 3 页

 说　明

- CAXA 实体设计显示的聚光源是两个相互对齐的光锥，一个是内侧的光锥，而在外侧的，是一个亮度不断降低的光锥。使用顶部的滑尺选择内侧光锥的大小。数值越大，设计环境中的光线角度也就越宽。
- 使用底部的滑尺，指定两个光锥的外侧边缘之间的角度，来决定外侧光线不断降低亮度的情况。从内侧光锥的边缘开始，光线的亮度均匀地降低，最后在外侧光锥的边缘达到强度为 0。
- 光锥和两个亮度衰减角（光锥每侧一个）的总和，不能超过 160°，否则，CAXA 实体设计将得到提示而自动调整亮度衰减角。

（10）单击【完成】按钮，在设计环境中插入光源，然后关闭【光源向导】，如图 11-25 所示。

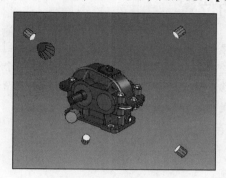

图 11-25　设计环境光源

在这个设计环境中，平行光呈现圆柱形，聚光源呈现透明的锥体，而点光源则呈现为球体。如果选择一个光源，将出现一条线或锥体，来表明这个光源在设计环境中的走向。

如果设计环境中显示了光源，但是却无法看到，可以使用调整设计环境工具或移动视向工具，将视点向后移动。如果光源被挡在零件的另一侧，可以使用动态旋转工具移动视点，直到光源出现在的视野中。

当所有光源都处于视野中时，可以采用下面的方法，修改它们和它们对设计环境的影响：移动光源，并改变它的方向/修改颜色和光源的强度/调整当前向零件提供照明的光源的数目/添加或修改光源投射的阴影/修改衰减值，即光照的亮度随距离而降低的方式/指定高级聚光源设置，如滤色片和光锥角。

11.4.3　显示光源

在默认情况下，CAXA 实体设计将隐藏设计环境中的光源，尽管启用了光源，并且可以看到它们的效果。要修改光照，必须首先显示光源。

（1）在设计环境背景的任何地方单击鼠标右键。

（2）从弹出的菜单中选择【显示】菜单命令，打开【设计环境属性】对话框。

（3）勾选【光源】选项，如图 11-26 所示。然后单击【确定】按钮，返回到设计环境。

图 11-26　【设计环境属性】对话框

11.4.4 改变光源的位置

一旦光源在设计环境中显示，就可以对它进行修改，或将它移到设计环境中的一个新的位置。这项操作可以用于所有类型的 CAXA 实体设计光源。可以拖动一个平行光在设计环境中的图标，来改变它的角度。平行光在移动时，好像是被一根"绳子"拴在设计环境的中央。这条"绳子"表现为一条红色的直线，从光源延伸到设计环境的中央。

1. 调整平行光在零件上的角度

（1）单击光源标志。

（2）拖动光源到新的位置。

 说　明： 试验使用不同的角度，看看在零件上所产生的照明效果。举例来说，要使一个零件有一种"陈列"的效果，则可以从下面或后面照亮它。

2. 定位聚光源和点光源

定位聚光源和点光源可用选项设置，同定位智能图素的选项是一样的。

（1）可以使用鼠标拖动聚光源和点光源，改变它们的位置。

（2）可以使用三维球，根据需要移动或旋转聚光源和点光源。选择光源，然后在标准工具条中选择三维球工具。

（3）可以编辑聚光源和点光源的位置和光源属性表中的选项，来改变它们的位置。进入这个属性表的方法是右击光源，然后从弹出的菜单中，选择"光源属性"选项。

11.4.5 复制和链接聚光源和点光源

像智能图素一样，可以复制和链接 CAXA 实体设计中的聚光源和点光源。如果需要两个相同的光源，如作为汽车大灯，这个选项是很有用的。

在要复制的光源上按下鼠标右键不放，然后将它拖至第二个光源的位置并释放，弹出如图11-27 所示的菜单。从弹出的菜单中，选择下列选项之一。

- 【移动到此】：将现有的光源移动到新的位置。其结果与使用鼠标左键拖动是相同的。
- 【拷贝到此】：在新的位置创建现有光源的一个副本。
- 【链接到此】：创建一个链接到原有光源的复制光源。对原有光源进行修改，如提高它的亮度，都会自动应用于链接的光源。
- 【取消】：取消操作。

> 移动到此
> 拷贝到此
> 链接到此
> ────────
> 取消

图 11-27　菜单

11.4.6 关闭或删除光源

所有 CAXA 实体设计设计环境中都有光源，而且这些光源在默认情况下是打开的。如果觉得不需要光源，也可以关闭光源或删除它们，从而改变设计环境的灯光效果。下面的选项适用于平行光、聚光源和点光源。

要关闭一个光源，在该光源上单击鼠标右键，然后从弹出的菜单中选择【光源开】菜单命令，取消对【光源开】选项的选中状态。

重复前面的步骤，重新选择【光源开】选项，将光源再次打开。

要从设计环境中删除一个光源，在该光源上单击鼠标右键，然后从弹出的菜单中选择【删除】菜单命令。即使关闭或删除了所有的光源，CAXA 实体设计仍然可以提供带有环境光设置的一定程度的照明。

11.5 渲染设计环境

在零件的结构建模阶段，推荐选择较为简单的渲染方法来节省时间。在完成零件结构设计，进入表面装饰时，可以转入质量较高的渲染，以获得更为逼真的外观。将这些选项与现有的 OpenGL 渲染技术结合使用，可以在零件设计任务的每一个阶段，都取得最为适宜的渲染效果。

在设计环境工作区中的空白处单击鼠标右键，在弹出的快捷菜单中选择【渲染】菜单命令，打开【设计环境属性】对话框并直接切换到【渲染】选项卡页面，如图 11-28 所示。

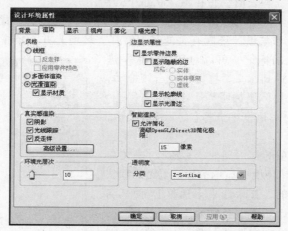

图 11-28 【渲染】选项卡页面

【渲染】选项卡页面中的各选项含义如下。

● 【风格】：渲染风格设置，渲染风格有下面 4 种。

➢ 【线框】：选择这个选项，将一个零件显示为一个由网状几何图形组成的线骨架图结构，具有一个中空的形态，以线条组成的格子代表其表面。线骨架图渲染不显示表面元素，如颜色或纹理。

➢ 【多面体渲染】：选择这个选项，显示由所谓小平面组成的零件的实心近似值。每个小平面都是一个 4 边的二维图素，由更小的三角形表面沿零件的表面创建的，每个小平面都显示一种单一的颜色，多个小平面越来越浅或越来越深的阴影，可以给零件添加深度。

➢ 【光滑渲染】：选择这个选项，可以将零件显示为具有平滑和连续阴影处理表面的实心体。光滑渲染处理比多面体渲染处理更加逼真，而后者则比线骨架图逼真。

➢ 【显示材质】：如果选择光滑渲染处理作为渲染的风格，则可以将【显示材质】选中，显示应用于零件的表面纹理。为了使这个选项对零件有效，必须至少有一种纹理应用于它的表面。

● 【真实感渲染】：选择这个渲染风格，可以使用 CAXA 实体设计最先进的技术来显示零件，并产生最为逼真的效果。使用这个选项，沿表面的阴影处理是连续的、细腻的。表面凸痕和真实的反射都会出现，而光照也更为准确，尤其是对光谱强光来说。当使用复杂的表面装饰和纹理来制作一个复杂的零件时，建议等到完工时再选择【真实感图】。下面的 3 个选项只有在选择了真实感图处理时才可以使用。

➤ 【阴影】：光线对准物体时，物体投下阴影。

➤ 【光线跟踪】：CAXA 实体设计通过反复追踪来自设计环境光源的光束，来提高渲染的质量。光线跟踪可以增强零件上的反射和折射光。

➤ 【反走样】：这种高质量的渲染方法，可以使显示的零件带有光滑和明确的边缘。CAXA实体设计通过沿零件的边缘内插中间色像素，来提高分辨率。选择这个选项还可以启用真实的透明度和柔和的阴影。

● 【边界显示属性】：设置边界的显示效果。

➤ 【显示零件边界】：选择这个选项可以显示零件表面边缘上的线条。这一选项帮助更好地观看边缘和表面，它在默认状态下是启用的。

➤ 【环境光层次】：环境光是为整个三维设计环境提供照明的背景光。环境光可以改变阴影、强光和与设计环境有关的其他特征。环境光并不集中于某个具体的方向。拖动滑动杆上的标记，可以对环境光水平进行调整。要提高水平，将标记向右侧拖动，可以使前景物体更加明亮。

图 11-29 【显示】选项卡页面

在【设计环境属性】对话框中选择【显示】选项卡，如图 11-29 所示。

在这个对话框中选项的作用类似于【显示】主菜单的功能，用于设置在设计环境中显示的元素。比如默认状态下，是不显示光源的，如果选中【光源】，使其前面的复选框勾选，则设计环境中会显示存在的光源。

在设计环境属性对话框中选择【视向】选项卡，如图 11-30 所示。在此选项卡页面中设置当前视向的投影、角度、位置等属性。更改这些属性，就会更改当前的视向位置。

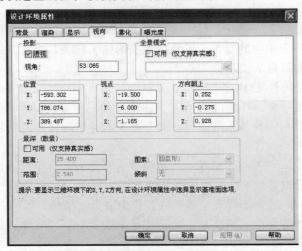

图 11-30 【视向】选项卡页面

在【投影】选项组中，可以设置是否选择【透视】效果，透视效果是模拟人的眼睛看到现实世界，近大远小。

11.6　渲染输出

选择【文件】|【输出】|【图像】菜单命令，打开【输出图像文件】对话框。在【保存类型】下拉列表中选择合适的文件类型。在【文件名】文本框中，输入文件的名称，然后单击【保存】按钮。此时会弹出【输出的图像大小】对话框，如图 11-31 所示。

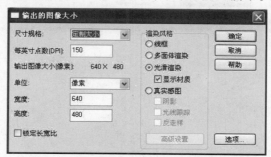

图 11-31　【输出的图像大小】对话框

对话框中各项含义如下。

- 【尺寸规格】：在下拉菜单中，选择适当的尺寸。
- 【每英寸点数（dpi）】：图像的分辨率，数值越大文件越大，图像越清晰。
- 【输出图像大小（像素）】：软件自设。
- 【单位】：可以选择图像大小的单位，默认为【像素】，也可以从下拉菜单中选择【米】、【英寸】等尺寸单位。
- 【高度/宽度】：图像的尺寸值，单位由上一项指定。
- 【锁定长宽比】：锁定尺寸两个方向的数值比。勾选此项后，更改长或宽，另外一项随之发生改变。
- 【渲染风格】：类似于【设计环境属性】中【渲染】选项卡上的【风格设置】选项。

各选项设置完成后，单击【确定】按钮，CAXA 实体设计将输出一幅符合需要的图片。可以将这张图片用于各类宣传广告中，向客户预先展示产品设计效果。

11.7　小结

本章讲述了 CAXA 实体设计 2008 的渲染功能。渲染是在产品设计初期或末期制作产品效果图的环节。生成的产品效果图可以应用于产品宣传广告、产品说明书、给客户的方案效果等场合。

CAXA 实体设计 2008 提供了专业级的 3D 渲染功能。提供了专业级的色彩、材质、贴图、投影、凸痕、纹理、反射、透明、散射、平行光源、点光源、聚光源、区域灯光、照相机、景深、焦距、视野、雾化度、曝光度等强大的 3D 渲染功能，以及线框显示、多面体显示、光滑显示、真实感显示、阴影、光线跟踪、采样、平滑处理、背景、环境等渲染设置，并结合照片工作室场景可生成逼真的产品仿真效果，并可输出专业级的虚拟产品广告图片或 3D 影片。

第12章

动画设计

学习目标

- 动画概述；
- 动画工具；
- 动画编辑；
- 动画输出。

内容概要

本章主要讲述CAXA实体设计的动画设计，动画设计可以创建产品机构的运动仿真，演示产品机构之间如何运动，是产品设计开发中经常会涉及的环节。

通过动画设计，可以清晰、明确地了解产品的运动原理、工作原理，各部件的组成、协作关系。

CAXA实体设计创建的动画仿真是三维的动画，与采用二维动画设计软件创建的动画相比，更加直观、立体感更强、功能更强大、效果更好。

本章还将介绍CAXA实体设计中的智能动画功能。使用智能动画，可以将静态实体转换成动画形式。在CAXA实体设计中可以使用其特有的拖放方式，从设计元素中直接添加动画，也可以使用智能动画向导创建自定义动画，还可以将自定义的智能动画保存在设计元素库中以便将来使用。

通过给元素添加约束，主动件添加运动，可以利用动画功能进行运动仿真。

12.1　使用【动画】设计元素库创建动画

在 CAXA 实体设计中，每一个图素都有一个定位锚，在添加动画时，定位锚为实体的运动中心与参照物。动画设计中的移动与旋转动画的定义都是以定位锚为基准的。

单击设计元素库窗口右下角的【打开文件】按钮 ▼，在展开的菜单中选择【动画】菜单命令，打开【动画】设计元素库，如图 12-1 所示。

可以使用这些预定义动画快速为零件添加动画，还可以通过编辑属性进行优化，或者定义动画的起点位置。动画设计元素库中包括基本的旋转和直线动画，以及一些复杂动画，例如弹跳。正如实体设计中添加其他智能图素一样，这些预定义的智能动画可以直接拖放到设计环境中的任意对象上。

12.1.1　向对象添加智能动画

智能动画可以应用于任意实体零件上，还可以添加到设计环境中的视向和两种光源上。在本小节中，将为长方体添加简单动画作为示例来讲述添加动画的技术。

（1）选择【文件】|【新文件】菜单命令，打开【新建】对话框。保持【设计】选项的默认选中状态，单击【确定】按钮。在打开的【新的设计环境】中双击【CAXA Blue.ics】模板，进入设计环境。

图 12-1　【动画】设计元素库

（2）打开【图素】设计元素库，并将一个圆柱体拖到设计环境中，同时在设计树中将零件名称改为"圆柱体"。

（3）打开【动画】设计元素库，然后将【长度向移动】图标拖放到该长方体上。

（4）同其他设计元素库一样，【动画】设计元素库存储可重新使用的智能动画项目；同所有设计过程一样，在设计元素库中单击需要的动画并将它拖放到设计环境中的图素或零件上，即可为图素和零件添加智能动画。

12.1.2　打开、播放动画

选择【显示】|【工具条】|【智能动画】菜单命令，打开【智能动画】工具条，如图 12-2 所示。

图 12-2　【智能动画】工具条

【智能动画】工具条有 3 组工具。

工具条左侧的是具有 Windows 风格和网站风格的【打开】、【播放】、【停止】和【回退】按钮。工具条中间的时间栏和滑块用于显示动画播放进度。播放动画时，可以将滑块拖到动画序列中的任意一点，然后播放，查看从这点开始到结束的动画过程。时间栏右侧的工具组用于创建自定义智能动画。有关这些工具的说明，参见本章后面的创建并修改动画路径相关内容。

播放上一小节中创建的动画的方法如下。

（1）单击【智能动画】工具条上的【打开】按钮 。

（2）单击【智能动画】工具条上的【播放】按钮 ▶，长方体将直线滑动。

（3）单击【停止】按钮 ■，可停止动画预览。

（4）重新确定时间栏滑块的位置并预览动画的一个片段。向左拖动滑块，在时间条起点和终点的中间松开。然后单击【播放】按钮，可以预览从该点到结束部分的动画。

12.2 利用智能动画向导创建动画

创建自定义动画路径最简单的方法是使用智能动画向导。在设计环境中为某个零件创建新路径时，智能动画向导被激活，逐步指导创建动画。

12.2.1 智能动画向导

利用智能动画向导，可以创建 3 种类型的动画：绕某一坐标轴旋转、沿某一坐标轴移动、自定义动画。这些运动的定义都是以定位锚为基准的。例如，添加绕高度向旋转动画，则物体围绕自身的定位锚的长轴旋转。

1. 旋转动画

使用智能动画向导创建旋转动画的步骤如下。

（1）新建一设计环境。

（2）从【图素】设计元素库中将一个长方体拖放到设计环境的右上角。

（3）单击选中创建的长方体，从【智能动画】工具条中单击【智能动画】按钮 📋，打开【智能动画向导】，如图 12-3 所示。

图 12-3 【智能动画向导】第 1 页

> 说　明：如果看不到该向导，执行以下步骤。
>
> （1）按【Delete】键删除已经创建的智能动画。
>
> （2）选择【工具】|【选项】菜单命令，打开【选项】对话框。
>
> （3）在【选项】对话框的【一般】选项卡中，选中【显示智能动画向导】选项，然后单击【确定】按钮。
>
> （4）选中长方体，从【智能动画】工具条中单击【智能动画】按钮 📋，就可以打开智能动画向导了。

（4）在【智能动画向导】第 1 页中，单击选中【旋转】单选按钮。

（5）从【旋转】单选按钮下方的下拉列表中选择【绕高度方向轴】选项，在第二个输入框里可以定义旋转的角度，默认值为 360。

（6）单击【下一步】按钮，进入向导的第 2 页，如图 12-4 所示。在向导的第 2 页中，指定动画的持续时间。对于本示例，使用默认值 2s。如果要调整动画的持续时间，只需在此字段中输入想要的值。

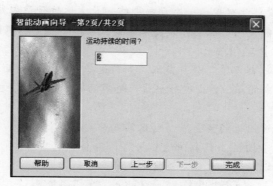

图 12-4　【智能动画向导】第 2 页

（7）单击【完成】按钮关闭向导。

（8）单击【智能动画】工具条上【打开】按钮，然后单击【智能动画】工具条上的【播放】按钮，即可播放动画。此时可以观察长方体运动与其定位锚的关系。

2. 直线移动动画

使用智能动画向导创建直线移动动画的步骤如下。

（1）继续上一个设计。进行其他操作前首先单击【智能动画】工具条上的【打开】按钮，退出动画播放状态。

（2）选择长方体，从【智能动画】工具条中选择【智能动画】按钮，此时，智能动画向导出现。智能向导的第 1 页是为该零件选择动画的运动类型属性，以及它的基本方向。

（3）选择【移动】选项，从【移动】选项下方的下拉列表中选择【沿长度方向】选项，并且在第二个输入框中输入移动的距离值。

（4）单击【下一步】按钮，进入向导的第 2 页。在向导的第 2 页中，指定动画的持续时间。对于本示例，使用默认值 2s；要调整动画的持续时间，只需在此字段中输入想要的值。

（5）单击【完成】按钮关闭向导。此时，向导将消失，并在设计环境中显示动画路径，此时动画已经可以播放了。

（6）单击【智能动画】工具条上的【打开】按钮，然后单击【智能动画】工具条上的【播放】按钮，即可播放动画。

此时，长方体的运动是高度旋转和长度方向移动两个动画的合成效果。

3. 定制动画

前面部分介绍了两种添加动画的方法：从动画智能图素中拖放和使用智能动画向导。在实体设计中，除了可以添加旋转和直线移动两种简单的动画外，还可以添加丰富的自定义动画。可以使用定制动画功能来自定义实体的运动路径，具体操作方法如下。

（1）从【图素】设计元素库中将一个长方体拖放到设计环境的右上角。

（2）从【智能动画】工具条中单击【智能动画】按钮，此时，出现智能动画向导。向导的第 1 页是为该零件选择动画的运动类型属性，以及它的基本方向。在这里，创建一个自定义动画，选择【定制】选项。

（3）如果希望修改默认的时间，单击【下一步】按钮。也可以直接单击【完成】按钮，保留默认的时间设置。为了创建零件的自定义动画路径，将使用一些在智能动画工具条上时间栏滑块右侧的工具。这些工具包括：【智能动画】、【延长路径】、【插入关键点】、【下一个关键点】和【下一个路径】。CAXA 实体设计此时显示一个动画栅格，长方体位于该栅格的中央。因为目前只定义了一个关键帧，所以不能使用智能动画工具条来播放动画，长方体不能移动。

（4）选择【延长路径】工具 $\wedge$ 。

（5）在栅格上单击，以创建第二个关键点。如果选择动画栅格外面的点，则 CAXA 实体设计将自动扩展栅格。在选中的点，会出现一个蓝色轮廓的长方体形状，在它的定位点有一个红色小手柄，如图 12-5 所示。

（6）单击栅格左前边缘附近的某个点，创建第三个关键点。

（7）单击【延长路径】按钮 $\wedge$ ，取消选中状态。

（8）播放该动画，可以看到长方体沿着自定义的路径运动。

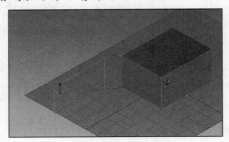

图 12-5　定制示例

12.2.2　动画路径与关键帧

在实体设计的动画设计中，实体的运动路径是由动画路径控制的，而动画路径是由关键帧组成的。所以，改变关键帧的方向与位置，即可改变实体的运动路径。

除了旋转动画，直线移动和定制动画都有一条动画路径。当零件处于被选择状态时，会出现一条白色的动画路径，如图 12-6 所示。

在动画路径上单击鼠标键，则动画路径处于黄色被选择状态，其上的关键帧则以蓝绿色带红点的定位锚形状显示出来，关键帧也就是路径中的关键点，如图 12-7 所示。此时可以修改动画路径的方向等属性，但关键帧此时不是被选择状态。

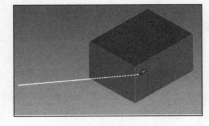

图 12-6　动画路径线图

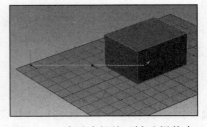

图 12-7　动画路径处于被选择状态

将鼠标移到关键帧的定位点，即每个关键帧的小红点处，鼠标变成小手图标，此时单击左键，则选择了关键帧，在选中的点，出现一个蓝色轮廓的长方体形状。在它的定位点有一个红色小手柄，如图 12-8 所示。此时，可以对关键帧的位置和方向进行调整，从而改变整个零件的动画路径。

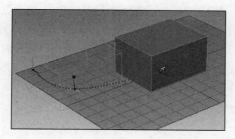

图 12-8　关键帧处于被选择状态

12.2.3　插入关键帧延长动画路径

插入关键帧的步骤如下。

（1）单击长方体（已经定义了动画路径），显示其动画路径。

（2）单击路径，选中路径并显示动画关键帧。

（3）选择智能动画工具条中的【插入关键点】按钮 。

（4）在路径上选择想要插入新的关键帧的位置。将光标移至路径上时，它将变成一个小手形状。当小手形的光标移至想要的位置上时，单击左键，即可在此位置插入关键帧，如图 12-9 所示。

（5）单击【插入关键点】铵钮 ，取消对它的选中状态。

（6）播放动画，并观察修改后的路径。

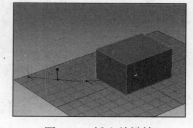

图 12-9　插入关键帧

12.2.4　删除关键帧

当不需要某些关键帧时，可以选择删除关键帧。采用以下步骤删除关键帧。

（1）单击长方体，显示其动画路径。

（2）单击路径，选中路径并显示动画关键点。

（3）在想要删除的关键点的红色小手柄上单击鼠标右键。从随后出现的弹出式菜单中选择【删除】菜单命令，如图 12-10 所示。

图 12-10　删除关键帧

12.2.5 创建沿空间三维曲线路径运动的动画

如果需要修改动画路径上某个关键帧的位置，并重新确定它在动画栅格上的位置，则将光标移至关键帧的红色小手柄上，直到它变成一个小手形状。单击关键点并将它拖到一个新位置，然后松开鼠标。此时，关键帧的位置已被修改，如图 12-11 所示。

以上所讲述的动画制作过程都是在动画栅格平面内进行的，有时还需要制作脱离该平面，在空间中创建具有三维空间路径的动画，这种类型的动画有"过山车"的效果。

采用以下步骤以动画栅格平面为参照基准创建三维空间路径的动画。

（1）单击想要修改的关键点，出现长方体的蓝色轮廓，中央有红色的小手柄，上方有红色的大手柄。

（2）单击红色的大手柄并向上拖动，将关键点重新定位在动画栅格平面的上方，在想要的高度松开鼠标，如图 12-12 所示。

（3）播放动画，此时将看到长方体会沿着三维空间动画路径运动。

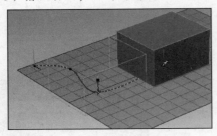 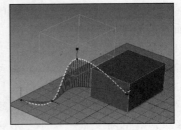

图 12-11　拖放关键帧调整动画路径　　　　图 12-12　在动画栅格平面上方重新定位关键点

12.2.6 用三维球操作关键帧调整动画运动方式

在 CAXA 实体设计中，三维球无疑是非常方便的定位工具。三维球也可以附着在关键帧上，用来调整关键帧的方向和位置，如图 12-13 所示。在动画路径的关键帧处调整零件的方位，CAXA实体设计会把方位调整运用在此关键帧两个相邻的关键帧之间。

在某个特定的关键帧旋转零件，其方法如下。

（1）单击长方体，再单击其动画路径。

（2）单击第三个关键帧。

（3）按【F10】键打开三维球工具。三维球将在第三个关键帧的蓝色长方体轮廓上显示，如图 12-14 所示。

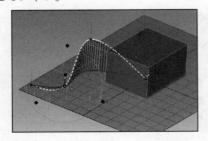 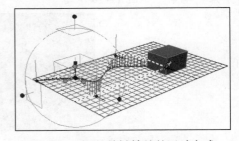

图 12-13　三位球附着在动画关键点上　　　　图 12-14　调整关键帧处的运动方式

（4）按照自己的需要，使用三维球来旋转轮廓。

（5）按【F10】键取消对三维球的选择。

（6）播放该动画。长方体运动到第二个关键点时，会从它的初始方位开始旋转，在到达第三个关键点时完成旋转，在第四个关键点处旋转回它的开始方位。

12.2.7　用三维球编辑修改动画路径

三维球也可以附着在动画路径上，用来调整整个动画路径的方向和位置。

（1）为一长方体添加如图 12-15 所示的定制动画，此时动画路径为被选择状态。

（2）按【F10】键打开三维球工具，三维球附着在动画路径上，如图 12-15 所示。

（3）选择动画路径长度方向的三维球外操作柄为旋转轴，宽度方向绕轴旋转一个角度或与长方体高度向边平行。此时整个动画路径的方向发生了变化，如图 12-16 所示。

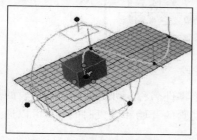　　　　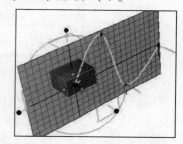

图 12-15　三维球附着在动画路径上　　　　图 12-16　用三维球工具旋转动画路径

此时，长方体由原来的左右晃动并前行的动画转变为上下晃动并前行的动画。播放动画观察更改后的效果。

12.3　编辑动画

12.3.1　智能动画编辑器

选择【显示】|【智能动画编辑器】菜单命令，打开【智能动画编辑器】窗口，如图 12-17 所示。

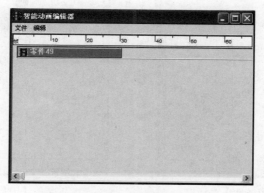

图 12-17　【智能动画编辑器】窗口

在【智能动画编辑器】窗口可以调整动画的时间长度，还可以调整多个动画的播放次序。也可以使用【智能动画编辑器】访问动画路径的关键属性表，进行高级动画编辑。

在【智能动画编辑器】窗口选择【编辑】|【展开】菜单命令，可以显示设计环境中每个动画零件的时间路径，如图 12-18 所示。

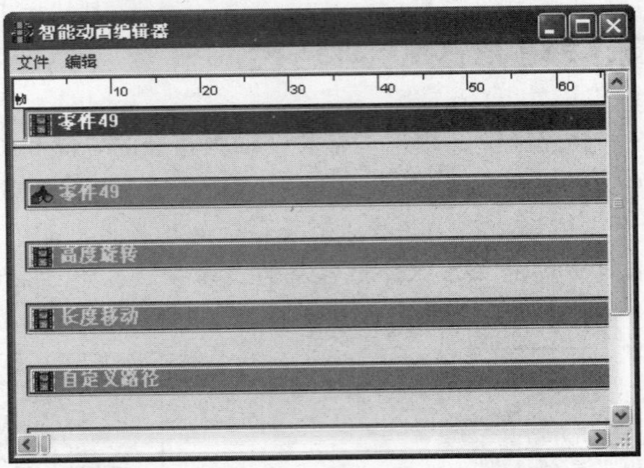

图 12-18　展开动画片段

窗口中的项目表示每个零件的动画片段，并且标有该零件名称。动画沿着动画片段的长度从左到右进行。可以通过调整路径片段的位置来调整每个动画的开始和结束时间，也可以通过拖动动画片段的边缘（伸长或缩短）来调整动画的持续时间长度。

在实体设计中，多个动画可以属于同一个零件，也可以添加在不同零件之上，这在【智能动画编辑器】中都可以进行编辑。

在【智能动画编辑器】窗口中任意项目上单击鼠标右键，在弹出的菜单中选择【属性】菜单命令，打开【片段属性】对话框，如图 12-19 所示。

在该对话框的【常规】选项卡页面可以编辑修改动画的片段名称、运行的时间段；在【时间效果】选项卡页面可以设置运动效果，如图 12-20 所示。另外，在【路径】选项卡页面，可以精确地设置动画路径关键点的坐标，以精确设置动画路径。

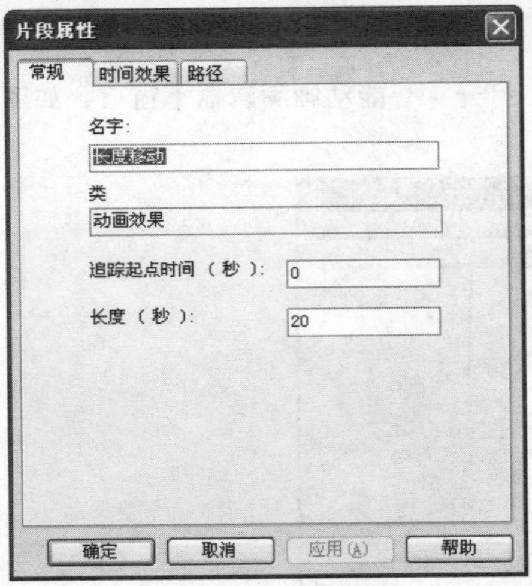

图 12-19　【片段属性】对话框　　　　图 12-20　【时间效果】选项卡

12.3.2　智能动画合成

　　CAXA 实体设计智能动画的独特属性之一是多个智能动画可以应用于一个零件。下面开始向前面实例中的长方体添加第二个动画。

　　智能动画合成的方法是顺次将各个动画片段添加到零件上，这些动画会自动组合在一起。

　　下面以一个小示例讲述智能动画合成的方法，向 12.1.1 小节中创建的直线运动动画上添加另一个旋转动画，并将两个智能动画自动合成。

　　操作步骤如下。

　　（1）继续 12.1.1 小节中最后一步。单击【智能动画】工具条上的【打开】按钮，取消【打开】按钮的选中状态。

　　（2）从【动画】设计元素库中将【高度向旋转】图标拖放到设计环境中的长方体上。

　　（3）单击【智能动画】工具条上的【打开】按钮，然后单击【播放】按钮，即可播放动画。在合成的动画中，长方体在旋转的同时沿动画栅格的长度轴移动。

12.3.3　使用智能动画编辑器编辑动画

　　在【智能动画编辑器】窗口中显示了设计环境的所有动画路径，如图 12-21 所示。动画片段的长度为 30 帧，并且标有各动画零件名称，动画序列从第 0 帧开始。

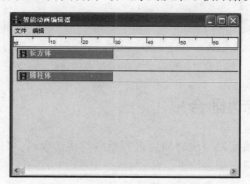

图 12-21　显示所有动画路径

　　【智能动画编辑器】窗口还包括：

- **标尺**：显示动画持续时间（以帧为单位）。帧以每秒 15 帧的速度进行。使用标尺测量每个动画片段的持续时间，并测量连续动画之间的延迟时间。
- **帧滑块**：此蓝色垂直条表示动画的当前帧。它对应于"智能动画"工具条上的时间栏滑块。播放动画时，帧滑块随着每个连续帧的显示从左到右移动。与时间栏滑块一样，可以将帧滑块拖到动画序列中的任意一点，然后播放它以预览从该点到结束的动画序列。

　　要调整动画片段的长度和开始时间，采用以下步骤。

　　（1）选择【显示】│【智能动画编辑器】菜单命令，打开【智能动画编辑器】窗口。

　　（2）依次单击【智能动画】工具条上的【打开】和【播放】按钮，观察智能动画编辑器中帧滑块的移动，以及设计环境中长方体和圆柱体的动作。

　　（3）再次单击【打开】按钮，退出动画播放状态。

（4）单击【智能动画编辑器】窗口中的圆柱体动画片段，该片段的颜色从灰色变为深蓝，以指明选中状态。

（5）要调整动画的持续时间，将光标移至动画片段的右侧边缘，直到它变为指向两个方向的水平箭头。单击边缘，将它向右拖，即延长动画的持续时间，直到它和标尺上的帧60对齐，然后松开鼠标。动画持续时间的长度现在成为60帧（即4秒，根据默认的速度15帧/秒），而不是原来的30帧（即2秒），并未更改动画动作，只是延长了它完成所花费的时间。

（6）重新定位动画片段的起始位置。将光标移至该动画片段的中间，直到它变为指向4个方向的水平箭头。单击整个片段并将它向右拖，直到它左侧边缘和标尺上的帧30对齐，然后松开鼠标。长方体的动画片段现在将从第30帧开始。用这种方法移动动画的开始时间不会更改动画的持续时间。

（7）依次单击【智能动画】工具条上的【打开】和【播放】按钮观察各动画片段，如图12-22所示。

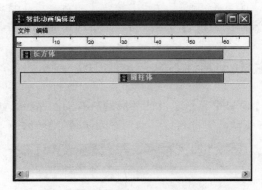

图12-22　智能动画编辑器中的各动画片段

12.3.4　先后衔接动画合成

如果希望在长方体开始旋转一段时间后再开始线性移动动画，可以使用智能动画编辑器来实现多个动画的次序调整。调整步骤如下。

（1）继续前面的实例，显示智能动画编辑器。

（2）右击长方体动画片段以显示它的弹出式快捷菜单，该片段的颜色从灰色变为深蓝色，表示处于被选中状态。在快捷菜单中选择【展开】菜单命令，展开后的效果如图12-23所示。

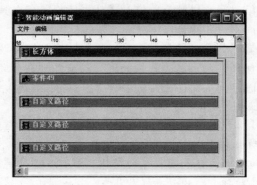

图12-23　展开的动画片段图

（3）单击宽度向移动的动画片段，选中该片断。

（4）缩短宽度向移动片段，同时修改它的开始位置：将光标移至宽度移动片段的左侧边缘，直到光标变为指向两个方向的水平箭头。单击边缘并将它向右拖，直到它和标尺上的帧 50 对齐，然后松开鼠标。此操作有两个效果：缩短动画持续时间并编辑它的开始位置。

（5）缩短高度向旋转片段：单击高度向旋转片段，将光标移至高度向旋转片段的右侧边缘，直到光标变为指向两个方向的水平箭头。单击边缘并将它向左拖，直到它和标尺上的帧 50 对齐，然后松开鼠标，如图 12-24 所示。此操作会缩短动画持续时间。

（6）最小化编辑器并播放修改后的动画。

12.4　输出动画

完成动画设计环境后，可以将其作为 Windows 文件的压缩视频文件输出，也可以作为编号位图文件输出。

Windows 的视频文件（.AVI）和 GIF 格式的动画文件，由于具有较高的数据压缩比，通常用于动画测试和 Internet 上发布使用。许多网络浏览器都直接支持 GIF 格式文件，它们是 Web 设计应用程序的最佳选择。

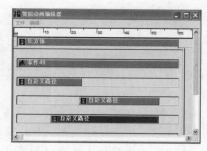

图 12-24　各动画片段

对于广播质量的动画，可将动画以编号的方式采用光栅文件（位图文件）输出。许多视频编辑程序可以直接输入这种类型的图像文件。数字视频记录器和单帧模拟视频记录器也支持各种格式的图像文件。

在本节中，将以 AVI 文件格式输出一个已经创建的动画，然后将使用标准的 Windows 视频播放器来观看该文件。

选择一个完成的动画开始练习输出动画文件。确保关闭了动画预览。

操作步骤如下。

（1）选择【文件】|【输出】|【动画】菜单命令，出现【输出动画】对话框，提示输入输出文件的文件名，如图 12-25 所示。

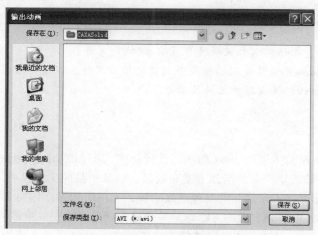

图 12-25　【输出动画】对话框

（2）在【文件名】字段输入文件名，无需输入文件扩展名。在【保存类型】字段中，默认的 AVI 类型即是所需的正确类型，因此只需单击【保存】按钮，AVI 文件扩展名将自动附加到文件名后面。

（3）此时打开【动画帧尺寸】对话框，在该对话框中允许指定如图像大小、分辨率和渲染风格之类的选项，如图12-26所示。虽然Windows视频支持许多分辨率，但当前版本优化为帧大小为320 x 200像素，这是CAXA实体设计的默认选项，一般情况下将在文件中使用这些选项。

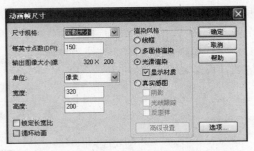

图12-26 "动画帧尺寸"对话框

（4）根据需要，从【渲染风格】选项组中选择【真实感图】选项，根据自己的需要来选择渲染的类型。例如，如果是执行快速动画测试并且想要以最快的速度查看动画，则选择最简单的渲染样式——【线框】选项；如果是导出最终动画，使用真实感图，则要从【阴影】、【光线跟踪】、【反走样】选项中选择所需的真实效果。

（5）单击【选项】按钮，这样将显示【视频压缩】对话框，用于定义压缩质量、压缩类型以及颜色格式等选项，如图12-27所示。

（6）在【视频压缩】对话框中设置好参数后，单击【确定】按钮，然后在【动画帧尺寸】对话框中单击【确定】按钮，则出现【输出动画】对话框，如图12-28所示。

图12-27 【视频压缩】对话框

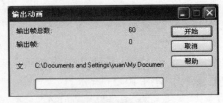

图12-28 【输出动画】对话框

（7）单击【开始】按钮，动画被提交并且输出AVI文件。

（8）要使用Windows资源管理器播放新创建的输出文件，在资源管理器中找到该文件后双击文件名，即可调用AVI播放器并且播放动画。

12.5 小结

本章讲述了CAXA实体设计2008的动画设计功能，通过该功能可以设计出零件的运动模拟动画，可以更为直观地表达产品的运动方案和效果，以及产品的工作过程，等等。

CAXA实体设计提供了专业级的动画仿真功能，提供了通过动画对象的选取、动画基点/定位锚的设定、动画路径的添加、借助三维球对关键帧的精确设定、约束的有效添加，以及动画编辑器、关键帧属性、路径属性、片段属性等的高级设定，可以实现高级的装配/爆炸动画、约束机构仿真动画、自由轨迹动画、光影动画、漫游动画，以及透视、隐藏、遮挡等特效动画等，并可输出专业级的虚拟产品展示的3D影片。

第 四 篇
常见问题解答与
经验技巧集萃
100 例

1. 智能捕捉和驱动手柄有何功能

答：智能捕捉是一个动态的三维约束算法软件工具，为图形方式下的特征和图素拖动提供了准确无误的定位和对齐功能。操作者只需同时按下【Shift】键就可以实现捕捉棱边、面、顶点、孔和中心点等操作。可见的驱动手柄可实现对特征尺寸、轮廓形状和独立表面位置的动态或直观的操作，并可以动态修改尺寸或通过光标右键输入尺寸数值。

2. 拖放式设计有何意义

答：用户能够用鼠标来回拖放标准件和自定义的设计元素。这些设计元素包括三维特征、零件、装配件、自定义工具、轮廓、色彩、纹理及动画等。也可以将各种智能图素、标准件、供货商提供的标准模型、表面粗糙度及动画等自定义为设计元素。

3. 三维球作用是什么

答：三维球能为各种三维对象的平移、旋转、镜像、复制、阵列或各种复杂三维变换提供了灵活、精确的定向和定位方法。结合几何智能捕捉工具可实现对三维对象的灵活操作。三维球集合了灵活性强大的定向和定位功能，以及各种变换及捕捉功能，因此，在本软件中三维球为实体设计的"核弹之星"，也是与其他软件区别的明显特征。在实体设计的操作过程中一半以上的都是通过三维球来实现的。

4. 双内核有什么好处

答：实体设计采用了 PARASOLID 和 ACIS 两种内核，各有优势。

PARASOLID 是由 UNIGRAPHICS SOLUTIONS INC 在 CAMBRDGE、ENGLAND 开发的，用于它的 UNIGRAPHICS 和 SOLID EDGE 产品中。PARASOLID 是一个严格的边界表面的实体建模模块，支持实体建模、通用的单元建模和集成的自由形状曲面/片体建模。PARASOLID 有较强的造型功能，但只能支持实体造型。

ACIS 是由美国 SPATIAL TECHNOLOGY 公司设计推出的。ACIS 的重要特点是支持以线框、曲面、实体统一表示的不正规形体造型技术，能够处理好流线形体。

在实际设计过程中可以根据不同设计需要，切换不同内核或进行双内核协同运算，以达到最好的造型效果。

5. 如何显示三维球尺寸约束

答：当拖动三维球约束尺寸没有显示时，可以在三维球内部的空白处右击鼠标，在弹出的快捷菜单中选择"显示约束尺寸"菜单项。

6. 如何切换三维球的状态

答：三维球的状态分为两种：蓝色附着和白色脱开。切换三维球的状态有两种方法：按空格键切换，或者右击三维球，在快捷菜单中选择"仅定位三维球"菜单项，如图所示。

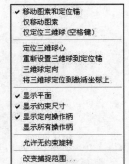

蓝色附着状态表示对三维球所附着的三维对象进行操作，包括对象平移、旋转、镜像、复制和阵列，并为各种复杂的三维变换提供了灵活、准确无误的定向和定位方法。白色状态表示仅对三维球本身操作，重新设定三维球在对象上的位置和方向。

7. 智能图素有几种操作手柄

答：智能图素有包围盒操作手柄和图素操作手柄两种。在智能图素编辑状态下，选定一个标准图素，其黄颜色的包围盒和操作柄以原始形式显示。同时显示的还有图标"[图标]和[图标]"。通过图标变化，可以在标准智能图素的两种编辑操作之间相换。它们的作用分别为：通过包围盒操作柄，可以重新设置智能图素的长度、宽度和高度。通过图素操作柄，可以重新设置图素的截面尺寸。可用的图素操作柄有 3 种：拉伸、截面和旋转操作柄。

8. 如何定义定位锚，它有几种状态

答：每一个零件、模型和智能图素在实体设计中都有一个定位锚，而且是只有选中这一对象的时候才会显现出来。它看起来像一个 L 形标志，在拐弯处有一圆点。定位锚的长方向为对象的高度轴，短方向为长度轴，没有标记的方向是宽度轴。

定位锚有两种状态：附着于实体、独立于零件。当定位锚呈绿色时，为附着于装配、零件、智能图素的状态。此时移动实体，定位锚随之移动，与实体的相对位置不发生变化。再次单击定位锚，它将变为黄色选中状态，此时可拖动定位锚带动实体移动，也可以单独对定锚进行移动。

9. 操作手柄如何设置捕捉范围

答：右击操作手柄，在快捷菜单中选择"操作柄捕捉范图"菜单项，出现如图所示对话框。

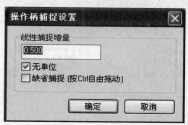

在"线性捕捉增量"文字框中输入所需数值，不选择"无单位"项，将按当前的单位捕捉，拖动时按下"Ctrl"键可以变换是否按线性捕捉增量。

10. 自定义图素拖放到实体设计环境中已有的零件上，能否合成一个零件

答：不能合成一个零件。因为在实体设计中，系统定义的设计元素库和图素，如果拖放到实体设计环境中已有的零件上，将成一个零件。如果不想合成，必须使它们有一定的距离。如果将自定义的图素拖放到实体设计环境中已有的零件上，它们是相互独立的两个零件。

11. 草图中如何读取 AutoCAD 文档

答：当读入 AutoCAD 图形出现比例放大 1000 倍时，解决方法是：选择"工具→选项"菜单项，出现"选项"对话框，选择"AutoCAD 输入"选项，在"缺省长度单位"的下拉列表中选择"毫米"，如下图所示。

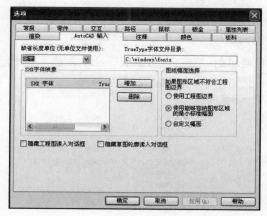

然后从"文件→输入"选择文件类型。

12. 草图平面定义有哪种方法

答：

（1）将实体表面作为自定义草图平面。

（2）在没有实体情况下，草图平面原始为 XY 平面，可以利用三维球调整 XY 平面的位置和方向。

（3）将设计树中 3 个绝对坐标平面生成基准面。

13. 草图中如何做对称约束

答：右击镜像操作就可以实现对称约束要求。

14. 如何修整草图中的线宽

答：在草图基准面上右击鼠标，在快捷菜单中选择"显示"菜单项，出现如图所示的对话框。

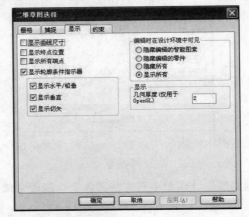

在"显示"选项卡页面改变它的线宽就可以了。

15. 怎么变换草图基准面和方向

答：对草图基准面的三维球进行操作就可以实现。

16. 如何结束草图工具命令

答：

（1）在次选择所用的绘图工具图标。

（2）按"Esc"键。

17. 如何选择草图中的曲线

答：使用"编辑"下拉菜单的"选择所有曲线"命令，如下图所示。

18. 怎么选择草图中的约束

答：使用"编辑"下拉菜单的"选择所有约束"命令，如下图所示。

19. 修改直线的长度有几种方法

答：

（1）拖动蓝色曲线尺寸编辑点之一，或者拖动选定几何图形的终点/中点，直至显示出相应的曲线尺寸值，然后释放鼠标。CAXA 实体设计将随着拖动操作不停地更新曲线的尺寸。

（2）右键单击需要编辑的曲线尺寸数值，在快捷菜单中选择"编辑数值"菜单项，并在出现的对话框中编辑相关的值。单击"确定"按钮，关闭对话框并应用新设定的尺寸值。

（3）右键单击几何图形靠近重定位的一端，以编辑其曲线尺寸。在快捷菜单中选择"曲线"菜单项，然后在对应的字段中编辑数值。

20. 修改端点有几种方法

答：

（1）单击端点位置，使其显示出位置值。拖动几何图形端点位置处的白点，当得到所需要的端点位置时释放鼠标。CAXA 实体设计将随着拖动操作不停地更新端点位置值。

（2）右键单击端点位置值，然后在快捷菜单中选择"编辑值"菜单项，并在对应的字段中编辑端点位置。单击"确定"按钮关闭对话框并应用新位置。

（3）右键单击几何图形，以编辑其端点位置值。选择"曲线"菜单项，然后编辑相应的数值。

21. 拉伸对草图有什么要求

答：拉伸实体时，需要草图为一系列不相交的封闭轮廓线。拉伸曲面时，草图可以为不封闭的曲线。

22. 如何设置基准面

答：选择"设置→局部坐标系"菜单项就可以打开"局部坐标系"对话框。如下图所示，可以设置栅格间距和基准面尺寸。

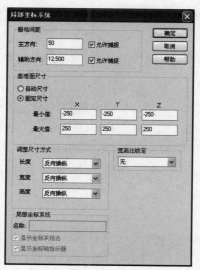

23. 怎么利用栅格画草图

答：在绘制草图之前，先设定主辅栅格的水平和垂直间距，然后在"设置→栅格"菜单中单击，如下图所示，选中"捕捉"选择项卡页面的"栅格"项。这样，就可以利用栅格轻松地绘制草图了。

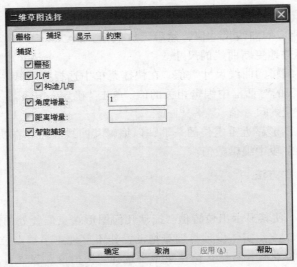

24. 旋转特征对草图有什么要求

答：旋转特征对草图的要求略好于其他特征，其他一些三维软件在生成旋转实体时，要求草图轮廓必须为封闭轮廓，如 UG。但 CAXA 实体设计在生成旋转实体时轮廓可以是不封闭的。如在本书中介绍旋转特征时介绍的示例那样，在轮廓开口处，轮廓端点会自动进行水平（沿 X 轴）拉伸，生成旋转特征。

25. 如何将草图的尺寸约束放到工程图中

答：右击草图拉伸、旋转、扫描生成的对象，在快捷菜单中选择"编辑截面"菜单项，进入"编辑截面"状态，约束草图尺寸。右击约束尺寸，在快捷菜单中选择"输出到图纸"菜单项，单击"完成"按钮退出"编辑截面"状态。这时，约束尺寸就可投影到工程图中。

草图中的约束尺寸与设计环境中智能标注的尺寸投影到工程图中的区别为：约束尺寸投影到工程图后是驱动尺寸，智能标注的尺寸投影到工程图后分为驱动尺寸和一般传送尺寸。

26. 如何实现实体中的"交"功能

答：找到实体安装目录下 C：/CAXA/CAXASOLID/ICAPI/SAMPLES/BIN/ICAPICREATE.DLL 进行手动注册。方法是：右击 ICAPICREATE.DLL 文件选择"打开形式"，找到系统盘下 SYSTEM32 目录下的 REGSVER32 文件打开并确定，然后会提示注册成功。打开实体设计软件，选择"工具"→"加载应用程序"菜单项，出现"应用程序/加载"对话框，选择 ICAPI CREATE SAMPLE 选项，单击"确定"按钮即可。

27. 如何用曲面分割实体

答：举例说明。从智能图素库拖放一个长方体和一个圆柱体到设计环境中，使圆柱体和长方体相交，如下图所示。

右击圆柱体的侧面，在快捷菜单中选择"生成曲面"菜单项，将长方体之处的圆柱体删除，如下图所示。

选择长方体和曲面，单击"分裂"按钮，就可得到"交"的部分，如下图所示。

28. 制作三维字应注意什么

答：利用放样工具生成文字，放样时将其中一个截面图形缩小或放大一定的倍数。利用三维球调整字体位置和方向，将文字对准柱面、曲面的中心，然后在采用分裂方法。

29. 怎么做三维字过渡圆

答：单击工具条的"文字"工具按钮，或选择"生成→文字"菜单，出现"文字向导"对话框，选择"圆形"，字体表面就会生成圆角过渡。如果是草图拉成的，可以进行边倒圆。

30. 尺寸锁定有何作用

答：智能标注的尺寸被锁定后成为约束尺寸，可以进行参数化运算。

31. 如何捕捉球心

答：将球的"显示编辑操作柄"设置为"造型"，拖动手柄将一个整球变为半球，这时就可以捕捉到球心了。

32. 如何面分裂实体

答：按下"Shift"键选中零件和面，注意选择前后的次序。一定要先选择零件再选择面，然后选择"分裂零件"命令就可以了。

33. 如何用体分裂实体

答：选中零件，然后选择"分裂零件"命令，在选择的零件上拾取一点定位分裂操作，用三维球修改分裂操作的位子和零件大小，单击"完成操作"按钮就可以了。

34. 如何用布尔运算分裂实体

答：选中被分裂的零件，选择"设计工具→布尔运算设置→减料"命令，按下"Shift"键，选择除料零件，选择"设计工具→布尔运算"命令即可。

35. 如何实现面与边的关联

答：单击零件进入零件编辑状态，变换编辑操作柄为"造型"状态，右击截面手柄，在快捷菜单中选择"与边关联"菜单项。

36. 实体设计有哪些曲面功能

答： 实体设计提供了灵活的曲面设计方法，包括多种编辑和变换方法。曲面的生成方式有直纹面、拉伸面、旋转面、导动面、放样面、边界面、网格面、提取实体表面、组合曲面及曲面过渡、载剪、分割、补洞等编辑方法，以及曲面平移、旋转、复制和阵列等变换方法。通过这些曲面设计方法，用户可以设计各种复杂零件的表面。

37. 哪些曲线功能为曲面服务

答：实体设计提供了灵活的曲线设计方法：由二维曲线生成三维曲线；由曲面及实体边界生成三维曲线；由三维曲线生成三维曲线，生成组合曲线，光滑连接曲线、等参数线、曲面交线、投影曲线和公式曲线，以及曲线打断，插入曲线的控制点，编辑曲线控制点状态，曲线属性表编辑方法和曲线镜像、移动/旋转、复制、阵列、反向和替换等变换方法。可帮助用户绘制出真正的空间曲线，完成更多的设计。

38. 如何将点集导入实体设计

答：将点处理生成文本格式，在"三维曲线"菜单中直接选择"输入样条曲线"选项就可以了，如下图所示。

39. 三维曲线与坐标系统的关系是什么

答：如选择任意一点，在坐标系统下，输入（100，200，200）的点是坐标系统对应的点，也就是相当于三维曲线的坐标原点。

40. 曲面变为实体有什么方法

答：曲面加厚是一种方法。在曲面编辑状态右击鼠标，选择"生成→曲面加厚"菜单项，出现"厚度"对话框，如下图所示。输入相应的厚度就可以了。

41. 如何组合曲面

答：布尔运算。在零件状态下按下"Shift"键同时选中多张曲面，选择"设计工具→布尔运算"菜单项。

42. 如何联接曲面

答：利用放样面的功能。单击"拾取光滑连接的边界"按钮，依次拾取放样截面线就可。也可以利用曲面填充的功能。单击"与相邻曲面相接或接触"按钮，依次拾取封闭边界的线和面的边即可。

43. 如何提取实体和面的边界

答：用选择工具就可以，如下图所示。

44. 如何将拉伸面的边界做为三D维线

答：在面的编辑状态单击鼠标右键，在快捷菜单中选择"生成3D曲线"菜单就可以。也可以拾取过滤设置为"边"拾取拉伸面的边界线，右击边界线，在快捷菜单中选择"生成3D曲线"菜单就可以了。

45. 螺旋线怎样修改

答：双击螺旋线进入编辑状态，再次双击螺旋线就进入编辑了。

46. 怎样提取实体二维

答：单击"二维草图"工具按钮，选择实体的一个面生成草图面，单击"投影3D"工具按钮就可以。如果在面的编辑状态下右击，在快捷菜单中选择"生成→拉伸"菜单项，出现"拉伸"对话框，选择"取消"就可以了。

47. 什么叫素描

答：所谓"素描"就是将工业美术设计处理好的素描图片或相片加入到CAD系统中，创建各视图方向的影视图片，利用搭建的各视图影视图片进行草图平面的建立，在草图中勾勒、描绘轮廓进行曲面架构。

48. 如何用线打断曲线

答：双击要打断的曲线进入曲线编辑状态，单击"打断"按钮，选择要打断的曲线，再选择打断线就可以。

49. 如何用面打断曲线

答：双击要打断的曲线进入曲线编辑状态，单击"打断"按钮，选择要打断的曲线，再选择打断面就可以。

50. 曲面色彩如何变化

答：选择"工具→选项"菜单项，出现"选项"对话框，选择"颜色"选项卡，如下图所示。

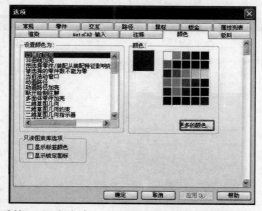

在"二维轮廓几何"系统工程为白色，可以根据自已所需而定。

51．实体设计中有哪些钣金功能

答：实体设计钣金设计功能，支持除拉伸钣金以外的各种折弯钣金设计。可以生成标准的和自定义的钣金件。钣金设计元素库中提供了板料图素、弯曲图素、成型图素和型孔图素。零件可以单独设计，也可以在一个已有零件的空间中创建。初始零件生成后就可以利用各种可视化编辑方法和精确编辑方法按需求进行设计。

52．如何设置钣金参数

答：打开实体设计安装路径下的 BIN 文件夹，用记事本打开 TOOLTBL.TXT 文档（CAXA/CAXASOLID/BIN/TOOLTBL.TXT），在文档底部按内定格式增加自定义厚度或修改文档中的参数，然后重启计算机，就有效了。

53．钣金中的工艺孔属性

答：单击折弯成智能图素状态下，编辑操作手柄呈现形状态，选择"捕捉角点"就可以对折弯操作。选择"工具→选项→钣金→高级选项"菜单，就可以对其属性进行修改。

54．如何展开钣金

答：右击钣金，在快捷菜单中选择"展开"菜单命令，或选择"钣金"菜单项，选择"工具→钣金展开"菜单项。

右击展开的钣金，在快捷菜单中选择"展开"菜单项，或选中展开的钣金，选择"工具→展开复原"菜单项。

55．钣金切割方法是什么

答：钣金切割方法分别为：用曲面切割钣金，将曲面移到钣金件的所需位子，选择钣金件然后选择曲面，再选择"工具→切割钣金"菜单项。截面要大于钣金件。

56．明细表中的数量如何计算

答：实体设计中两个零件如果是同代号，在明细表中可以自动统计数量。但如果是两个子装配同代号，则在二维明细表中选择显示顶层，两个子装配不能统一计数量。

57．明细表与零件属性有什么关联

答：以关联 GBBOM 中的"来源"为例。打开"选项"对话框选择"属性列表"选项卡，在"名称"文本框中输入"来源"，在"类型"下拉列表中选择"文字"，如下图所示。

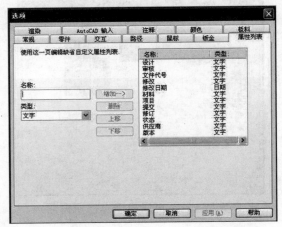

58. 如何生成爆炸

答：用智能图素库"工具"中的"装配"可以实现智能爆炸。

59. 查看装配中内部结构的方法是什么

答：隐藏外部零件，也可以透明外部零件。最后可以采用截面剖视方法。

60. 装配中比例缩放如何进行

答：在"装配"对话框中选择"包围盒"选项卡，选择右上方"显示"选项组中的所有选项，再编辑包围盒，如下图所示。

61. 如何设置螺纹隐藏和显示

答：人为地增加一个子装配，然后将螺栓放入到装配下，这样选择时可以很容易地隐藏和显示了。将设计树的方框取消选择或打上勾看看就知结果了。

62. 约束装配是什么

答："约束装配"就是通过给零件或组件添加一个个约束将其 6 个自由度限制到最底程度，从而使其定向、定位并约束限制在装配要求的位置和方向上。

63. 无约束装配是什么

答："无约束装配"工具能够以源零件和目标零件的指定设置为基准快速定位源文件，是 CAXA 实体设计所特有的装配设计方法。无约束装配和三维球装配一样，只是移动了零件之间的空间相对位置，没有加固定的约束关系，没有约束零件的自由度。

64. 如何输出到电子图板中

答：在绘图环境中链接 CAXA 电子图板的方式是，选择"工具→加载工具"项，如下图所示。

按图的方法做就可以了。也可以与下面 AutoCAD 的方法一样。

65. 如何输出到 AutoCAD 中

答：选择"文件→输出"菜单，出现如下图所示对话框。

66. 如何设置图纸比例

答：在二维绘图环境中，打开"视图属性"对话框，将其中的"比例"设置为 1:1，如下图所示。

67. 如何标注实体尺寸

答：在三维设计环境中，选择"工具→选项"菜单项，在出现的"选项"对话框中选择"注释"选项卡页面中的"智能标注"选项，然后单击"确定"按钮对零件进行标注，输出的二维图中就会包含所有的三维标注。

在复杂情况下建议到二维环境下标注尺寸。

68. 剖视图和旋转剖视图有什么区别

答：剖视图和旋转剖视图从字面意义上理解就是不一样的，学过机械制图的都应了解。剖视图就是一个零件基本从中间剖开，然后在图纸上画出所看到的内容；旋转剖一般是指针对圆柱体或圆形的零件剖视。

69. 如何标识圆直径型号

答：选择"编辑→用户定义图符"菜单项，在出现的对话框中进行设置，如下图所示。

70. 尺寸公差如何标出

答：选择尺寸，然后单击鼠标右键，弹出快捷菜单，如下图所示。

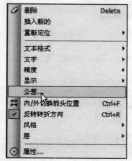

选择"公差"菜单项，弹出"直线标注属性"对话框，如下图所示。

71. 螺纹线如何显示出来

答：选择"工具→选项"菜单项，在出现的"选项"对话框中选择"注释"选项卡页面中的"螺纹线"选项，然后重新打开就可以在二维工程图中显示螺纹线了。

72. 工程图的风格如何设置

答：生成和编辑已有的线型及风格和层，并设定默认线型、风格和层定义，如下图所示。

线型：生成和编辑指定线型。风格和层：为工程图单元设定默认的或编辑已有的风格和层。提取风格和层：拾取所需风格和层信息的工程图元素。应用风格和层： 将拾取的工程图元素的风格和层应用到目标工程图元素。

73. GB 模板是什么意思

答：在实体设计中常用 GB 表示，它的意思是指我国《机械制图标准》，简称"GB"。

74. 标注尺寸字体大小如何设置

答：选择尺寸右击，选择"属性"，弹出如下图所示的对话框。

75. 工程图投影方式有几种

答：实体设计工程图有两种投影方式：第一视角投影方式和第三视角投影方式。

76. 如何将一个工程图生成多个图纸

答：选择"生成→图纸"菜单项，在出现的"新图纸"对话框中选择所需图纸就可以了，如下图所示。

77. 如何删除图纸

答：选择"编辑→删除图纸"菜单项就可以了。或右击图纸名，选择"删除图纸"菜单就可以。

78. 如何命名图纸

答：右击图纸各，选择"重命名"选项就可以进行名字修改。

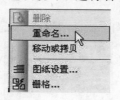

79. 图纸幅面如何设置

答：选择"文件→图纸设置"菜单项，打开"图纸设置"对话框，在该对话框中进行设置即可，如下图所示。

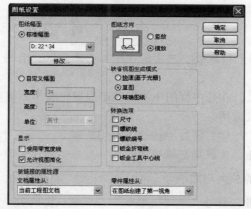

80. 草图和图纸有什么区别

答：草图是实体设计三维环境下，为生成实体而设计的过程图型；图纸是一种工程图，是零件的图纸，是用于生产运行的，简称"二维图"。

81. 如何旋转视图

答：右击"视图"，在快捷菜单中选择"视图旋转"菜单项，出现"旋转"对话框，在该对话框中输入角度值，如下图所示。

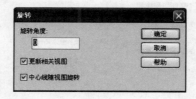

82. 如何平移视图

答：选择要平移的视图，将光标放到红色方框周围，出现平移图标。

83. 剖面线如何应用

答：剖面线在实体设计的剖视图中才运用，一般都符合《机械制图标准》。通常是系统工程自动设置好的。

84. 如何制作局部视图

答：用剖切方式局部地剖开机件后所得的剖视图，称局部剖视图。一般用封闭的样条线来定义局部剖视图的剖切范围。利用"局部剖视"工具条上的"深度"或"捕捉点"工具来定义剖切深度。

生成局部剖视图的操作方法如下。

（1）选择要生成局部剖视图的视图，激活"视图"工具条，如下图所示。

（2）在"视图"工具条上拾取 ，选中的视图加蓝框显示，出现"局部剖视图"工具条（此时该工具条呈灰色显示）。

（3）使用二维绘图工具，在选中视图中绘制封闭边界轮廓作为剖切范围。该边界线绘制完成后"局部剖视图"工具条被激活。

（4）单击"剖切深度"按钮在深度字段输入剖切深度。

（5）单击"确定"按钮，生成局部剖视图。

85. 如何进行局部图的放大与缩小

答：在局部视图上右击，通过"属性"菜单项，来修改比例大小。

86. 如何设置尺寸界线

答：右击"尺寸"，在菜单中选择"属性"项，出现"直线标注尺寸"对话框，选择"延长"选项卡就可以了，如下图所示。

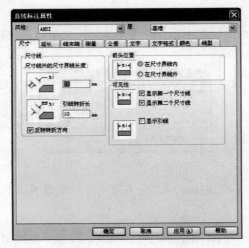

87. 如何设置尺寸界线的宽和箭头

答：如下面两幅图所示，注意红色方框内的设置。

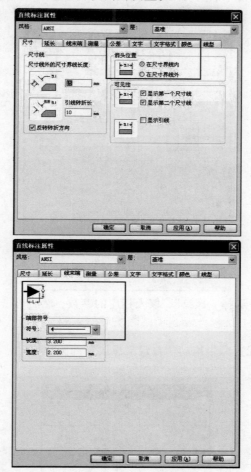

88. 如何设置加引线

答：见下图的文字格式。

89. 如何设置内螺纹

答：从"工具"设计元素库中拖动"自定义孔"到所要生成孔的零件上，出现"定制孔"对话框，如下图所示。

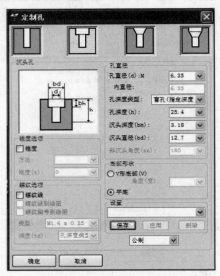

在"定制孔"对话框中选择"螺纹"，填入相应的参数，然后单击"确定"按钮就可以生成。

90. 如何设置外螺纹

答：从"工具"设计元素库中拖动"自定义螺纹"到圆柱体上，出现如下图所示的对话框，在该对话框中进行设置即可。

91. 如何建立自定义图库

答：选择"设计元素→新建"菜单命令，在窗口右边的设计元素库中就会出现一个"设计元素1"的空白图库，从"颜色"设计元素库复制一种颜色到"设计元素1"中，编辑颜色的"编辑设计元素项"，更变"颜色"中的"图像文件"，并且可以更替投影类型。下次就可以直接运用了。

92. 工具设计元素库有哪些

答："工具"设计元素库上单击鼠标即可显示其以下内容：阵列设计、装配爆炸、拉伸设计、弹簧、热轧型钢、冷弯型钢、紧固件、齿轮、轴承、筋板、自定义孔、BOM 表。

93. 如何进行元素库色彩设置

答：一般软件提供的设计元素库是开放的，因此不仅可以建立企业内部的设计元素库，还可以将下载的或数码相机的图片作为渲染的颜色。具体设置为：在"颜色"设计元素库中复制任意一种颜色并粘贴到设计元素库中，然后再编辑这个颜色的"编辑设计元素项"，更变"颜色"中的"图像文件"，并且可以随意更改图像投影类型。

94. 什么是渲染

答：所谓渲染就是对设计环境背景、装配、组件、零件、表面这些不同的渲染对象进行渲染，从设计元素库中拖出颜色、纹理和凸痕以及贴图等，然后将它们贴到零件上。使用"智能渲染向导"来指导完成颜色、纹理、凸痕、贴图、光洁度、透明度以及反射的指定与修改；使用"智能渲染"选项卡来定义高级和详细的自定义型零件渲染属性。

95. 灯源有哪几种

答：（1）平行光。

使用这类光在单一的方向上进行光线的投射和平行线照明。平行光可以照亮它在设计环境中所对准的所有组件。尽管平行光在设计环境中同对象的距离是固定的，还是可以拖动它在设计环境中的图标，来改变它的位置和角度。平行光存在于所有预定义的 CAXA 实体设计设计环境模板中，尽管它们的数量和属性可能不同。

（2）聚光源。

聚光源在设计环境或零件的特定区域中，显示一个集中的锥形光束。就像在剧场中的灯光一样，CAXA 实体设计的聚光源可以用来制造戏剧性的效果。可以用它来在一个零件中表现实际的光源，如汽车的大灯。与平行光不同，使用鼠标拖动，或使用三维球工具移动和旋转聚光源，可以自由改变它们的位置，而没有任何约束。也可以选择将聚光源固定在一个图素或零件上。

（3）点光源。

点光源是球状光线，均匀地向所有方向发光。例如，可以使用点光源表现办公室平面图中的光源。它们的定位方法与聚光源相同。

96. 如何设置渲染选项

答：依次按下面图中的选项进行一一设置。

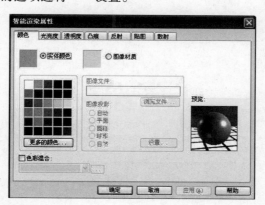

97. 渲染有哪种表达方式

答：可将颜色、纹理和凸痕以及贴图等放在实体上面。

98. 如何渲染输出

答：单击"文件"下拉菜单，选择"输出"单击"图像"，在"保存类型"栏中，从下拉菜单中选择合适的文件类型。在"文件名"文本框中，输入文件的名称，然后单击"保存"按钮，出现如下图所示对话框。

99. 动画的定义是什么

答：本章主要讲述 CAXA 实体设计中的智能动画功能。使用智能动画，可以将静态实体转换成动画形式。在 CAXA 实体设计中可以使用其特有的拖放方式，从设计元素中直接添加动画；也可以使用"智能动画向导"创建自定义动画；还可以将自定义的智能动画保存在设计元素库中以便将来使用。

100. 动画输出类型有几种

答：输出其他类型动画的过程与上面输出 AVI 文件的过程几乎是相同的。"文件"对话框出现后，只从"另存为文件类型"下拉列表中选择一个备用项即可。这些文件类型有细微的差别。唯一针对特定文件类型的选项可以通过"动画帧大小"对话框的"选项"按钮访问。大多数情况下，动画序列的输出类似于将单个静止图像输出为这些文件格式中的一个。

附录

CAXA 2008实体设计快捷方式

功能键参考：

Ctrl + N　新建；
Ctrl + O　打开；
Ctrl + S　保存；
Ctrl + P　打印；
Ctrl + Z　撤销；
Ctrl + X　剪切；
Ctrl + C　复制；
Ctrl + V　粘贴；
Ctrl + A　全选；
Del　删除；
Shift + Select　多选。

视向功能键/按纽：

F2　平移视向/平移；
F3　动态旋转；
F4　前/后缩放；
F5　动态缩放；
F8　显示全部设计环境或图纸；
F9　透视；
Ctrl + F2　任意视向；
Ctrl + F5　显示窗口；
Ctrl + F7　指定面。

三键式鼠标：

中间按钮动态旋转；
中间按钮 + Shift　平移视向/平移；
中间按钮 + Ctrl　动态缩放；
中间按钮 + Ctrl/Shift 指定面；
（1）微软智能鼠标：
滑轮按钮动态旋转；
旋转滑轮动态缩放；
（2）选定"动态旋转"工具条按钮时：
Alt 键　绕竖直/水平零件轴进行约束旋转；
Shift 键　绕竖直/水平设计环境轴进行约束旋转；
Ctrl + Alt　绕竖直/水平零件轴进行 45°角增量旋转；
Ctrl + Shift　绕竖直/水平设计环境轴进行 45°角增量旋转。
（3）选定"任意视向"工具条按钮后：
Shift 视向上/下倾斜。

三维球功能键：

F10　图素/零件激活/关闭三维球的切换键；

Ctrl +鼠标拖动 线性和角度默认值步进按键。

（1）选定三维球后：

空格键 在"仅三维球"和"移动图素/零件"间切换。

（2）反馈手柄：

Shift +拖动鼠标 激活三维球中心的智能捕捉反馈。

（3）定位功能键：

Shift +拖动面/锚状图标 激活智能捕捉反馈。

（4）选定"约束装配"工具后：

空格键 "约束"类选项之间切换。

（5）选定"装配和对齐定位"工具后：

空格键 在定位选项之间切换；

Tab 键 在定位方向之间切换。

渲染功能键：

Ctrl + R 立即激活真实性渲染；

Ctrl + F8 激活 CAXA 实体设计的内部软件渲染器；

Ctrl + F9 激活 OpenGL 渲染。

三维智能尺寸功能键：

选定"智能尺寸"工具条按钮后。

Shift +选择圆边 附加到边的中央。

Ctrl +选择图素面 附加到图素锚状图标。

Esc 键取消智能尺寸命令。

截面生成功能键：

绘制轮廓几何图形时。

右击曲线终点 激活弹出菜单进行数字输入。

Shift +绘制几何图形 禁止智能光标反馈。

二维图形生成功能键：

Shift +选择多选；

Ctrl/Shift + B 使用精确隐藏线；

Ctrl/Shift + F 访问"文件优化"对话框。

对于智能标注生成：

Shift +选择直线边 设置线性标注的起点；

Shift +选择圆弧或圆 设置线性标注的起点；

设置过程中的 Tab 键 在平行/水平/竖直间切换。

手柄（尺寸框、面、轮廓、钣金等）功能键。

（1）默认操作特征：

Shift +拖动鼠标 面/边/顶点的直接智能捕捉。

（2）工具/选项/交互作用——利用捕捉作为默认手柄操作特征。

Shift +拖动鼠标 不使用捕捉。

（3）在手柄上单击鼠标右键——使用智能捕捉。

Shift +拖动鼠标 智能捕捉到径和轴。

其他功能键：

Esc 键可取消对大部分工具的选定；

Ctrl +从设计元素拖出 以设计元素部分置换现有部分；

Ctrl + K 在 Parasolid 内核和 ACIS 内核之间切换；

Ctrl + Alt 在设计环境和图纸之间切换。